安徽审定玉米品种 SSR指纹图谱

北京市农林科学院玉米研究中心
安 徽 省 种 子 管 理 总 站　组织编写

王凤格　张力科　胡晓玲　杨　扬　易红梅　编著

中国农业科学技术出版社

图书在版编目（CIP）数据

安徽审定玉米品种 SSR 指纹图谱 / 王凤格等编著. —北京：中国农业科学技术出版社，2018. 11

ISBN 978-7-5116-3913-4

Ⅰ. ①安… Ⅱ. ①王… Ⅲ. ①玉米-品种-基因组-鉴定-安徽-图谱 Ⅳ. ①S513. 035. 1-64

中国版本图书馆 CIP 数据核字（2018）第 251303 号

责任编辑 姚 欢

责任校对 贾海霞

出 版 者 中国农业科学技术出版社

北京市中关村南大街 12 号 邮编：100081

电 话 （010）82106636（编辑室） （010）82109702（发行部）

（010）82109709（读者服务部）

传 真 （010）82106631

网 址 http://www.castp.cn

经 销 者 各地新华书店

印 刷 者 北京富泰印刷有限责任公司

开 本 889 mm×1 194 mm 1/16

印 张 16. 25

字 数 450 千字

版 次 2018 年 11 月第 1 版 2018 年 11 月第 1 次印刷

定 价 80. 00 元

《安徽审定玉米品种 SSR 指纹图谱》

编著委员会

主 编 著： 王凤格　张力科　胡晓玲　杨　扬　易红梅

副主编著： 周　锐　熊成国　刘　根　晋　芳　王　璐
刘丰泽　葛建镕　任　洁

编著人员： 张文晓　刘亚维　曹玉洁　王　蕊　王　婧
张　奇　任雪贞　刘文彬

前　　言

安徽省地处中国华东腹地，近海邻江，区位优势明显，农业资源丰富，农产品比重大，是典型的农业大省。全省土地面积 13.96 万 km^2，其中耕地 8 800 万亩、林地 5 600 万亩、养殖水面 870 万亩。全省户籍人口约 7 000 万人，常住人口约 6 100 万人，其中农业户籍人口约 5 300 万人。农业气候条件适宜，年平均气温 14~17℃，年降水量 700~1 700mm，年无霜期 200~250 天。安徽省地形地貌复杂多样，长江、淮河分别流经安徽 416km 和 430km，平原、丘陵、山地各占三分之一。安徽地处南北气候过渡带，洪涝、干旱、风雹、低温冷冻害等自然灾害发生频繁，对农业生产造成不利影响。

安徽省政府高度重视种业发展。财政资金持续投入、产业政策优先扶持、科技成果加快转化等多重政策利好叠加，使得安徽省种业企业不断发展壮大，行业集中度不断提升，截至 2017 年年底，安徽省共培育国家育繁推一体化种子企业 6 家。安徽省还拥有中国种业主板第一家上市企业——合肥丰乐种业股份有限公司和创业板第一家上市企业——安徽荃银高科种业股份有限公司两家上市企业，在全国开启种业企业上市的先河。安徽是全国粮食主产省，常年农作物种植面积超过 1.3 亿亩，其中粮食作物面积占 75%以上，总产量 3 500 万 t，面积居全国第 4 位，总产量居全国第 6~8 位。粮食作物主要有小麦、稻谷、玉米、大豆、薯类和其他旱粮作物，其中玉米面积 1 300 万亩，总产 500 万 t。安徽省在 2002—2016 年，审定通过了 159 个玉米品种，退出 17 个玉米品种，涌现出隆平 206 等被农户广泛种植的优良品种，加快了玉米品种的更新换代，良种的推广应用为农业增产、农民增收，繁荣农村经济起到了重要作用。

本书作为《玉米审定品种 SSR 指纹图谱》系列书籍，分两个部分介绍了安徽审定玉米品种的情况。第一部分是以指纹图谱的形式汇集了农业部征集的 119 个安徽审定玉米品种的 40 个 SSR 核心引物位点的完整指纹图谱；第二部分是以审定公告的形式回顾了历年通过安徽审定的 159 个玉米品种的品种来源、特征特性、抗逆特性、品质表现、产量表现、栽培技术要点和适宜种植地区等重要信息。本书对安徽玉米品种的真实性鉴定和纯度鉴定工作具有重要的指导意义和参考价值，是从事玉米种子质量检测、品种管理、品种选育、农业科研教学等人员的工具书籍。

本书编辑过程中得到安徽省农业委员会、农业部种子管理局、全国农业技术推广服务中心等单位的大力支持，在此表示诚挚的感谢。由于时间仓促，难免有遗漏和不足之处，敬请专家和读者批评指正。

编著委员会

2018 年 8 月 1 日

本书内容及使用方式

一、正文部分提供安徽省审定品种 SSR 指纹图谱和审定公告

第一部分，安徽省审定品种图谱按审定年份（从小到大）、审定号（从小到大）顺序整理，每个审定品种提供 40 个 SSR 核心引物位点的指纹图谱。读者可在真实性鉴定中将其作为对照样品的参考指纹，也可利用该图谱筛选纯度检测的双亲互补型候选引物。第二部分，安徽省审定品种的审定公告信息按审定年份（从小到大）、审定号（从小到大）顺序整理，每个审定品种提供审定编号、选育单位、品种来源、特征特性、产量表现、栽培技术要点和适宜种植地区等重要信息。

二、附录一至附录三提供与指纹图谱制作相关的引物、品种名称索引信息

附录一、二为 SSR 引物基本信息，包括引物序列信息和实验中采用的多色荧光电泳组合（Panel）信息。附录三为品种名称索引部分将正文部分涉及的安徽审定品种 SSR 指纹图谱按品种名称拼音顺序建立索引，以方便品种指纹图谱查询。

三、SSR 指纹图谱使用方式

本书提供的玉米品种 SSR 指纹图谱对开展玉米真实性鉴定和纯度鉴定具有重要参考价值。不同的检验目的和检测平台使用指纹图谱的方式略有调整。

1. *在真实性鉴定中使用*

如果使用荧光毛细管电泳检测平台，如 ABI3730XL、ABI3500、ABI3130 等仪器，建议采用与本指纹图谱构建时完全相同的 Panel、BIN 以及引物荧光染料。对于其它品牌仪器，由于采用的凝胶、引物荧光染料及分子量标准不同，在具体试验时，每块板上加入 1～2 份参照样品进行不同检测平台间系统误差的校正，但注意等位变异的命名应与本指纹图谱保持一致，获得的指纹就可以与本书提供的标准指纹图谱进行比较。

如果使用变性垂直板 PAGE 电泳检测平台，最好将待测样品和对照样品在同一电泳板上直接进行成对比较。对于经常使用的对照样品，如郑单 958 等，可预先将对照样品与标准样品指纹图谱比对核实一致后，就可以用该对照样品代替标准样品在 PAGE 电泳中使用。

2. *在纯度鉴定中使用*

如果待测品种在本书中已提供 DNA 指纹图谱，可根据该品种 40 对核心引物的 DNA 指纹图谱和数据信息，先剔除掉单峰（纯合带型）的引物位点及表现为高低峰（两条谱带高度差异较大）、多峰（两条以上的谱带）等异常峰型的引物位点，后挑选出具有双峰（杂合带型）的引物位点作为纯度鉴

定候选引物。

如果使用普通变性 PAGE 凝胶电泳检测平台或荧光毛细管电泳检测平台进行纯度检测，则上述候选引物都可以使用；如果使用琼脂糖凝胶电泳或非变性凝胶电泳等分辨率较低的电泳检测平台进行纯度检测，则在上述候选引物中进一步挑选出两个谱带的片段大小相差较大的引物。利用入选引物对待测杂交种小样本进行初检（杂交种取 20 粒），判断其纯度问题是由于自交苗、回交苗、其它类型杂株还是遗传不稳定造成的，并进一步确定该样品的纯度鉴定引物对其大样本进行鉴定。

目　　录

第一部分 SSR 指纹图谱

豫玉32 （审定编号：02050354）

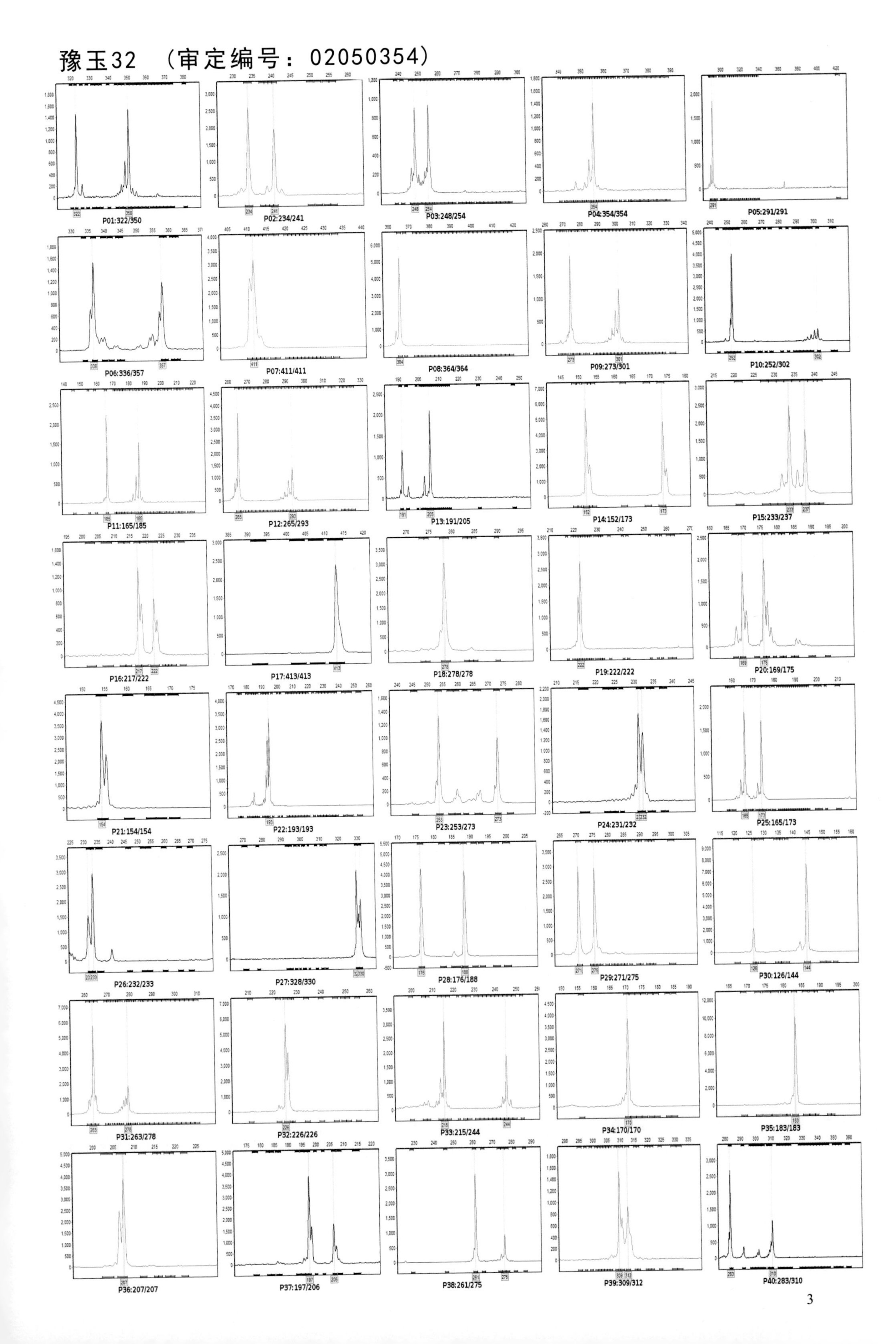
P01:322/350
P02:234/241
P03:248/254
P04:354/354
P05:291/291
P06:336/357
P07:411/411
P08:364/364
P09:273/301
P10:252/302
P11:165/185
P12:265/293
P13:191/205
P14:152/173
P15:233/237
P16:217/222
P17:413/413
P18:278/278
P19:222/222
P20:169/175
P21:154/154
P22:193/193
P23:253/273
P24:231/232
P25:165/173
P26:232/233
P27:328/330
P28:176/188
P29:271/275
P30:126/144
P31:263/278
P32:226/226
P33:215/244
P34:170/170
P35:183/183
P36:207/207
P37:197/206
P38:261/275
P39:309/312
P40:283/310

高优8号 （审定编号：03050360）

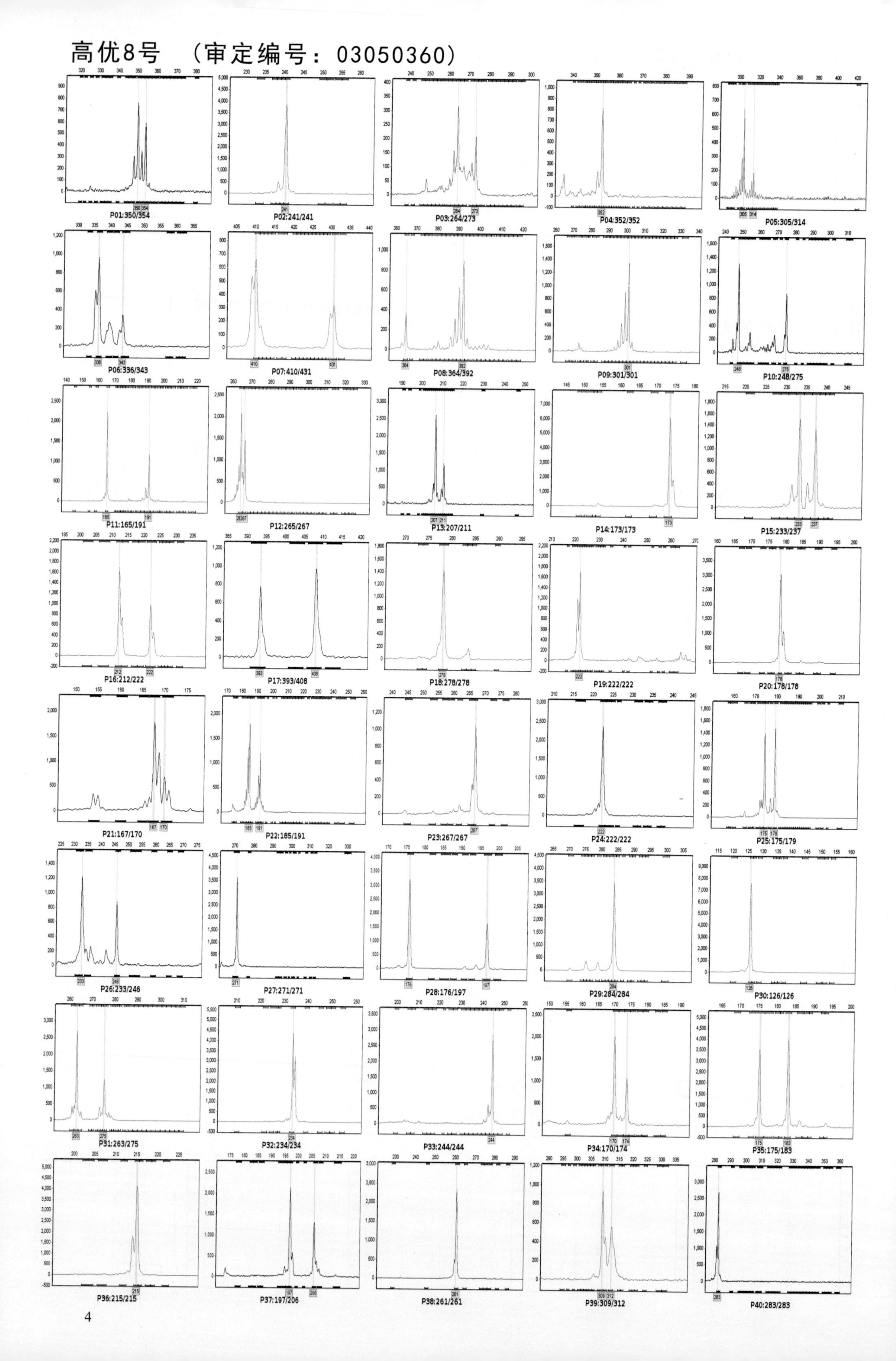

P01:350/354
P02:241/241
P03:264/273
P04:352/352
P05:305/314
P06:336/343
P07:410/431
P08:364/392
P09:301/301
P10:248/275
P11:165/191
P12:265/267
P13:207/211
P14:173/173
P15:233/237
P16:212/222
P17:393/408
P18:278/278
P19:222/222
P20:178/178
P21:167/170
P22:185/191
P23:267/267
P24:222/222
P25:175/179
P26:233/246
P27:271/271
P28:176/197
P29:284/284
P30:126/126
P31:263/275
P32:234/234
P33:244/244
P34:170/174
P35:175/183
P36:215/215
P37:197/206
P38:261/261
P39:309/312
P40:283/283

DH3687 （审定编号：03050362）

P01:322/335

P02:241/241

P03:256/264

P04:348/348

P05:291/291

P06:336/341

P07:410/431

P08:364/382

P09:301/319

P10:252/252

P11:165/183

P12:265/281

P13:208/213

P14:150/173

P15:229/233

P16:217/217

P17:393/413

P18:278/278

P19:222/222

P20:173/185

P21:167/170

P22:211/211

P23:253/253

P24:233/238

P25:165/175

P26:232/232

P27:330/330

P28:176/197

P29:276/284

P30:126/144

P31:263/263

P32:223/226

P33:215/232

P34:156/170

P35:186/188

P36:207/207

P37:185/197

P38:275/275

P39:309/312

P40:283/283

豫玉34 （审定编号：03050363）

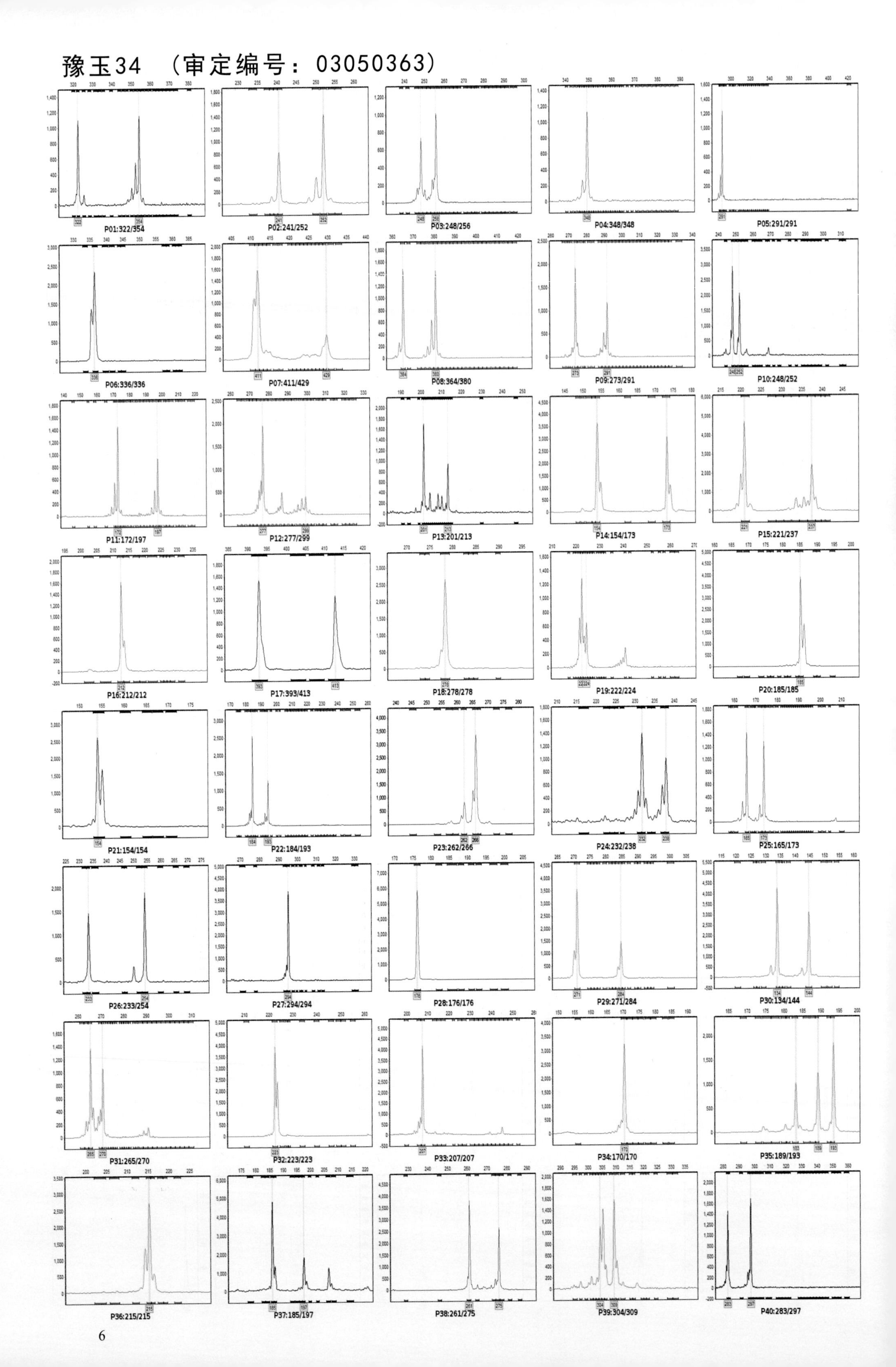

P01:322/354
P02:241/252
P03:248/256
P04:348/348
P05:291/291
P06:336/336
P07:411/429
P08:364/380
P09:273/291
P10:248/252
P11:172/197
P12:277/299
P13:201/213
P14:154/173
P15:221/237
P16:212/212
P17:393/413
P18:278/278
P19:222/224
P20:185/185
P21:154/154
P22:184/193
P23:262/266
P24:232/238
P25:165/173
P26:233/254
P27:294/294
P28:176/176
P29:271/284
P30:134/144
P31:265/270
P32:223/223
P33:207/207
P34:170/170
P35:189/193
P36:215/215
P37:185/197
P38:261/275
P39:304/309
P40:283/297

正大12号 （审定编号：04050431）

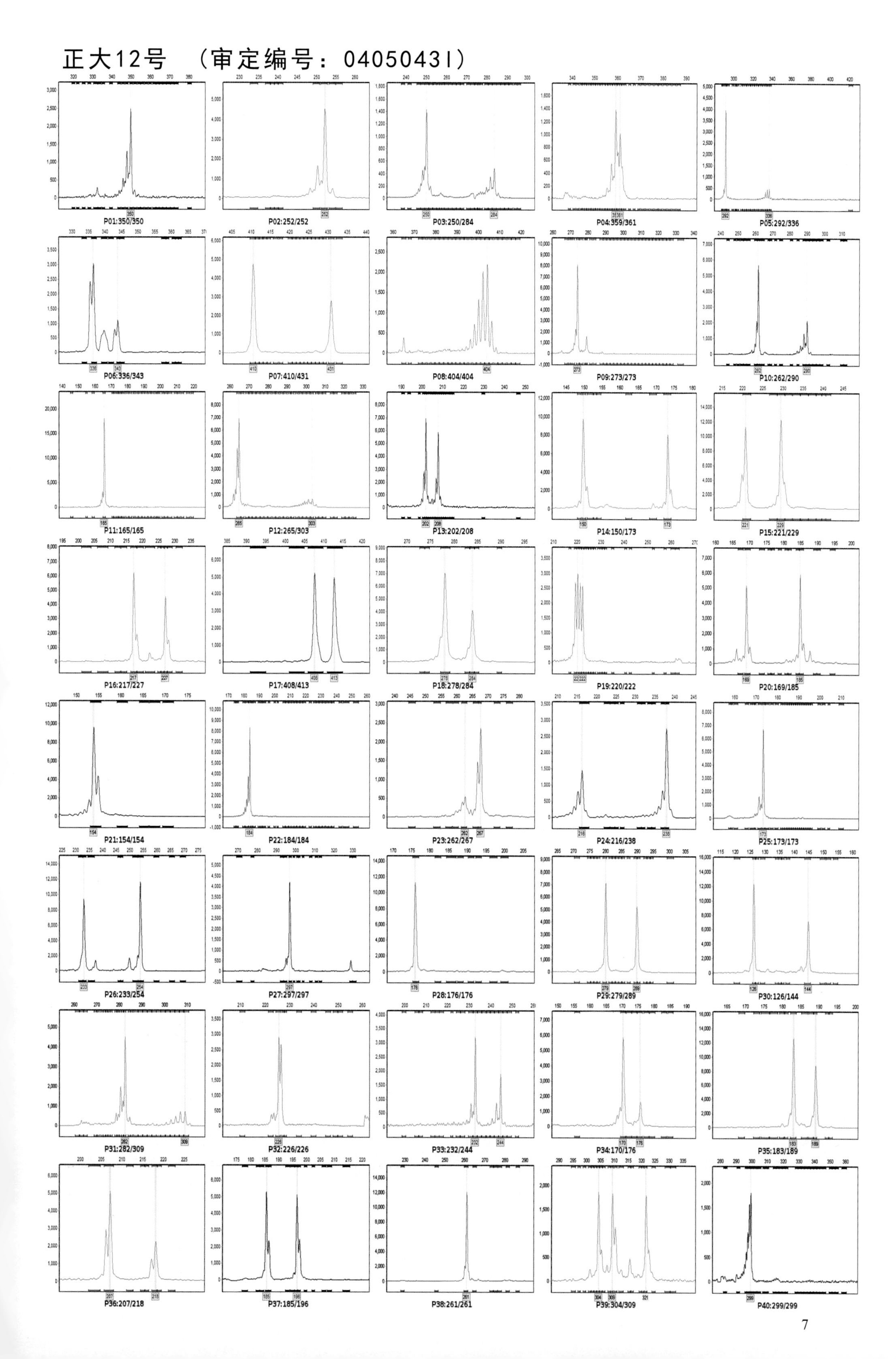
P01:350/350
P02:252/252
P03:250/284
P04:359/361
P05:292/336
P06:336/343
P07:410/431
P08:404/404
P09:273/273
P10:262/290
P11:165/165
P12:265/303
P13:202/208
P14:150/173
P15:221/229
P16:217/227
P17:408/413
P18:278/284
P19:220/222
P20:169/185
P21:154/154
P22:184/184
P23:262/267
P24:216/238
P25:173/173
P26:233/254
P27:297/297
P28:176/176
P29:279/289
P30:126/144
P31:282/309
P32:226/226
P33:232/244
P34:170/176
P35:183/189
P36:207/218
P37:185/196
P38:261/261
P39:304/309
P40:299/299

皖玉11号 （审定编号：04050432）

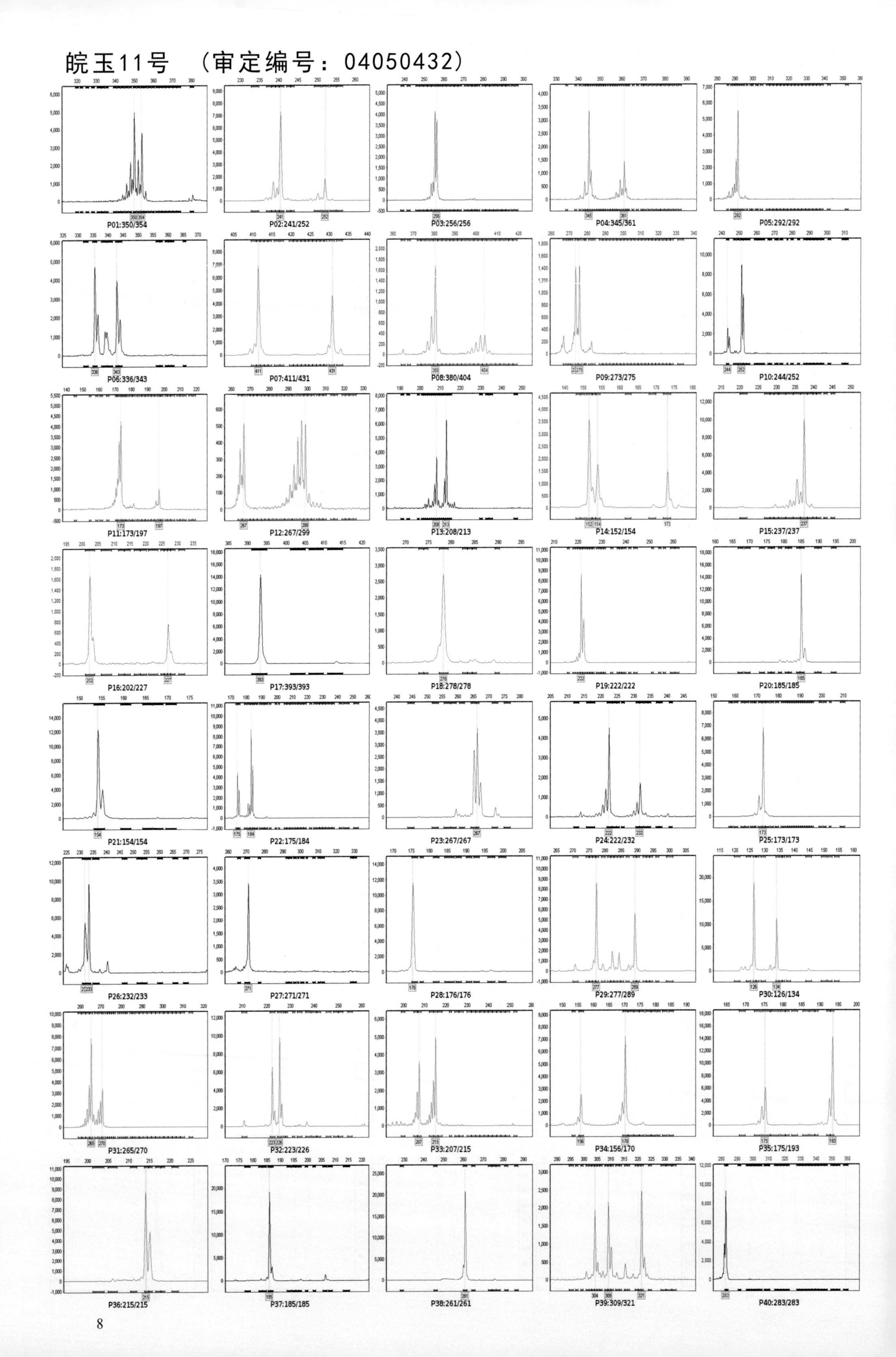

P01:350/354
P02:241/252
P03:256/256
P04:345/361
P05:292/292
P06:336/343
P07:411/431
P08:380/404
P09:273/275
P10:244/252
P11:173/197
P12:267/299
P13:208/213
P14:152/154
P15:237/237
P16:202/227
P17:393/393
P18:278/278
P19:222/222
P20:185/185
P21:154/154
P22:175/184
P23:267/267
P24:222/232
P25:173/173
P26:232/233
P27:271/271
P28:176/176
P29:277/289
P30:126/134
P31:265/270
P32:223/226
P33:207/215
P34:156/170
P35:175/193
P36:215/215
P37:185/185
P38:261/261
P39:309/321
P40:283/283

金农118 （审定编号：04050433）

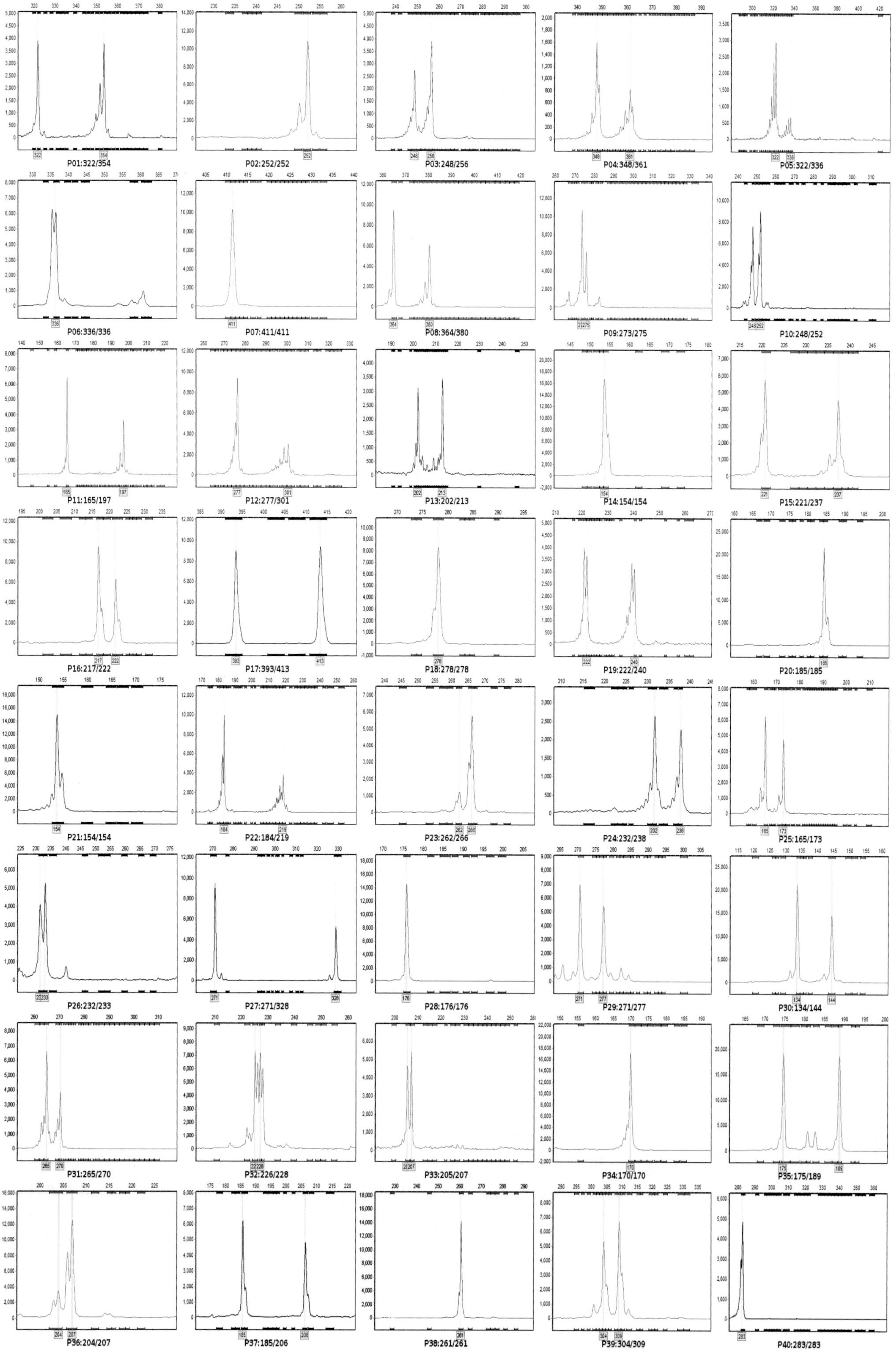

P01:322/354 P02:252/252 P03:248/256 P04:348/361 P05:322/336

P06:336/336 P07:411/411 P08:364/380 P09:273/275 P10:248/252

P11:165/197 P12:277/301 P13:202/213 P14:154/154 P15:221/237

P16:217/222 P17:393/413 P18:278/278 P19:222/240 P20:185/185

P21:154/154 P22:184/219 P23:262/266 P24:232/238 P25:165/173

P26:232/233 P27:271/328 P28:176/176 P29:271/277 P30:134/144

P31:265/270 P32:226/228 P33:205/207 P34:170/170 P35:175/189

P36:204/207 P37:185/206 P38:261/261 P39:304/309 P40:283/283

皖玉12号　（审定编号：04050434）

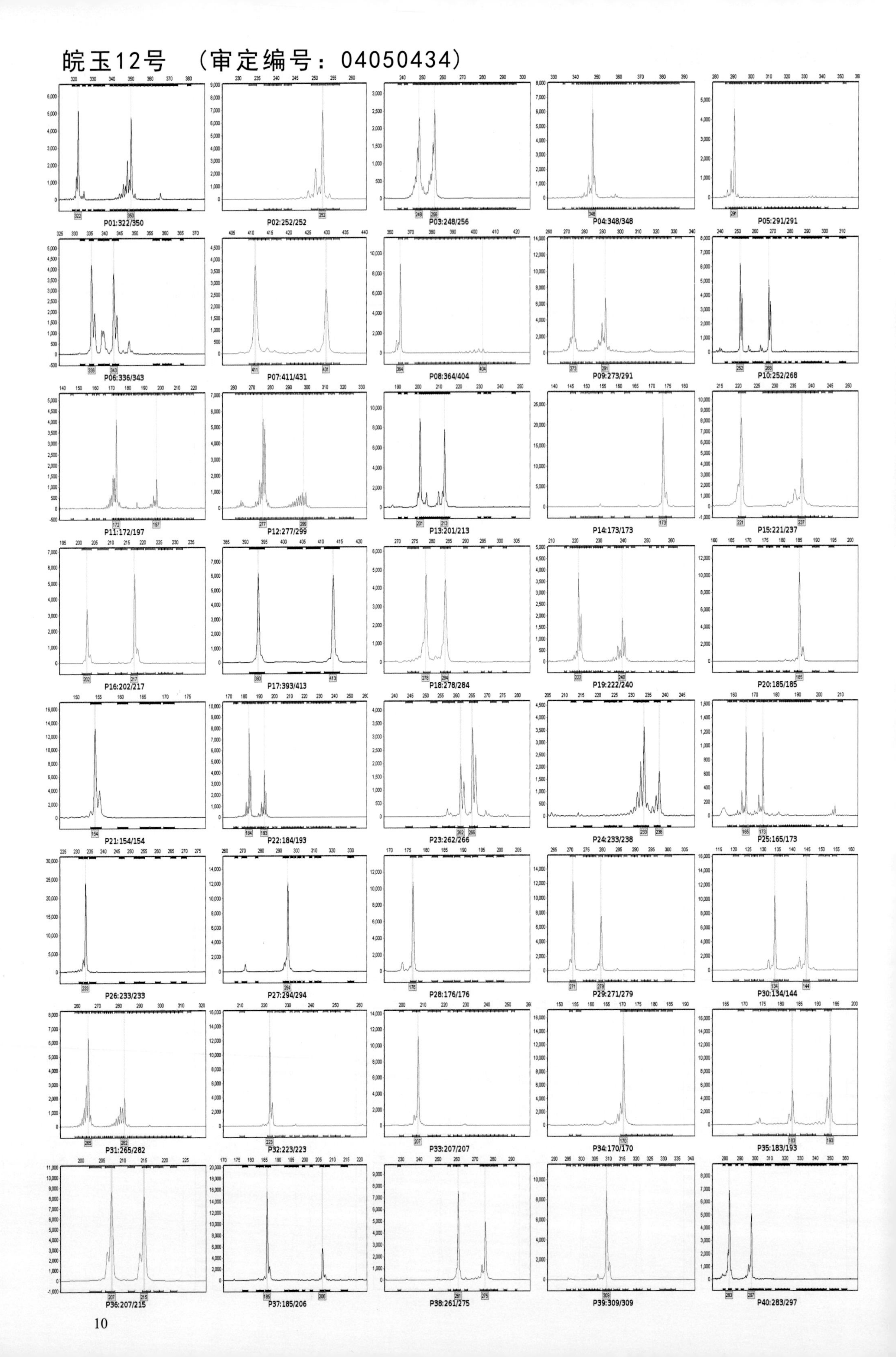

P01:322/350
P02:252/252
P03:248/256
P04:348/348
P05:291/291
P06:336/343
P07:411/431
P08:364/404
P09:273/291
P10:252/268
P11:172/197
P12:277/299
P13:201/213
P14:173/173
P15:221/237
P16:202/217
P17:393/413
P18:278/284
P19:222/240
P20:185/185
P21:154/154
P22:184/193
P23:262/266
P24:233/238
P25:165/173
P26:233/233
P27:294/294
P28:176/176
P29:271/279
P30:134/144
P31:265/282
P32:223/223
P33:207/207
P34:170/170
P35:183/193
P36:207/215
P37:185/206
P38:261/275
P39:309/309
P40:283/297

东单60 （审定编号：04050435）

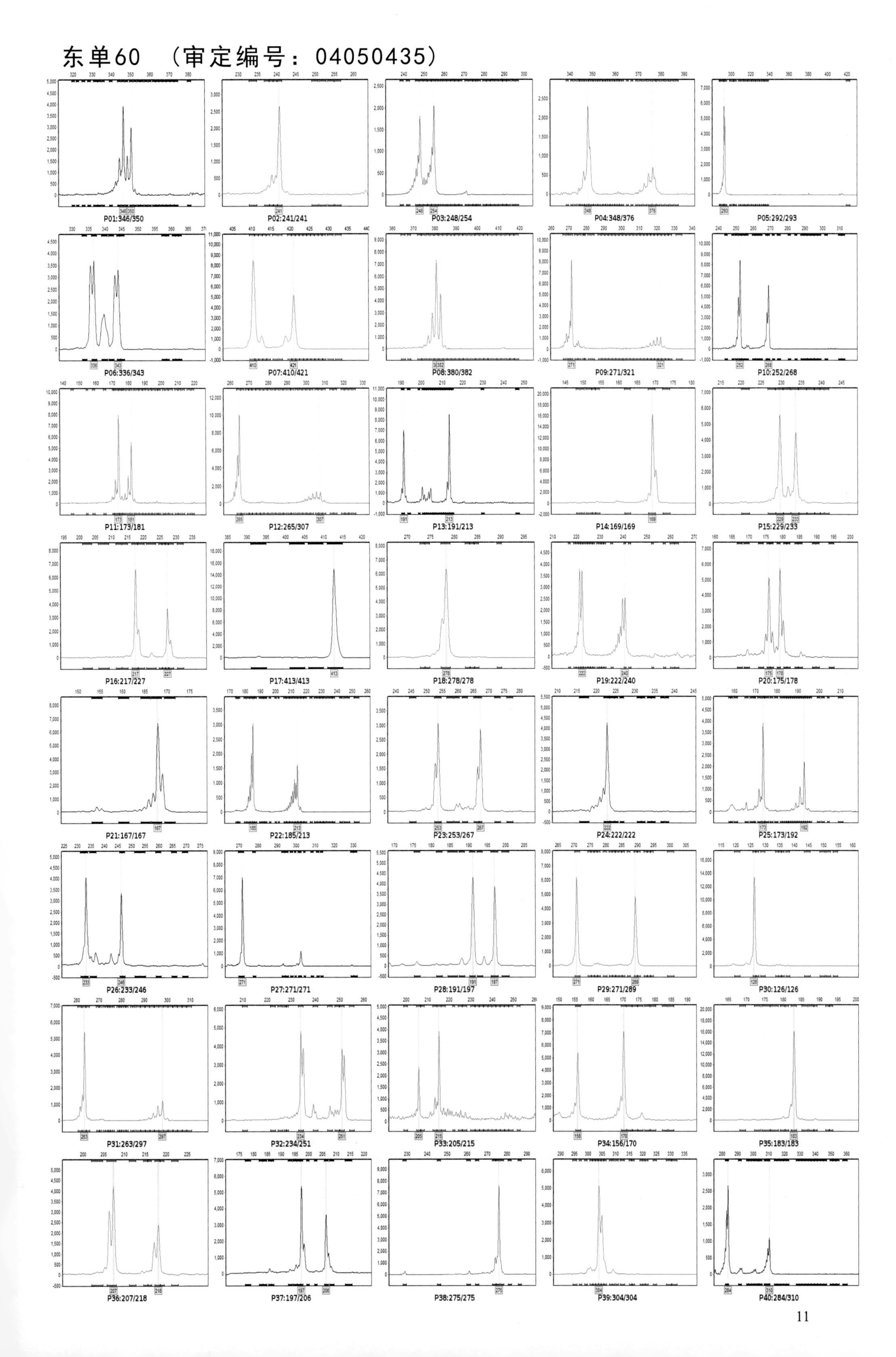

P01:346/350
P02:241/241
P03:248/254
P04:348/376
P05:292/293
P06:336/343
P07:410/421
P08:380/382
P09:271/321
P10:252/268
P11:173/181
P12:265/307
P13:191/213
P14:169/169
P15:229/233
P16:217/227
P17:413/413
P18:278/278
P19:222/240
P20:175/178
P21:167/167
P22:185/213
P23:253/267
P24:222/222
P25:173/192
P26:233/246
P27:271/271
P28:191/197
P29:271/289
P30:126/126
P31:263/297
P32:234/251
P33:205/215
P34:156/170
P35:183/183
P36:207/218
P37:197/206
P38:275/275
P39:304/304
P40:284/310

中科4号 （审定编号：04050436）

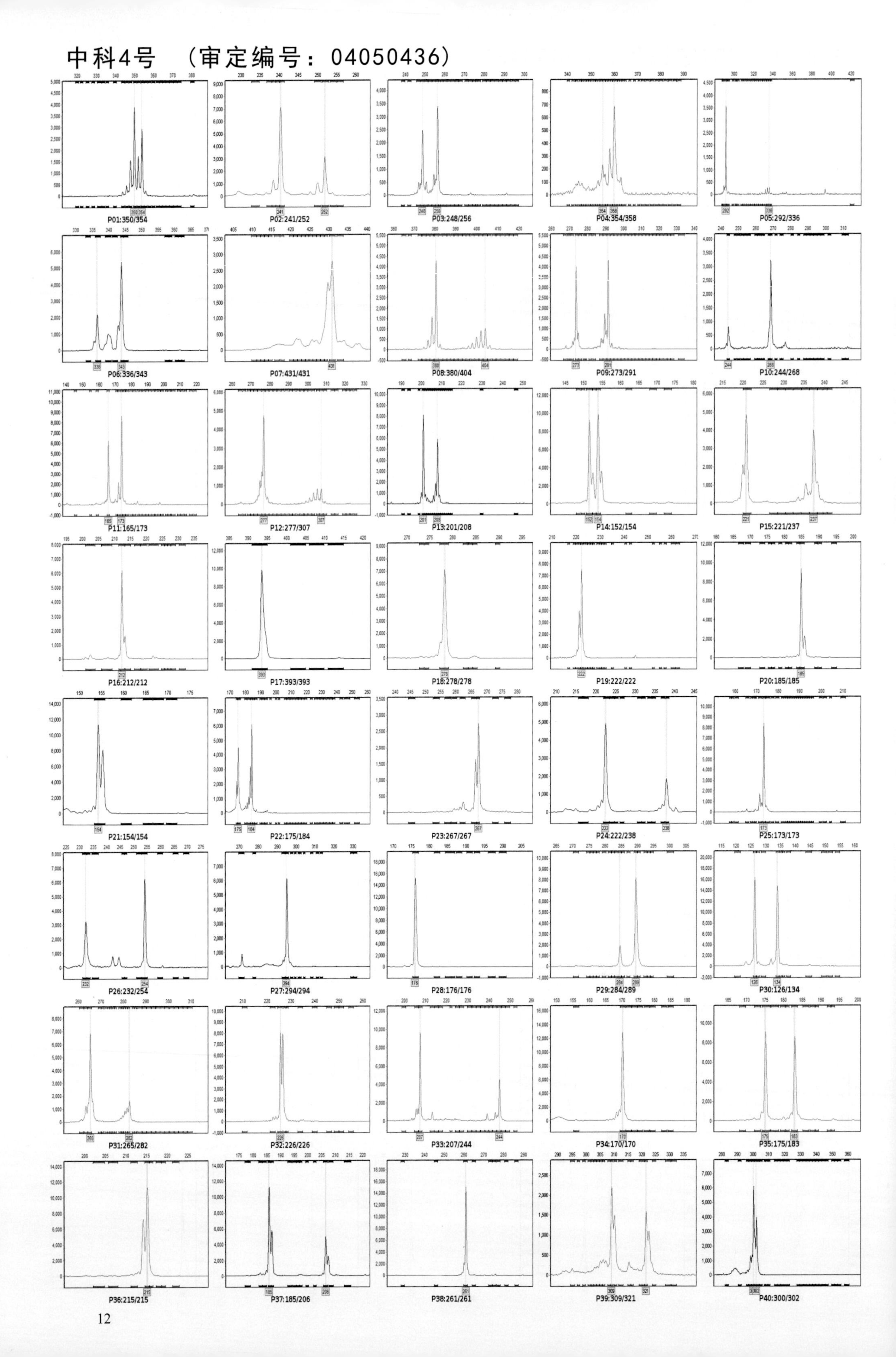

P01:350/354
P02:241/252
P03:248/256
P04:354/358
P05:292/336
P06:336/343
P07:431/431
P08:380/404
P09:273/291
P10:244/268
P11:165/173
P12:277/307
P13:201/208
P14:152/154
P15:221/237
P16:212/212
P17:393/393
P18:278/278
P19:222/222
P20:185/185
P21:154/154
P22:175/184
P23:267/267
P24:222/238
P25:173/173
P26:232/254
P27:294/294
P28:176/176
P29:284/289
P30:126/134
P31:265/282
P32:226/226
P33:207/244
P34:170/170
P35:175/183
P36:215/215
P37:185/206
P38:261/261
P39:309/321
P40:300/302

蠡玉13号 （审定编号：04050438）

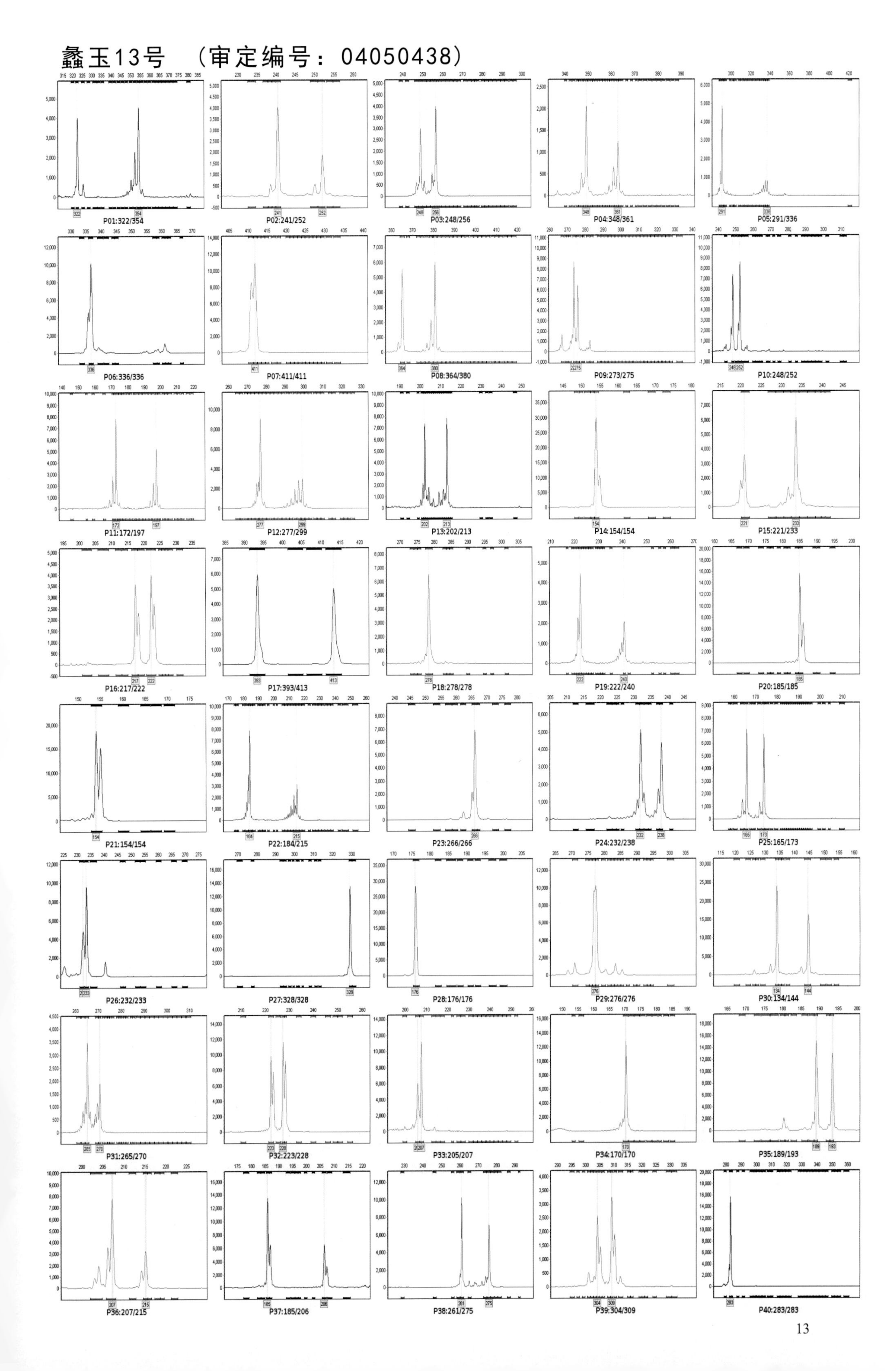

P01:322/354
P02:241/252
P03:248/256
P04:348/361
P05:291/336
P06:336/336
P07:411/411
P08:364/380
P09:273/275
P10:248/252
P11:172/197
P12:277/299
P13:202/213
P14:154/154
P15:221/233
P16:217/222
P17:393/413
P18:278/278
P19:222/240
P20:185/185
P21:154/154
P22:184/215
P23:266/266
P24:232/238
P25:165/173
P26:232/233
P27:328/328
P28:176/176
P29:276/276
P30:134/144
P31:265/270
P32:223/228
P33:205/207
P34:170/170
P35:189/193
P36:207/215
P37:185/206
P38:261/275
P39:304/309
P40:283/283

皖玉13号 （审定编号：04050440）

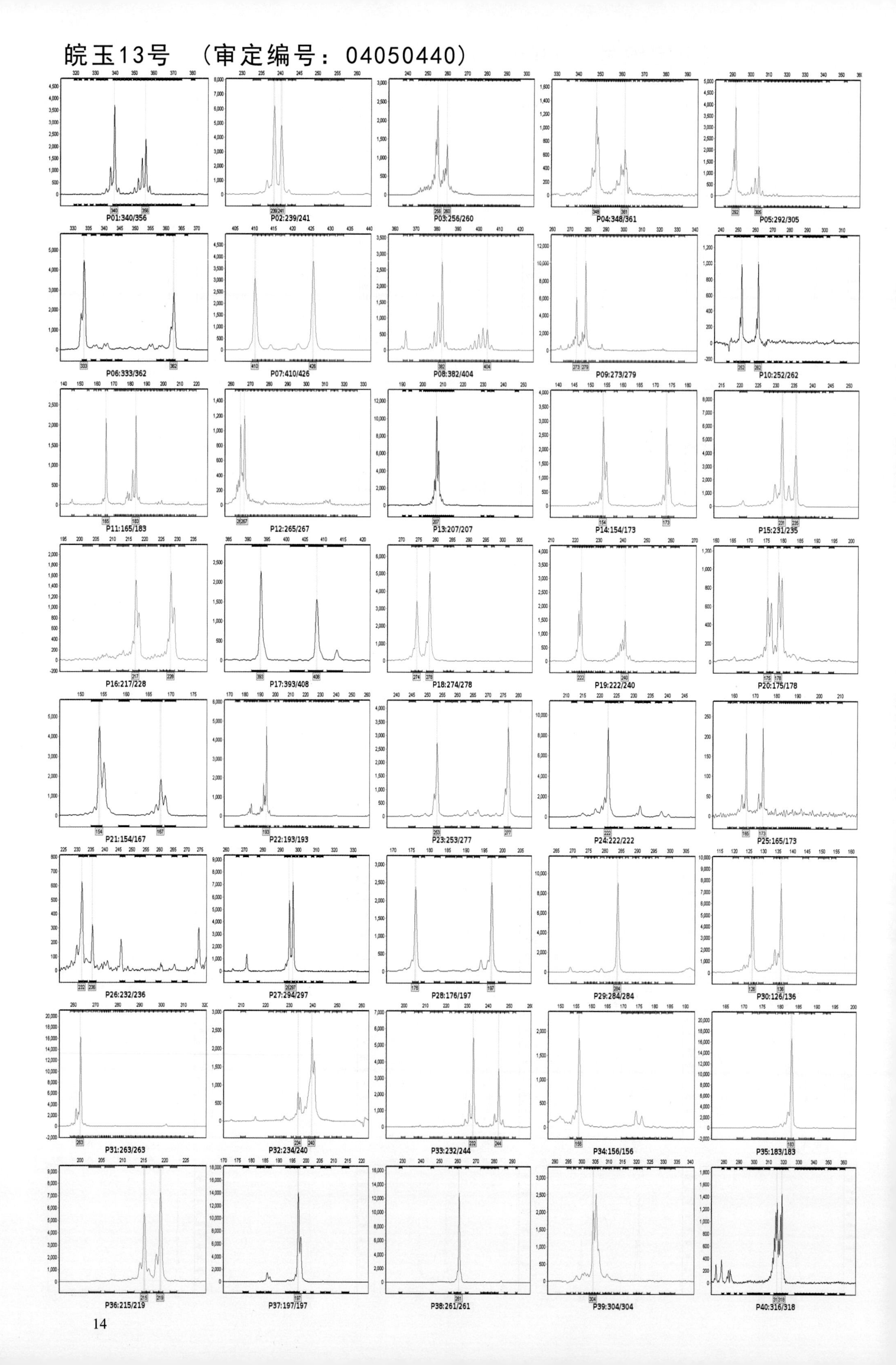
P01:340/356
P02:239/241
P03:256/260
P04:348/361
P05:292/305
P06:333/362
P07:410/426
P08:382/404
P09:273/279
P10:252/262
P11:165/183
P12:265/267
P13:207/207
P14:154/173
P15:231/235
P16:217/228
P17:393/408
P18:274/278
P19:222/240
P20:175/178
P21:154/167
P22:193/193
P23:253/277
P24:222/222
P25:165/173
P26:232/236
P27:294/297
P28:176/197
P29:284/284
P30:126/136
P31:263/263
P32:234/240
P33:232/244
P34:156/156
P35:183/183
P36:215/219
P37:197/197
P38:261/261
P39:304/304
P40:316/318

皖玉15号 （审定编号：04050442）

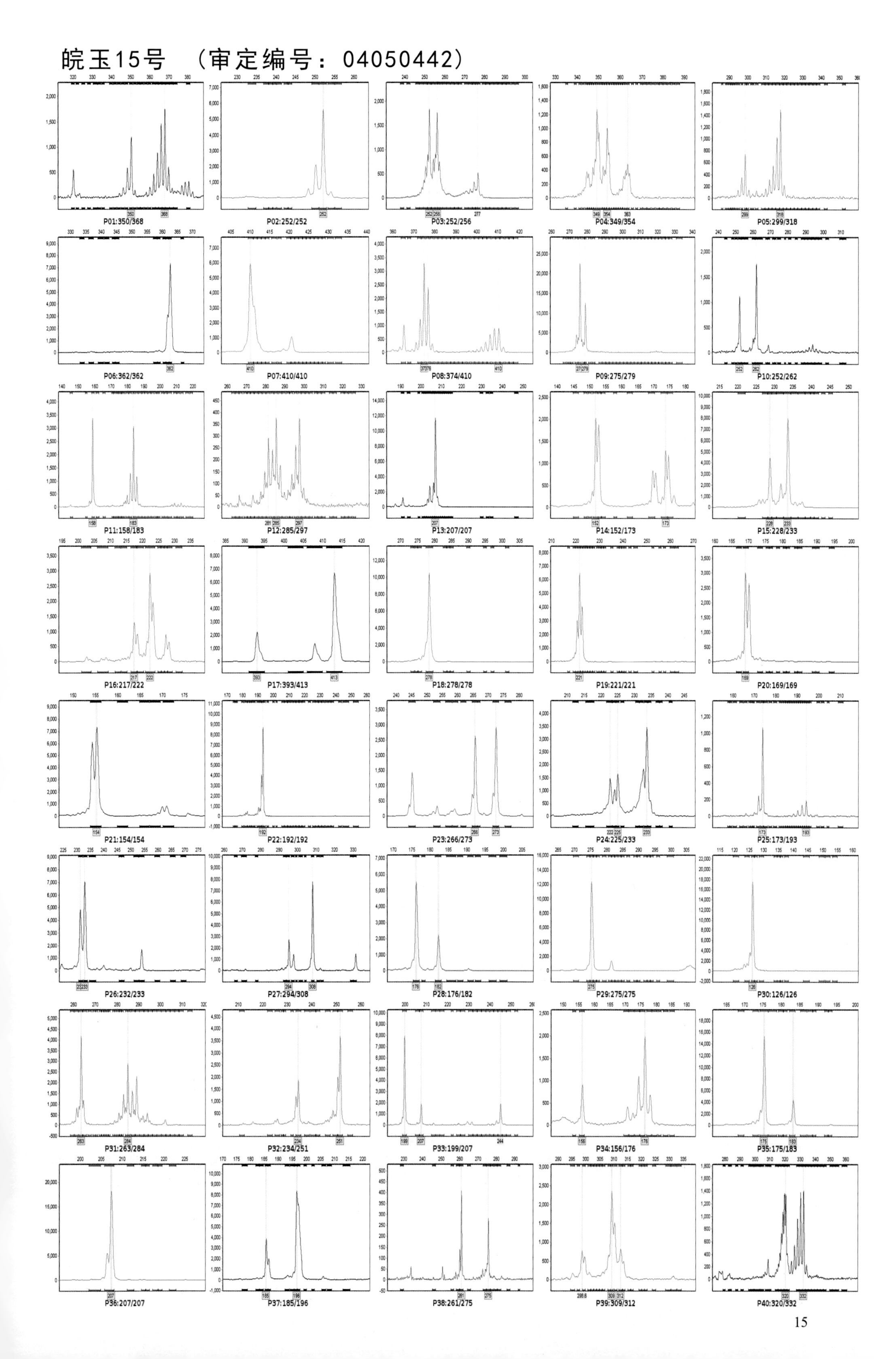

P01:350/368
P02:252/252
P03:252/256
P04:349/354
P05:299/318
P06:362/362
P07:410/410
P08:374/410
P09:275/279
P10:252/262
P11:158/183
P12:285/297
P13:207/207
P14:152/173
P15:228/233
P16:217/222
P17:393/413
P18:278/278
P19:221/221
P20:169/169
P21:154/154
P22:192/192
P23:266/273
P24:225/233
P25:173/193
P26:232/233
P27:294/308
P28:176/182
P29:275/275
P30:126/126
P31:263/284
P32:234/251
P33:199/207
P34:156/176
P35:175/183
P36:207/207
P37:185/196
P38:261/275
P39:309/312
P40:320/332

蠡玉16 （审定编号：皖品审05050487）

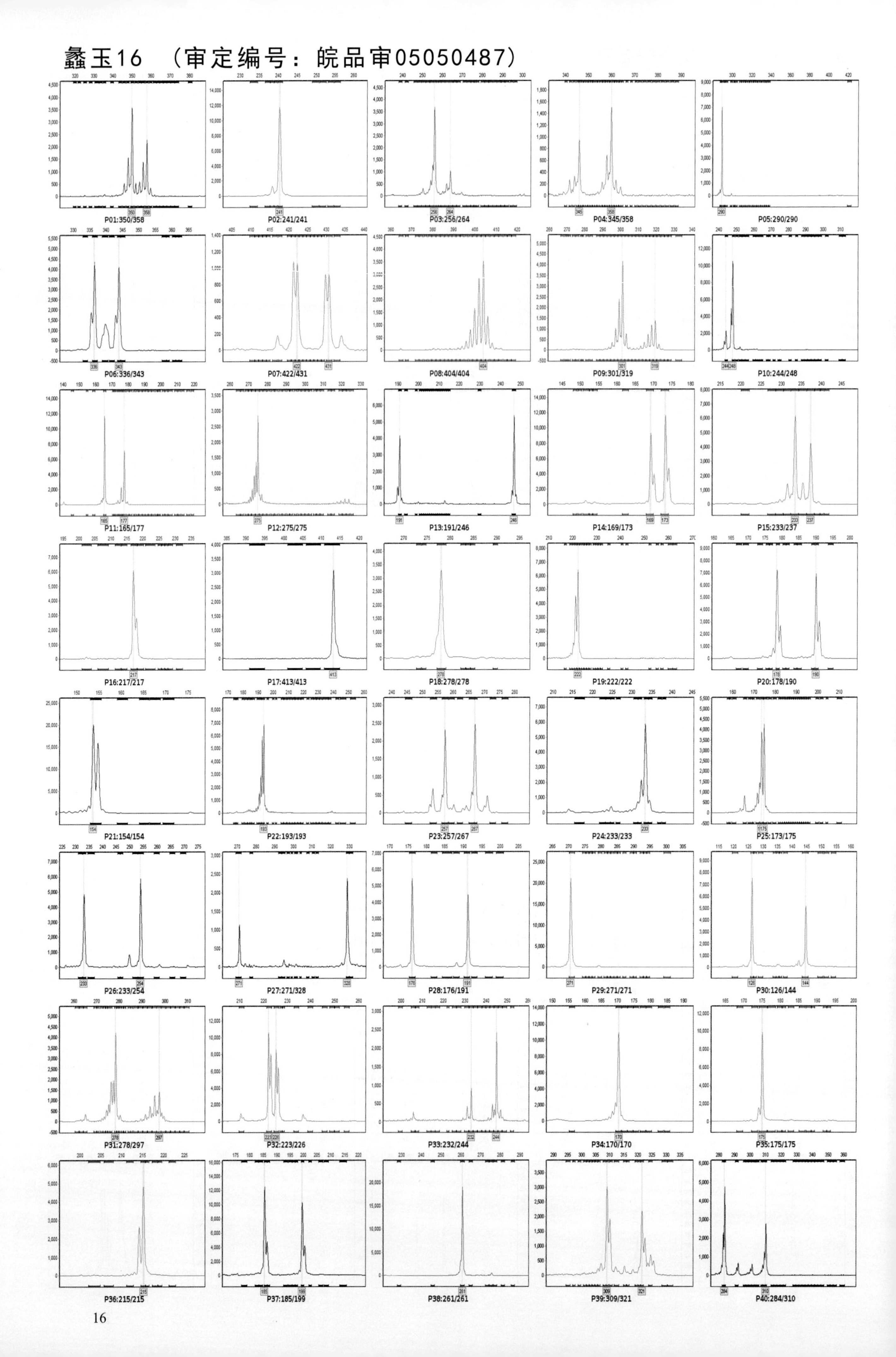

P01:350/358
P02:241/241
P03:256/264
P04:345/358
P05:290/290
P06:336/343
P07:422/431
P08:404/404
P09:301/319
P10:244/248
P11:165/177
P12:275/275
P13:191/246
P14:169/173
P15:233/237
P16:217/217
P17:413/413
P18:278/278
P19:222/222
P20:178/190
P21:154/154
P22:193/193
P23:257/267
P24:233/233
P25:173/175
P26:233/254
P27:271/328
P28:176/191
P29:271/271
P30:126/144
P31:278/297
P32:223/226
P33:232/244
P34:170/170
P35:175/175
P36:215/215
P37:185/199
P38:261/261
P39:309/321
P40:284/310

西星黄糯8号 （审定编号：皖品审05050490）

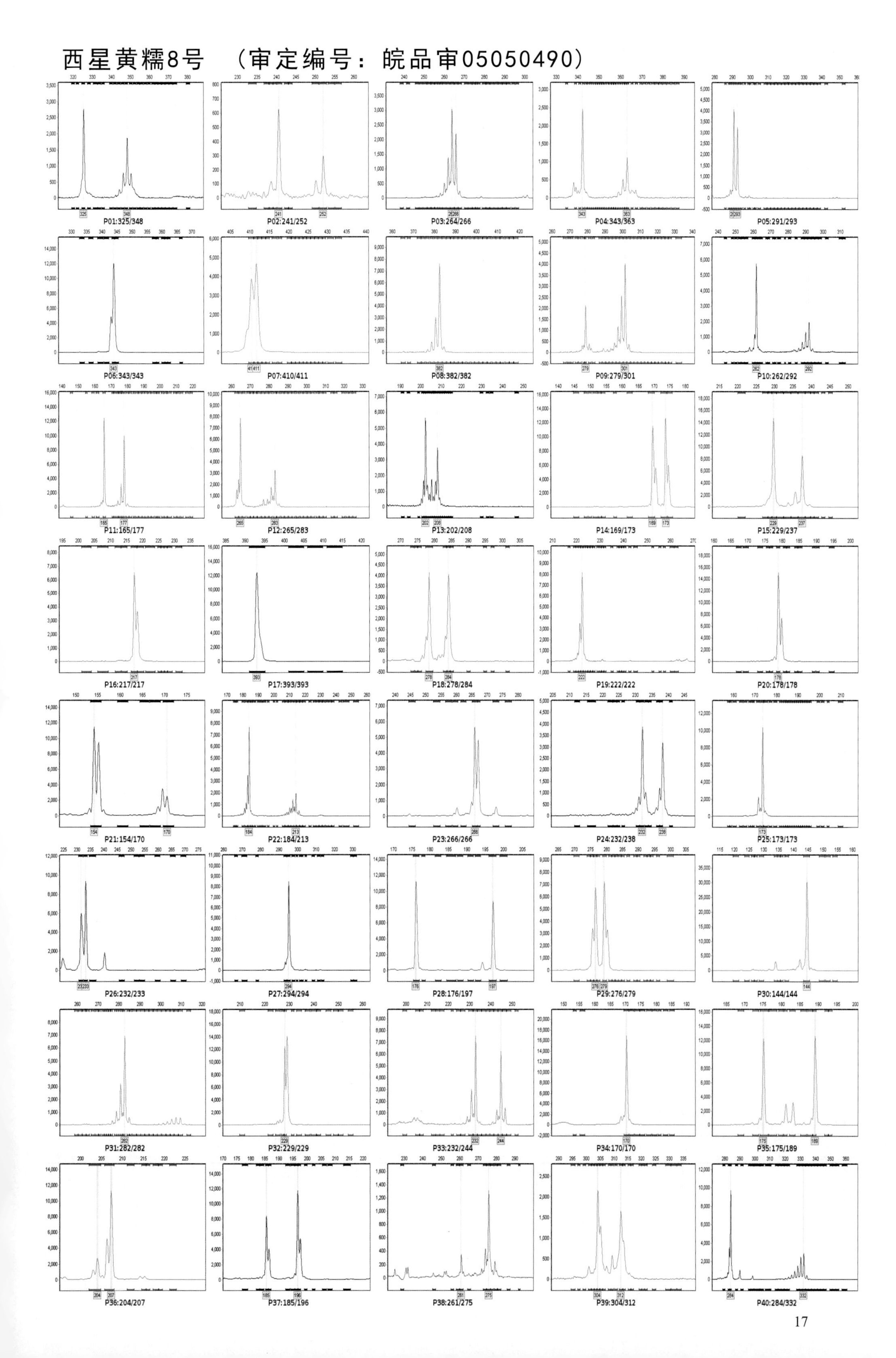

P01:325/348
P02:241/252
P03:264/266
P04:343/363
P05:291/293
P06:343/343
P07:410/411
P08:382/382
P09:279/301
P10:262/292
P11:165/177
P12:265/283
P13:202/208
P14:169/173
P15:229/237
P16:217/217
P17:393/393
P18:278/284
P19:222/222
P20:178/178
P21:154/170
P22:184/213
P23:266/266
P24:232/238
P25:173/173
P26:232/233
P27:294/294
P28:176/197
P29:276/279
P30:144/144
P31:282/282
P32:229/229
P33:232/244
P34:170/170
P35:175/189
P36:204/207
P37:185/196
P38:261/275
P39:304/312
P40:284/332

郑035 （审定编号：皖品审06050544）

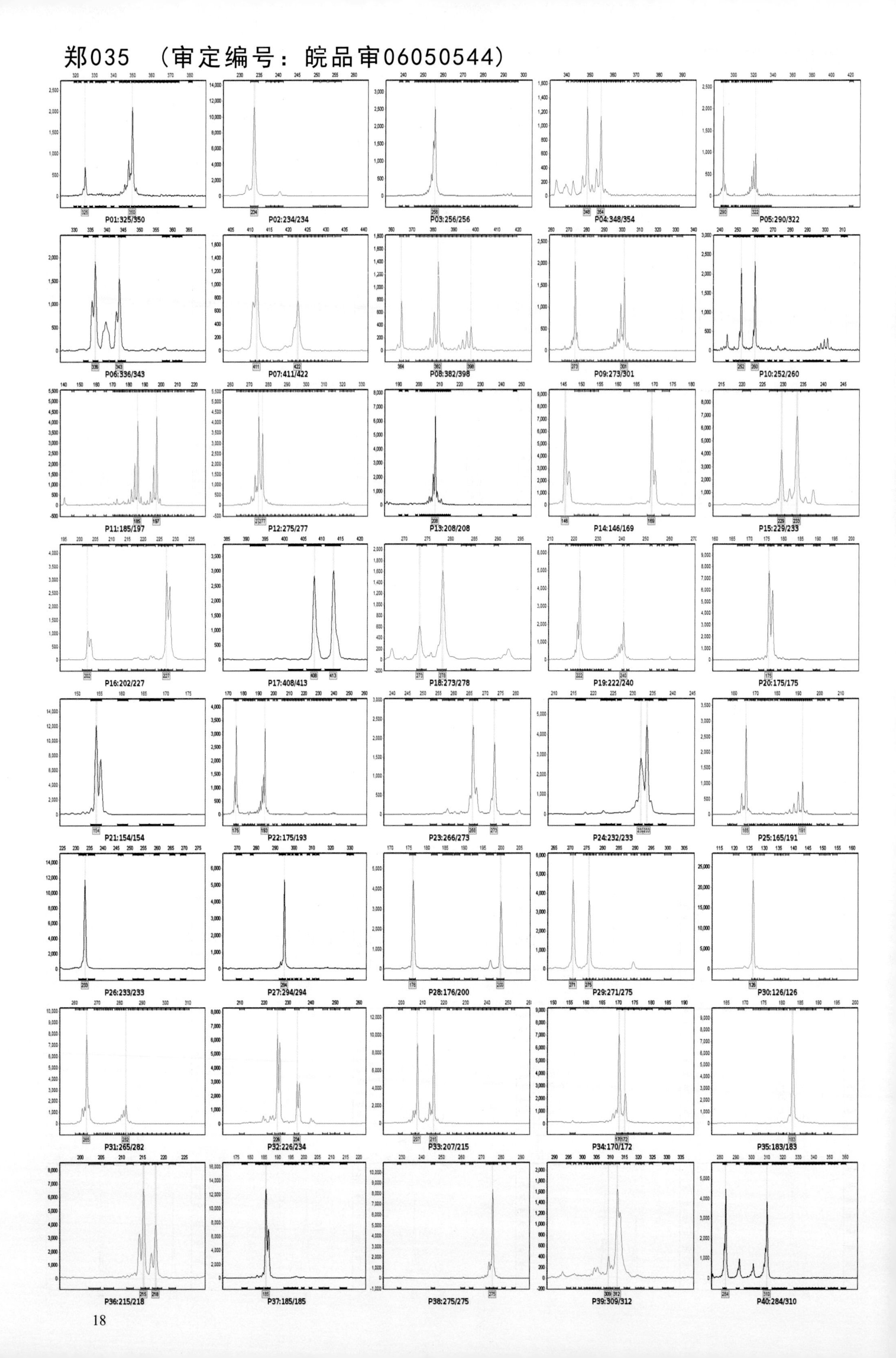
P01:325/350
P02:234/234
P03:256/256
P04:348/354
P05:290/322
P06:336/343
P07:411/422
P08:382/398
P09:273/301
P10:252/260
P11:185/197
P12:275/277
P13:208/208
P14:146/169
P15:229/233
P16:202/227
P17:408/413
P18:273/278
P19:222/240
P20:175/175
P21:154/154
P22:175/193
P23:266/273
P24:232/233
P25:165/191
P26:233/233
P27:294/294
P28:176/200
P29:271/275
P30:126/126
P31:265/282
P32:226/234
P33:207/215
P34:170/172
P35:183/183
P36:215/218
P37:185/185
P38:275/275
P39:309/312
P40:284/310

金海2106 （审定编号：皖品审06050545）

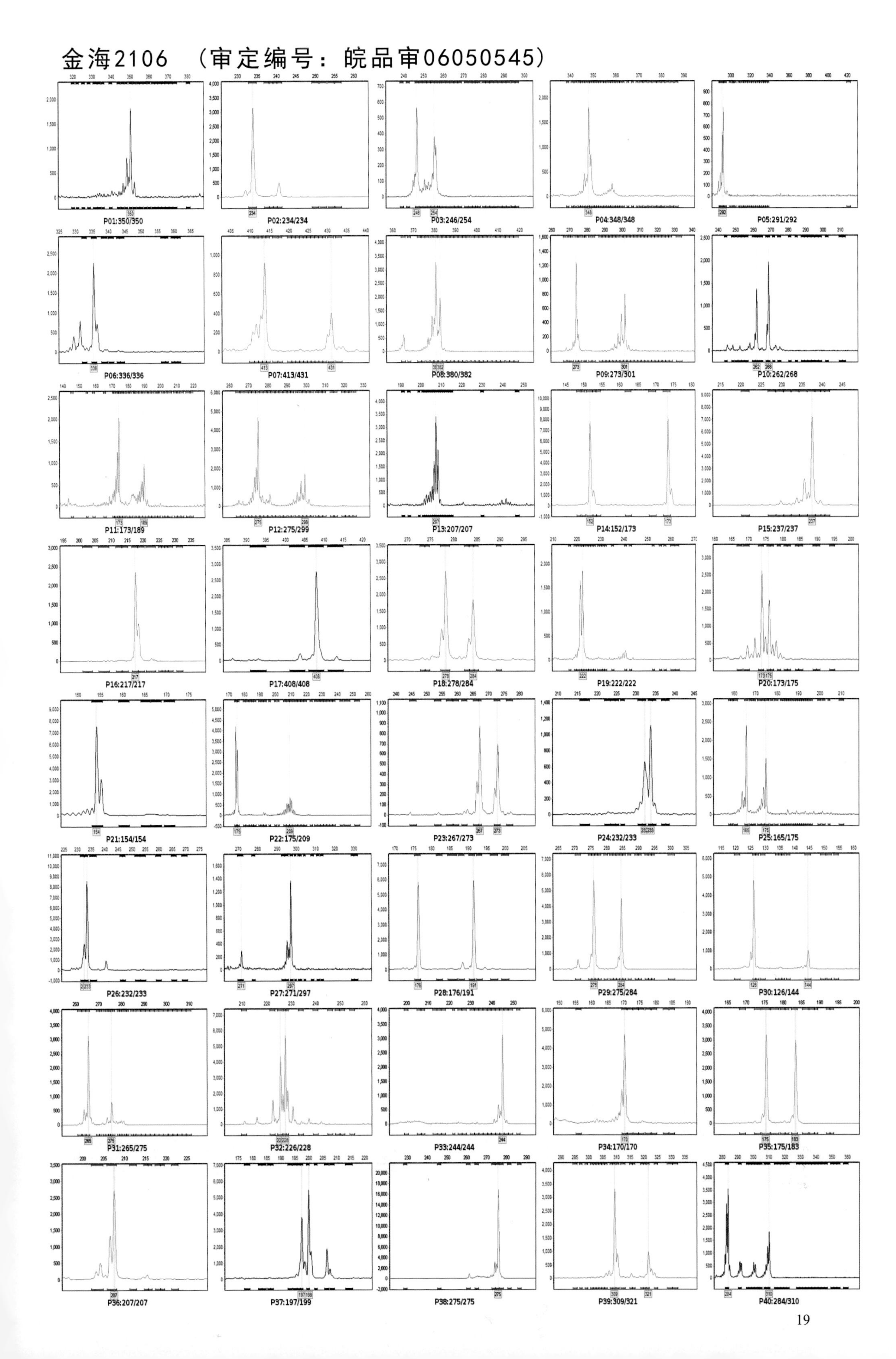
P01:350/350
P02:234/234
P03:246/254
P04:348/348
P05:291/292
P06:336/336
P07:413/431
P08:380/382
P09:273/301
P10:262/268
P11:173/189
P12:275/299
P13:207/207
P14:152/173
P15:237/237
P16:217/217
P17:408/408
P18:278/284
P19:222/222
P20:173/175
P21:154/154
P22:175/209
P23:267/273
P24:232/233
P25:165/175
P26:232/233
P27:271/297
P28:176/191
P29:275/284
P30:126/144
P31:265/275
P32:226/228
P33:244/244
P34:170/170
P35:175/183
P36:207/207
P37:197/199
P38:275/275
P39:309/321
P40:284/310

鲁宁202 （审定编号：皖品审06050546）

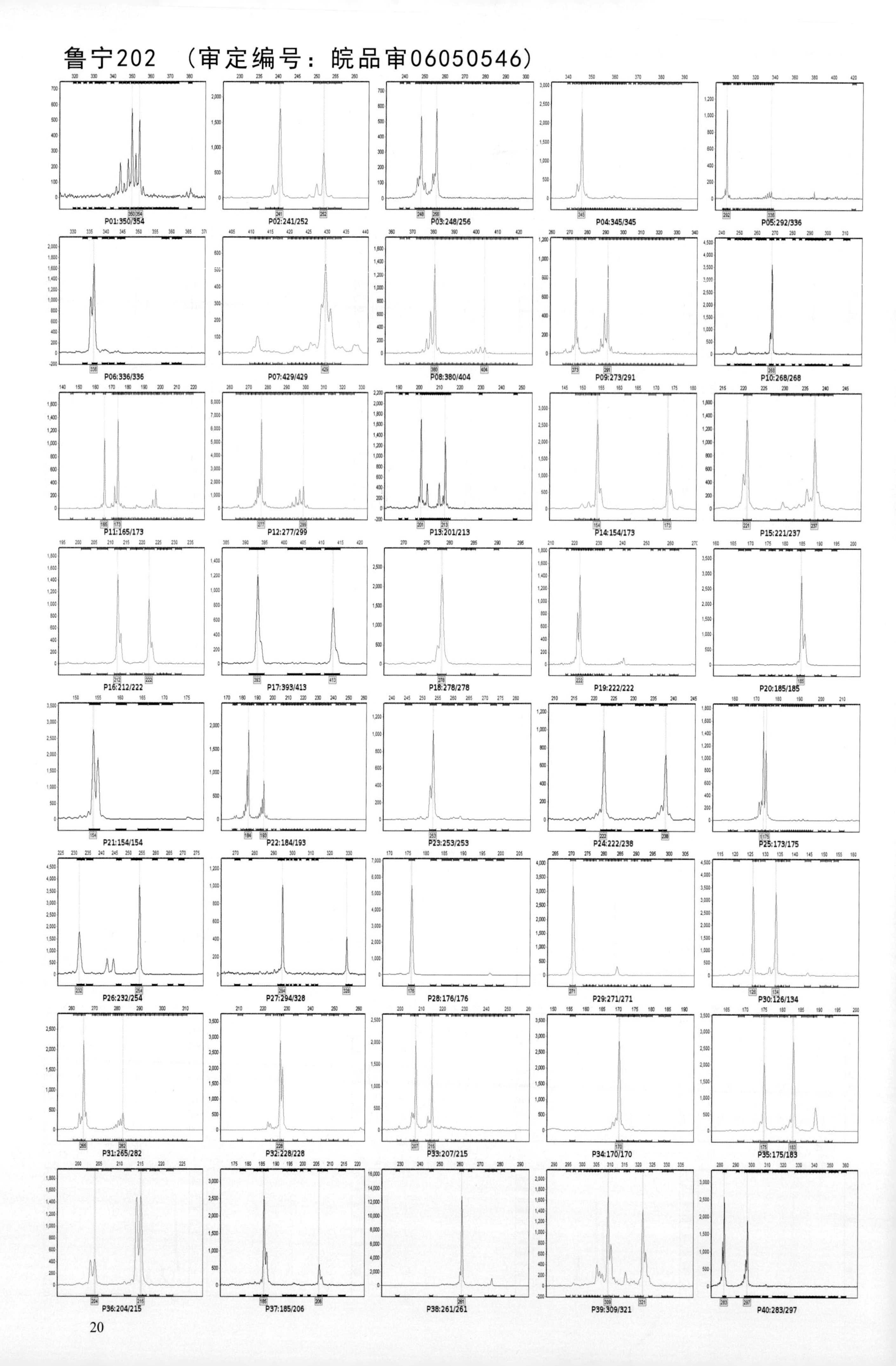
P01:350/354
P02:241/252
P03:248/256
P04:345/345
P05:292/336
P06:336/336
P07:429/429
P08:380/404
P09:273/291
P10:268/268
P11:165/173
P12:277/299
P13:201/213
P14:154/173
P15:221/237
P16:212/222
P17:393/413
P18:278/278
P19:222/222
P20:185/185
P21:154/154
P22:184/193
P23:253/253
P24:222/238
P25:173/175
P26:232/254
P27:294/328
P28:176/176
P29:271/271
P30:126/134
P31:265/282
P32:228/228
P33:207/215
P34:170/170
P35:175/183
P36:204/215
P37:185/206
P38:261/261
P39:309/321
P40:283/297

金来玉5号 （审定编号：皖品审06050547）

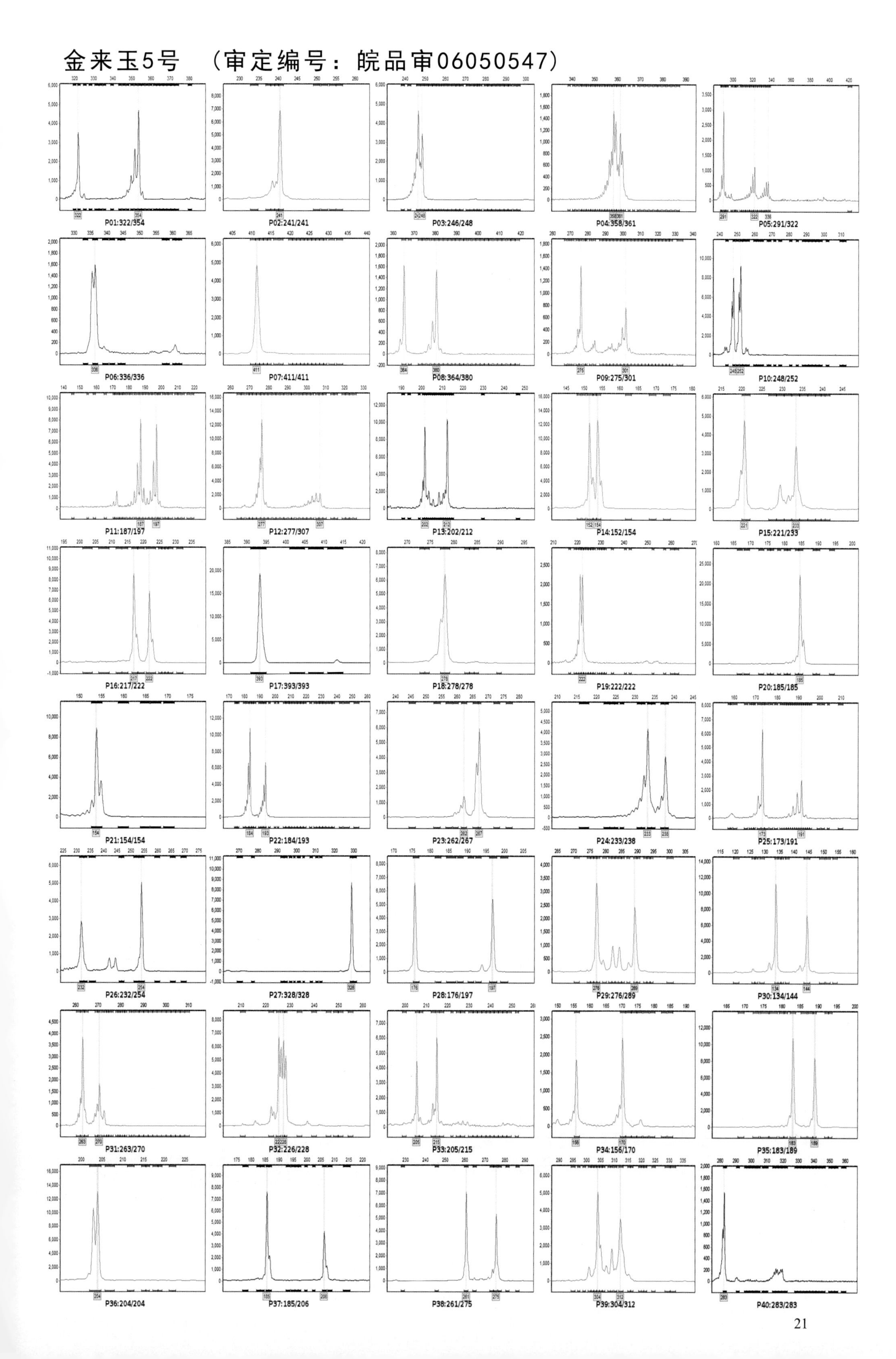

P01:322/354
P02:241/241
P03:246/248
P04:358/361
P05:291/322
P06:336/336
P07:411/411
P08:364/380
P09:275/301
P10:248/252
P11:187/197
P12:277/307
P13:202/212
P14:152/154
P15:221/233
P16:217/222
P17:393/393
P18:278/278
P19:222/222
P20:185/185
P21:154/154
P22:184/193
P23:262/267
P24:233/238
P25:173/191
P26:232/254
P27:328/328
P28:176/197
P29:276/289
P30:134/144
P31:263/270
P32:226/228
P33:205/215
P34:156/170
P35:183/189
P36:204/204
P37:185/206
P38:261/275
P39:304/312
P40:283/283

东911 （审定编号：皖品审06050548）

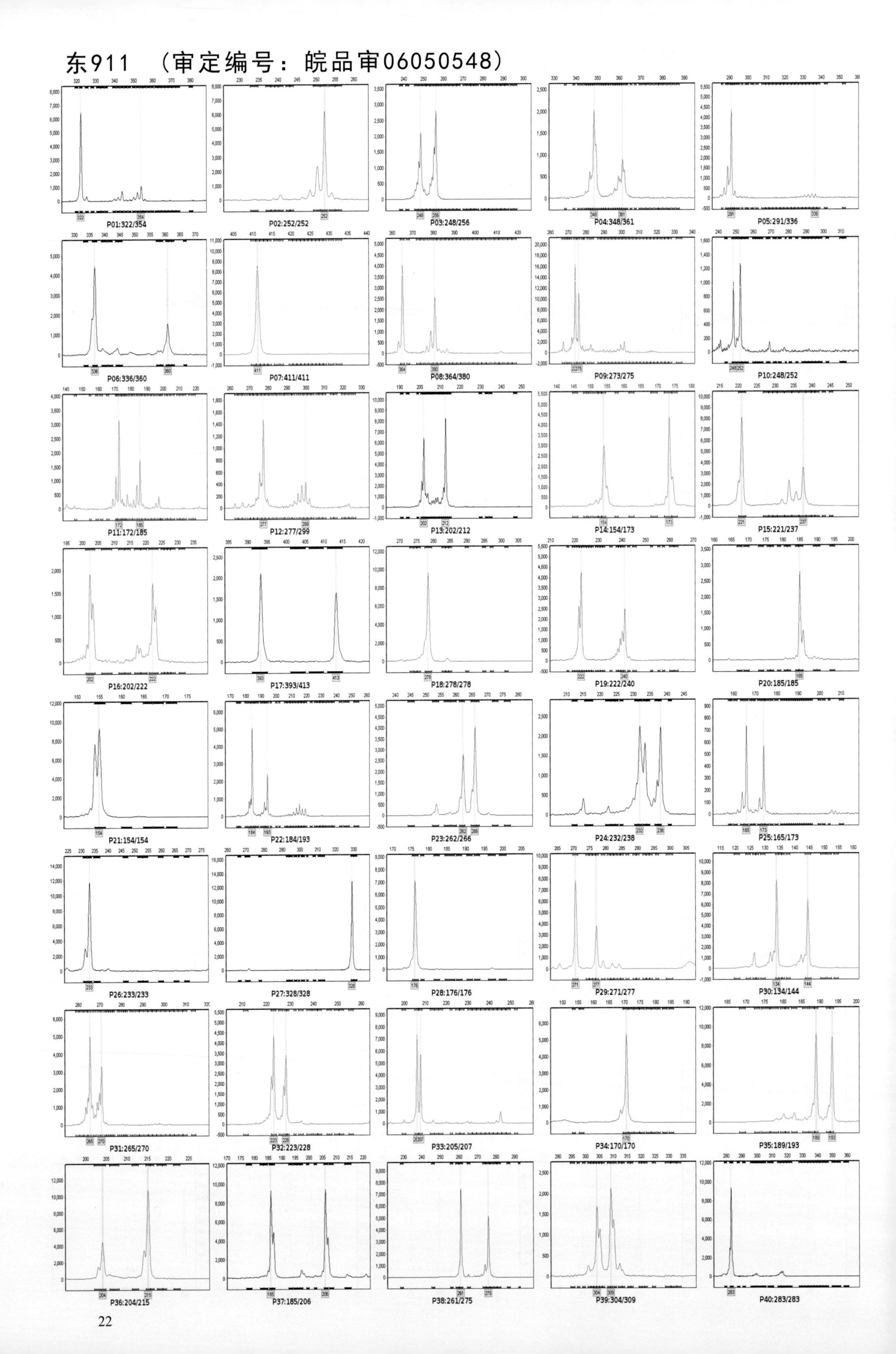

P01:322/354
P02:252/252
P03:248/256
P04:348/361
P05:291/336
P06:336/360
P07:411/411
P08:364/380
P09:273/275
P10:248/252
P11:172/185
P12:277/299
P13:202/212
P14:154/173
P15:221/237
P16:202/222
P17:393/413
P18:278/278
P19:222/240
P20:185/185
P21:154/154
P22:184/193
P23:262/266
P24:232/238
P25:165/173
P26:233/233
P27:328/328
P28:176/176
P29:271/277
P30:134/144
P31:265/270
P32:223/228
P33:205/207
P34:170/170
P35:189/193
P36:204/215
P37:185/206
P38:261/275
P39:304/309
P40:283/283

皖玉17号 （审定编号：皖品审06050549）

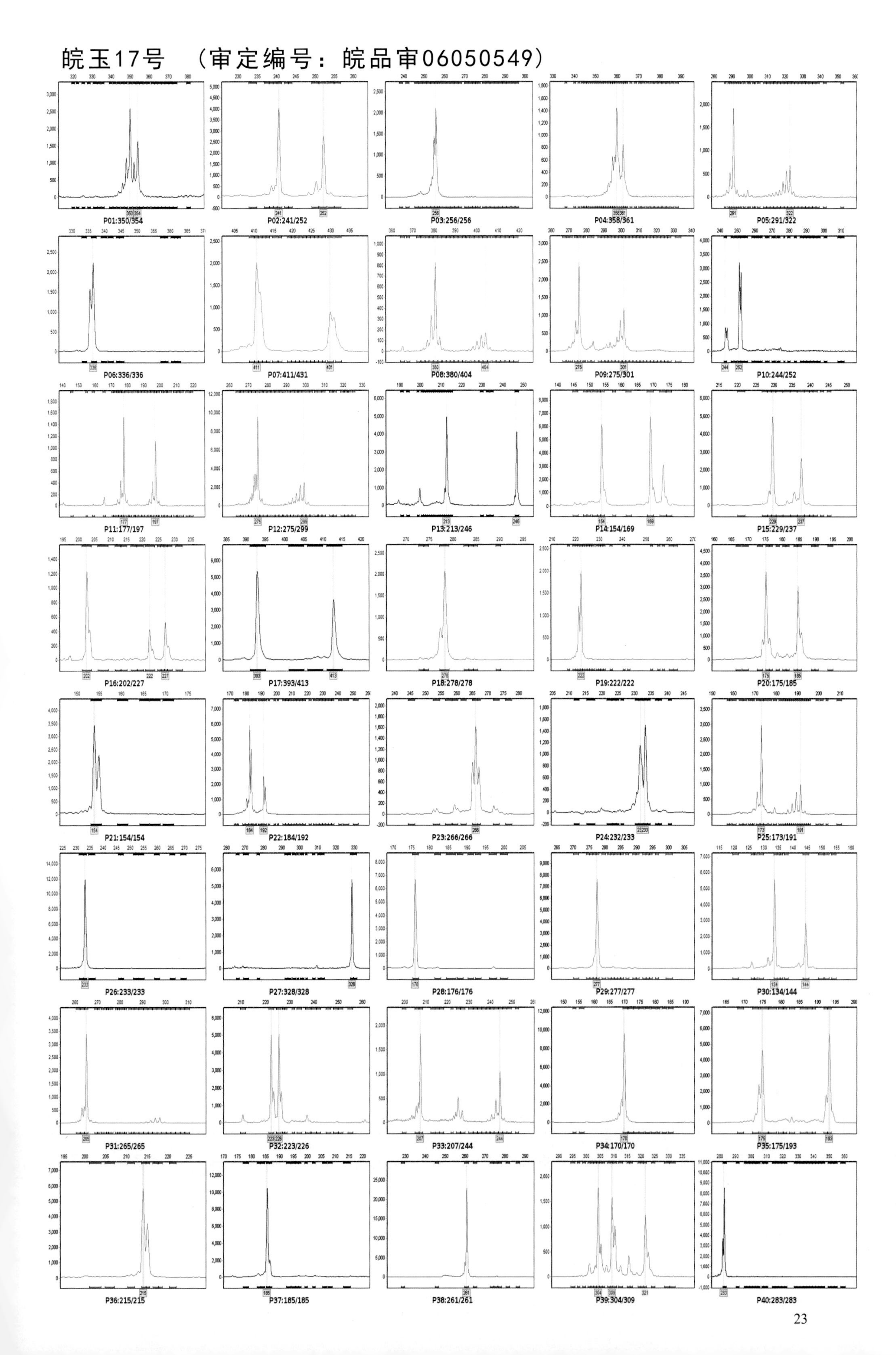
P01:350/354
P02:241/252
P03:256/256
P04:358/361
P05:291/322
P06:336/336
P07:411/431
P08:380/404
P09:275/301
P10:244/252
P11:177/197
P12:275/299
P13:213/246
P14:154/169
P15:229/237
P16:202/227
P17:393/413
P18:278/278
P19:222/222
P20:175/185
P21:154/154
P22:184/192
P23:266/266
P24:232/233
P25:173/191
P26:233/233
P27:328/328
P28:176/176
P29:277/277
P30:134/144
P31:265/265
P32:223/226
P33:207/244
P34:170/170
P35:175/193
P36:215/215
P37:185/185
P38:261/261
P39:304/309
P40:283/283

皖玉18号 （审定编号：皖品审06050550）

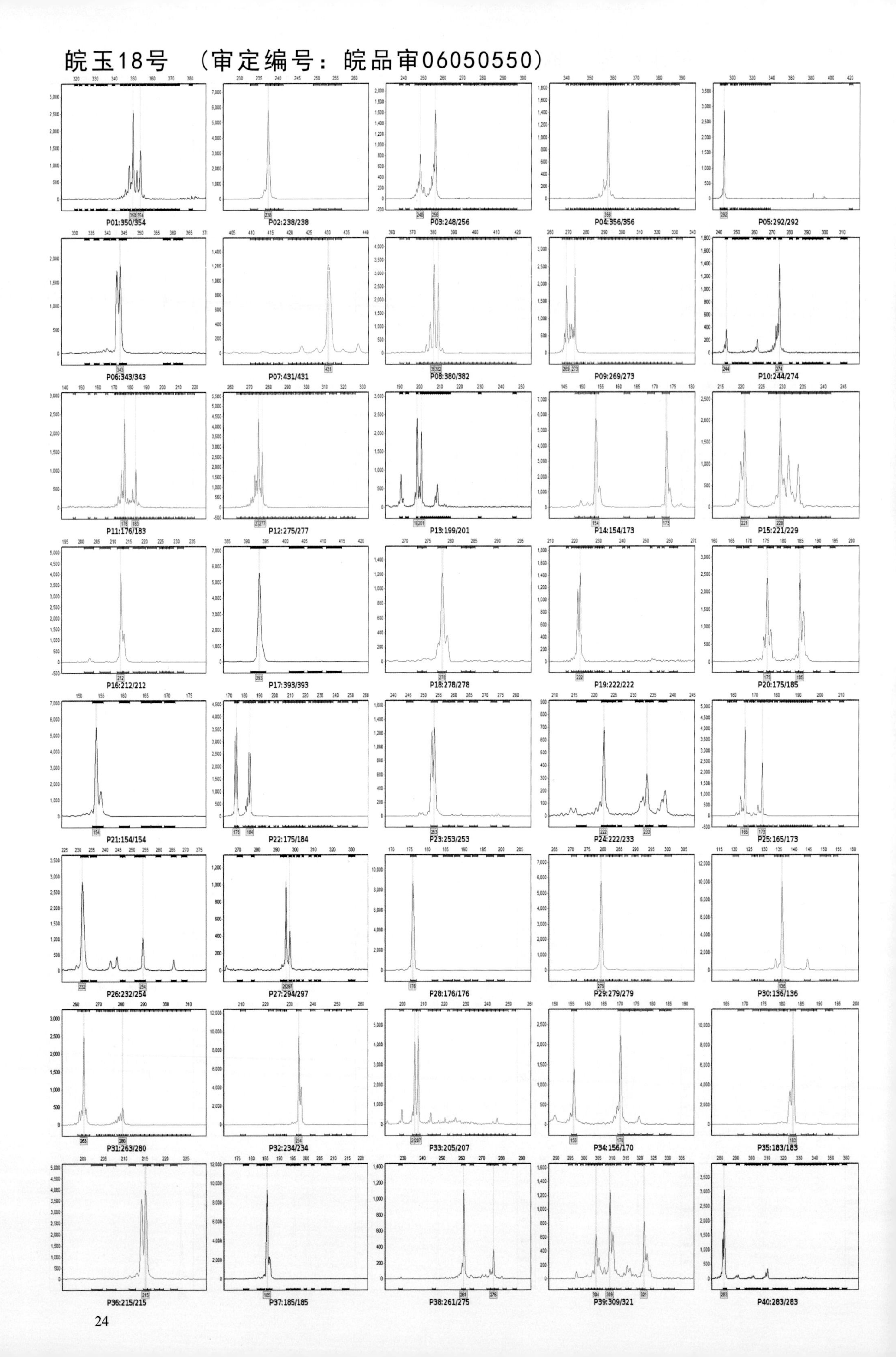
P01:350/354
P02:238/238
P03:248/256
P04:356/356
P05:292/292
P06:343/343
P07:431/431
P08:380/382
P09:269/273
P10:244/274
P11:176/183
P12:275/277
P13:199/201
P14:154/173
P15:221/229
P16:212/212
P17:393/393
P18:278/278
P19:222/222
P20:175/185
P21:154/154
P22:175/184
P23:253/253
P24:222/233
P25:165/173
P26:232/254
P27:294/297
P28:176/176
P29:279/279
P30:136/136
P31:263/280
P32:234/234
P33:205/207
P34:156/170
P35:183/183
P36:215/215
P37:185/185
P38:261/275
P39:309/321
P40:283/283

淮河10号　（审定编号：皖品审07050571）

P01:350/350　P02:234/234　P03:250/256　P04:358/358　P05:291/291

P06:336/362　P07:411/411　P08:364/382　P09:319/319　P10:252/288

P11:172/183　P12:265/265　P13:191/208　P14:152/175　P15:228/237

P16:217/217　P17:408/413　P18:278/284　P19:219/222　P20:185/190

P21:154/170　P22:193/193　P23:253/267　P24:222/222　P25:165/179

P26:232/233　P27:271/294　P28:176/176　P29:276/284　P30:126/144

P31:263/275　P32:234/234　P33:207/215　P34:156/170　P35:175/183

P36:204/207　P37:197/199　P38:261/275　P39:309/312　P40:310/332

隆平206 （审定编号：皖品审07050572）

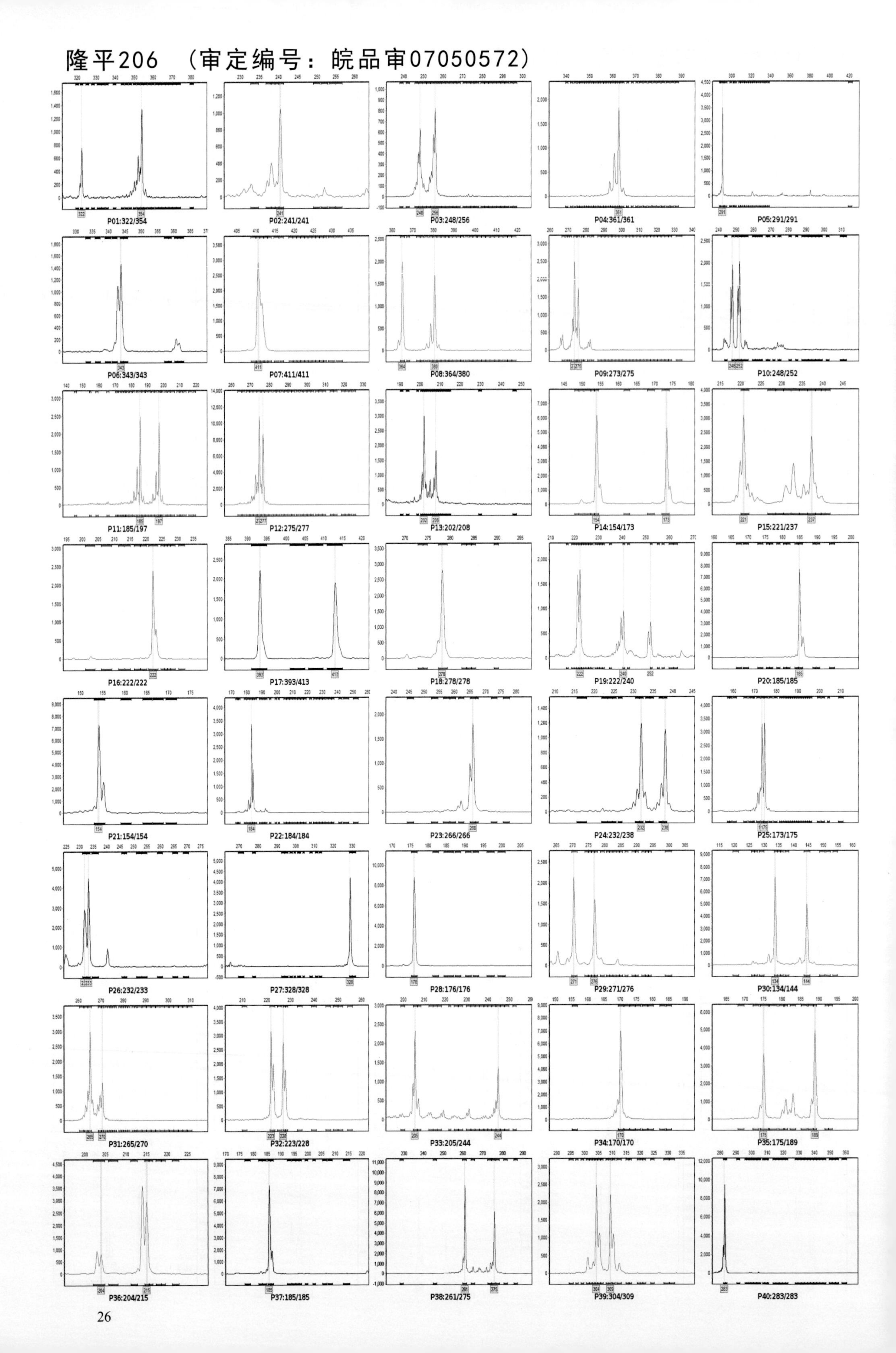

P01:322/354
P02:241/241
P03:248/256
P04:361/361
P05:291/291
P06:343/343
P07:411/411
P08:364/380
P09:273/275
P10:248/252
P11:185/197
P12:275/277
P13:202/208
P14:154/173
P15:221/237
P16:222/222
P17:393/413
P18:278/278
P19:222/240
P20:185/185
P21:154/154
P22:184/184
P23:266/266
P24:232/238
P25:173/175
P26:232/233
P27:328/328
P28:176/176
P29:271/276
P30:134/144
P31:265/270
P32:223/228
P33:205/244
P34:170/170
P35:175/189
P36:204/215
P37:185/185
P38:261/275
P39:304/309
P40:283/283

安隆4号　（审定编号：皖品审07050574）

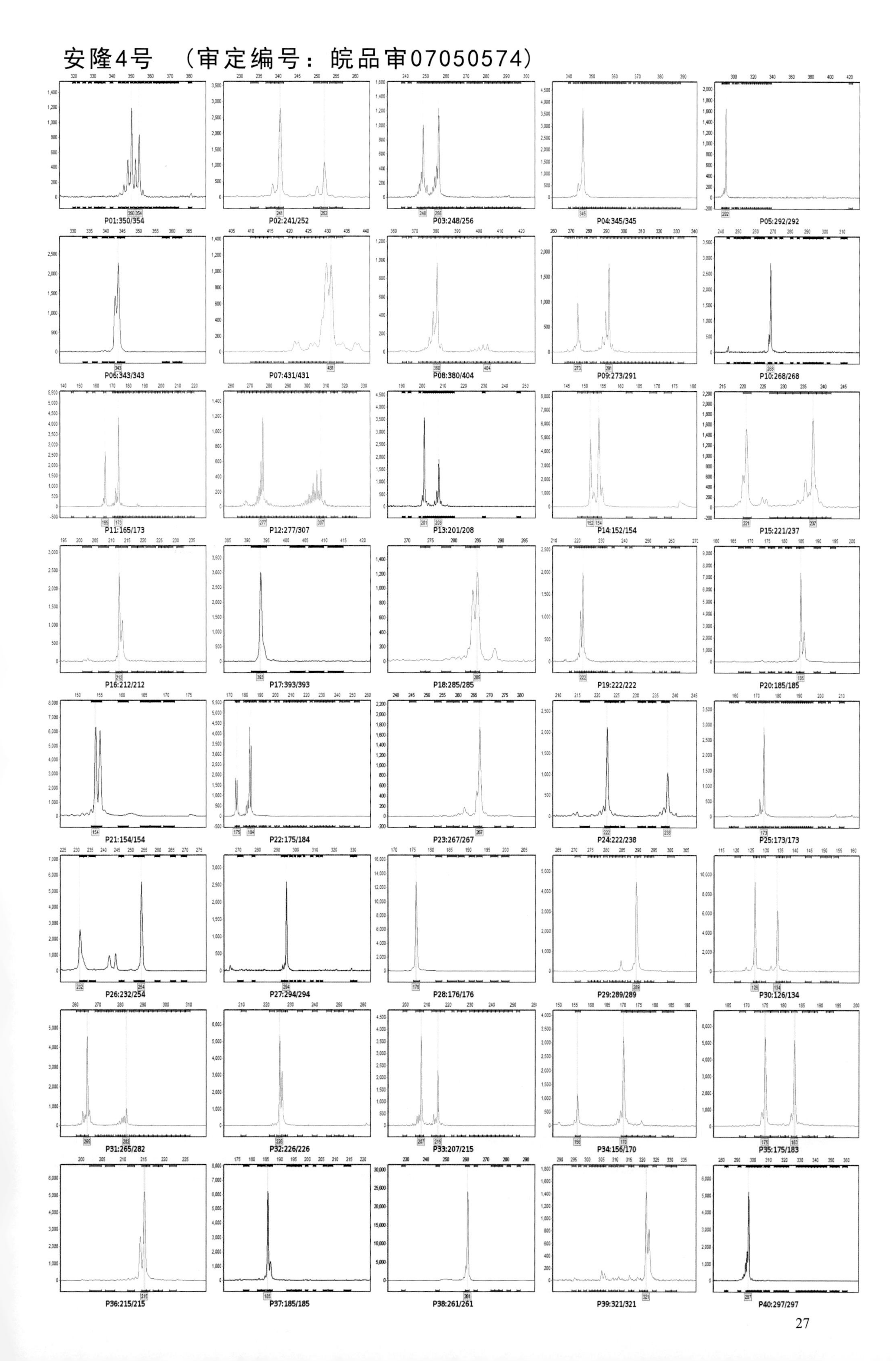
P01:350/354
P02:241/252
P03:248/256
P04:345/345
P05:292/292
P06:343/343
P07:431/431
P08:380/404
P09:273/291
P10:268/268
P11:165/173
P12:277/307
P13:201/208
P14:152/154
P15:221/237
P16:212/212
P17:393/393
P18:285/285
P19:222/222
P20:185/185
P21:154/154
P22:175/184
P23:267/267
P24:222/238
P25:173/173
P26:232/254
P27:294/294
P28:176/176
P29:289/289
P30:126/134
P31:265/282
P32:226/226
P33:207/215
P34:156/170
P35:175/183
P36:215/215
P37:185/185
P38:261/261
P39:321/321
P40:297/297

益丰29 （审定编号：皖品审07050575）

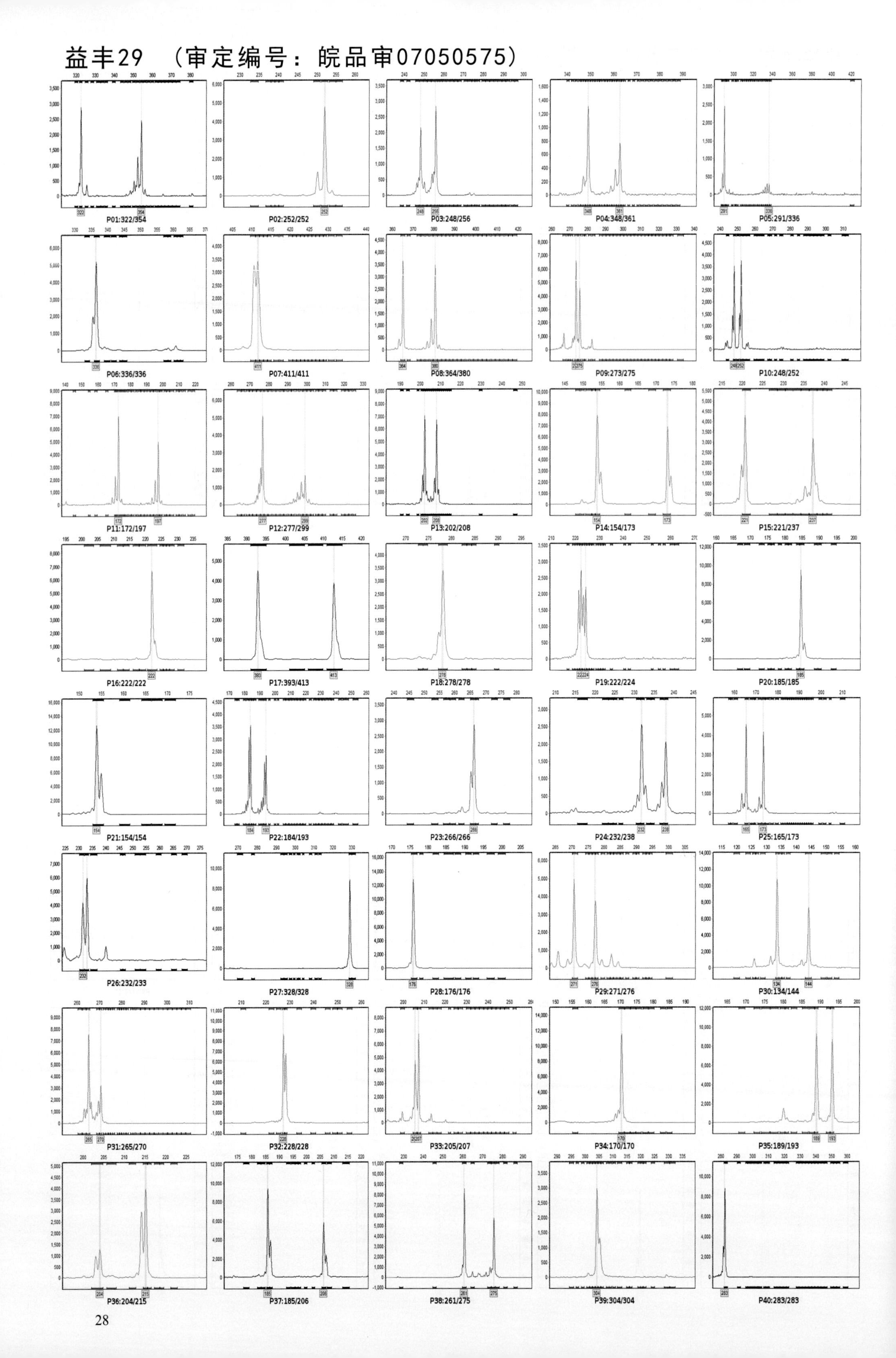

P01:322/354
P02:252/252
P03:248/256
P04:348/361
P05:291/336
P06:336/336
P07:411/411
P08:364/380
P09:273/275
P10:248/252
P11:172/197
P12:277/299
P13:202/208
P14:154/173
P15:221/237
P16:222/222
P17:393/413
P18:278/278
P19:222/224
P20:185/185
P21:154/154
P22:184/193
P23:266/266
P24:232/238
P25:165/173
P26:232/233
P27:328/328
P28:176/176
P29:271/276
P30:134/144
P31:265/270
P32:228/228
P33:205/207
P34:170/170
P35:189/193
P36:204/215
P37:185/206
P38:261/275
P39:304/304
P40:283/283

源申213 （审定编号：皖品审07050576）

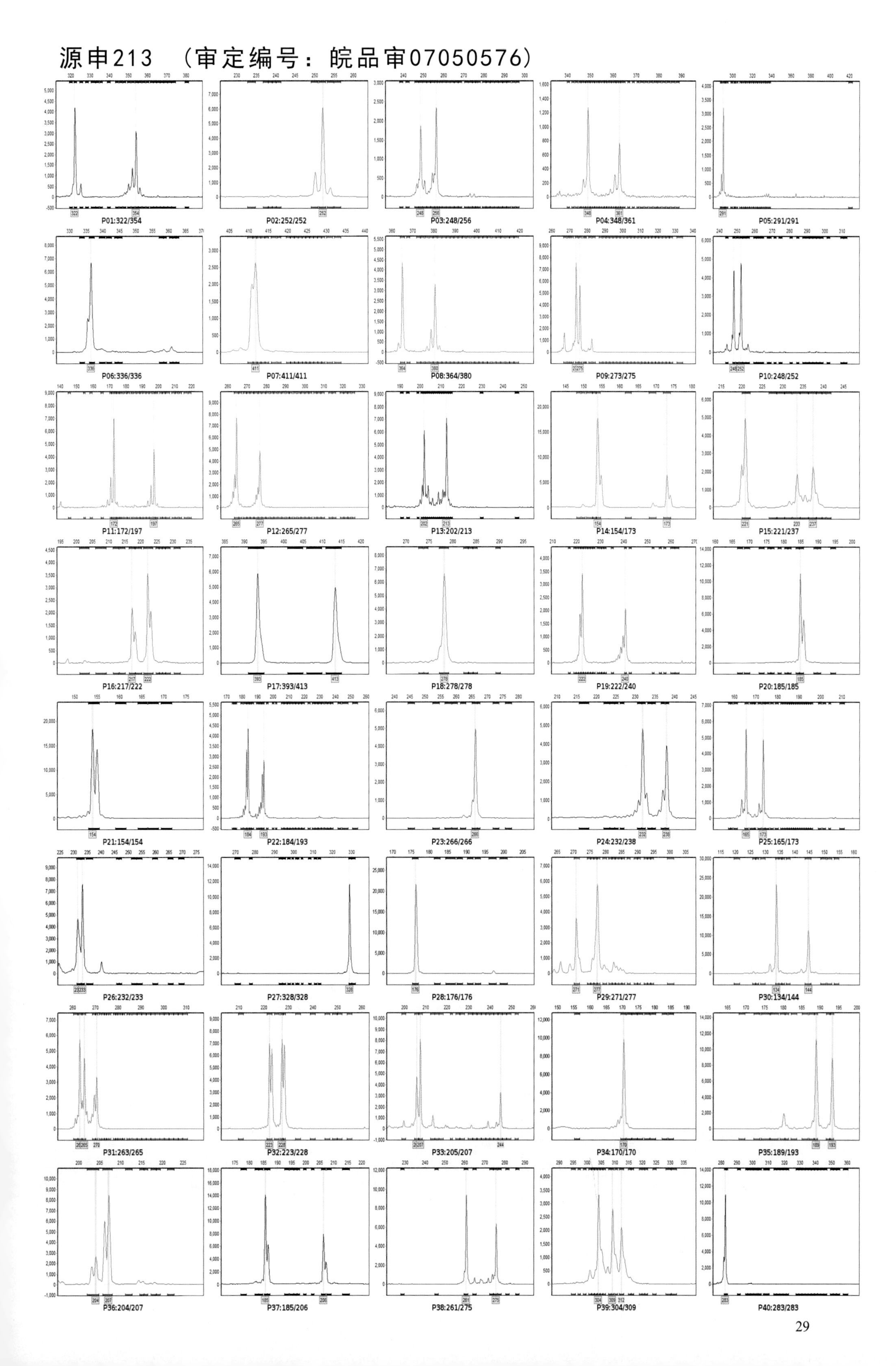
P01:322/354
P02:252/252
P03:248/256
P04:348/361
P05:291/291
P06:336/336
P07:411/411
P08:364/380
P09:273/275
P10:248/252
P11:172/197
P12:265/277
P13:202/213
P14:154/173
P15:221/237
P16:217/222
P17:393/413
P18:278/278
P19:222/240
P20:185/185
P21:154/154
P22:184/193
P23:266/266
P24:232/238
P25:165/173
P26:232/233
P27:328/328
P28:176/176
P29:271/277
P30:134/144
P31:263/265
P32:223/228
P33:205/207
P34:170/170
P35:189/193
P36:204/207
P37:185/206
P38:261/275
P39:304/309
P40:283/283

蠡玉35 （审定编号：皖品审07050577）

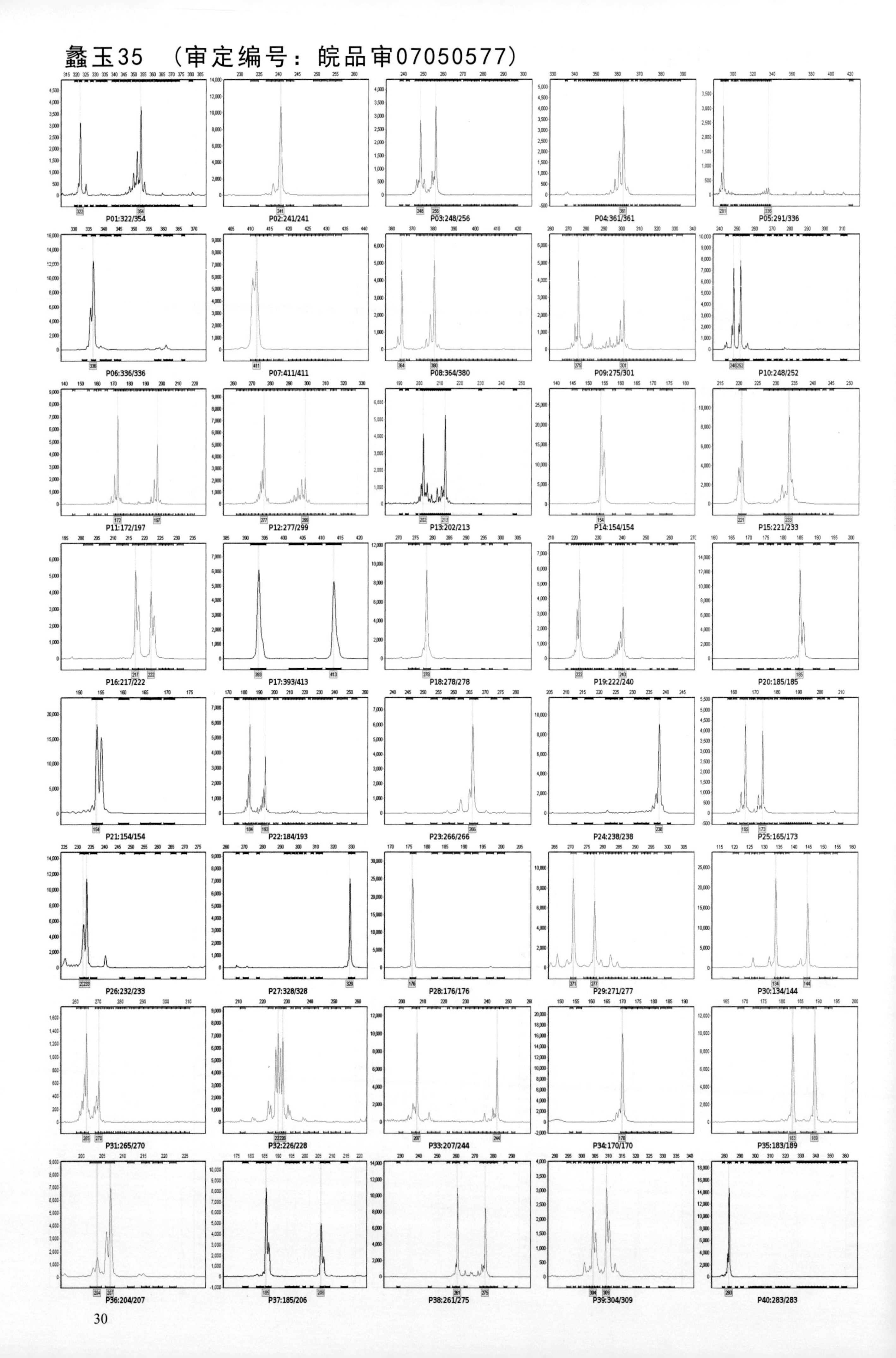
P01:322/354
P02:241/241
P03:248/256
P04:361/361
P05:291/336
P06:336/336
P07:411/411
P08:364/380
P09:275/301
P10:248/252
P11:172/197
P12:277/299
P13:202/213
P14:154/154
P15:221/233
P16:217/222
P17:393/413
P18:278/278
P19:222/240
P20:185/185
P21:154/154
P22:184/193
P23:266/266
P24:238/238
P25:165/173
P26:232/233
P27:328/328
P28:176/176
P29:271/277
P30:134/144
P31:265/270
P32:226/228
P33:207/244
P34:170/170
P35:183/189
P36:204/207
P37:185/206
P38:261/275
P39:304/309
P40:283/283

弘大8号（审定编号：皖品审07050578）

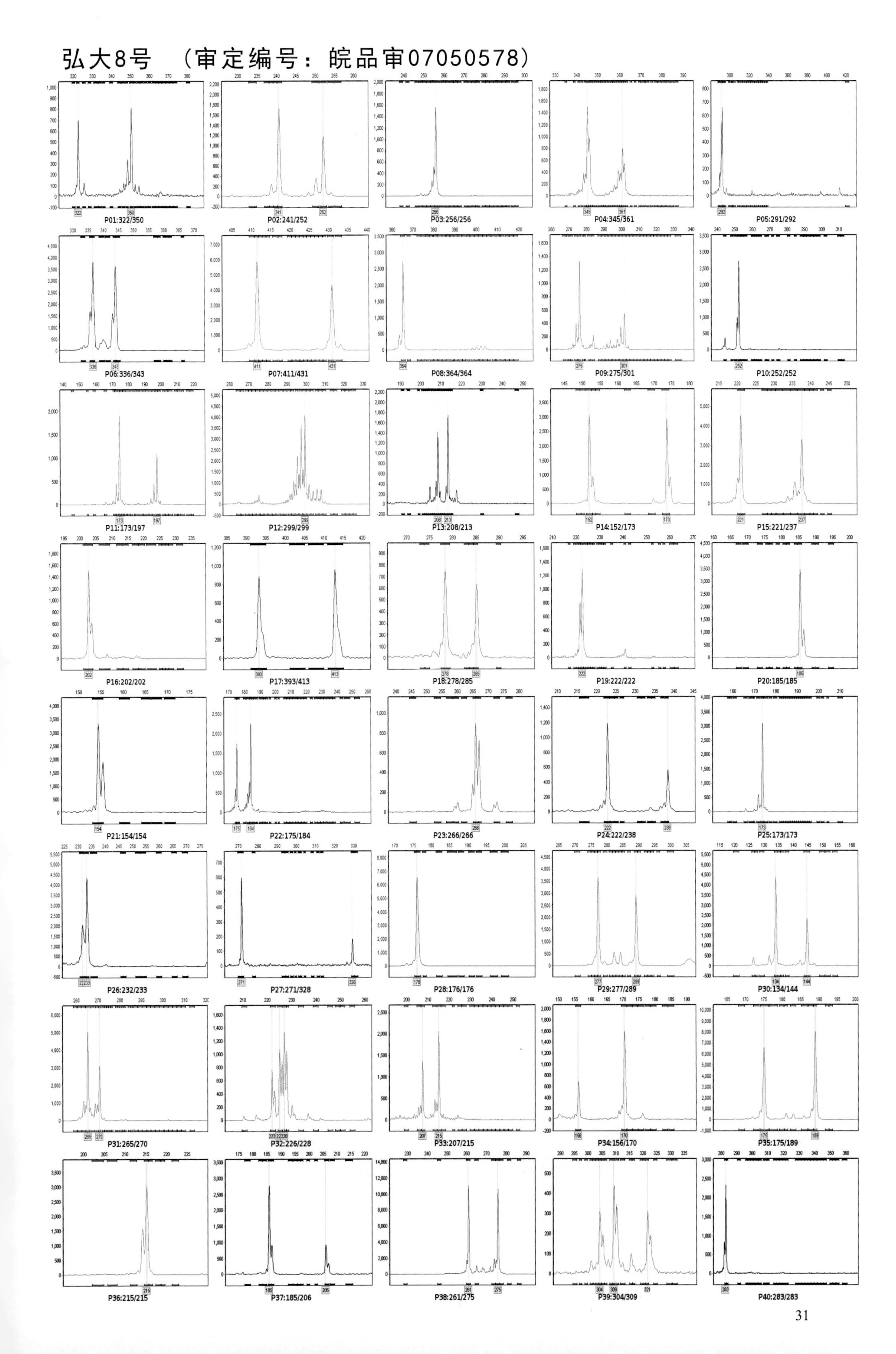

P01:322/350
P02:241/252
P03:256/256
P04:345/361
P05:291/292
P06:336/343
P07:411/431
P08:364/364
P09:275/301
P10:252/252
P11:173/197
P12:299/299
P13:208/213
P14:152/173
P15:221/237
P16:202/202
P17:393/413
P18:278/285
P19:222/222
P20:185/185
P21:154/154
P22:175/184
P23:266/266
P24:222/238
P25:173/173
P26:232/233
P27:271/328
P28:176/176
P29:277/289
P30:134/144
P31:265/270
P32:226/228
P33:207/215
P34:156/170
P35:175/189
P36:215/215
P37:185/206
P38:261/275
P39:304/309
P40:283/283

宿单9号　（审定编号：皖品审07050579）

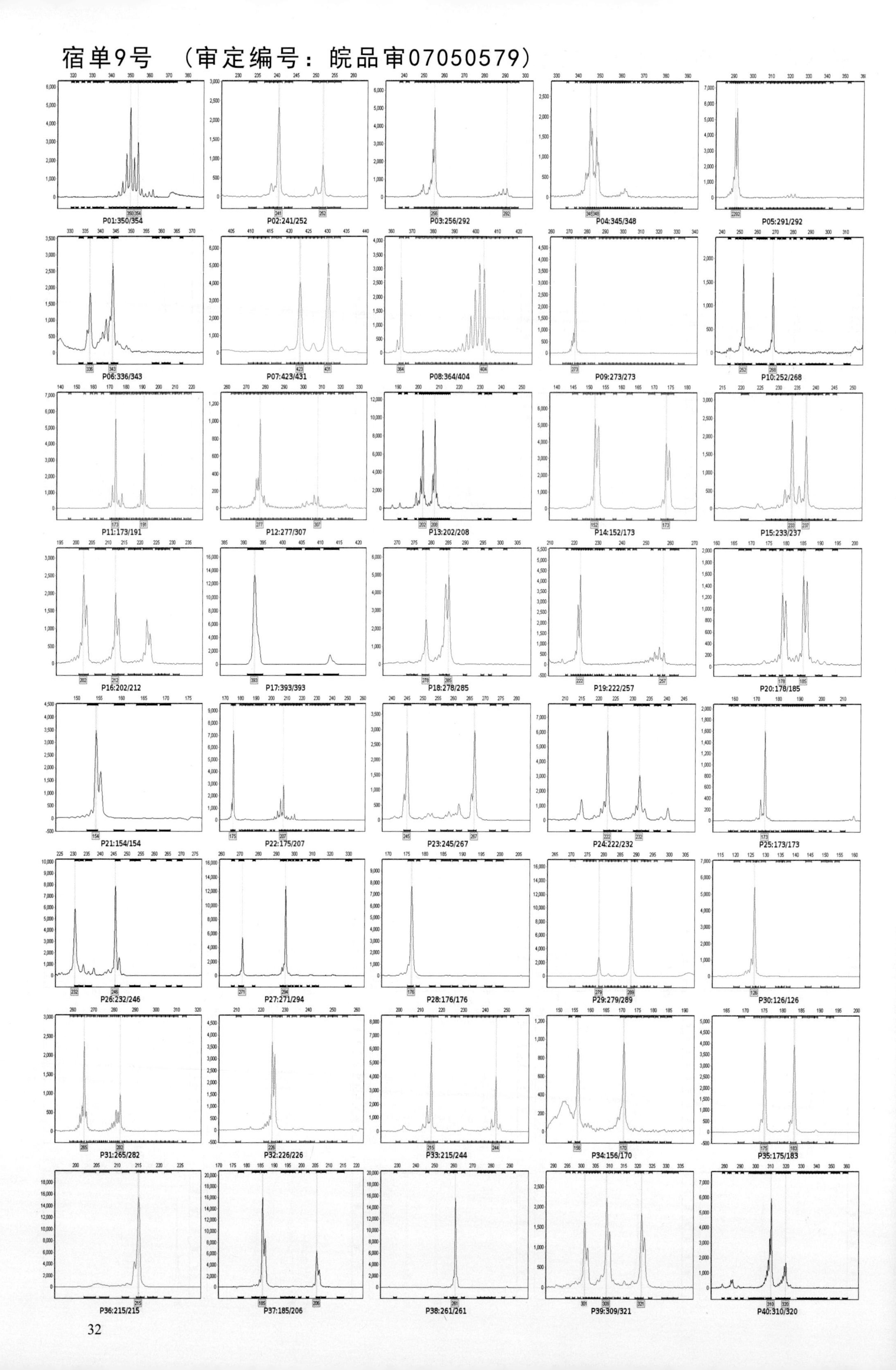
P01:350/354
P02:241/252
P03:256/292
P04:345/348
P05:291/292
P06:336/343
P07:423/431
P08:364/404
P09:273/273
P10:252/268
P11:173/191
P12:277/307
P13:202/208
P14:152/173
P15:233/237
P16:202/212
P17:393/393
P18:278/285
P19:222/257
P20:178/185
P21:154/154
P22:175/207
P23:245/267
P24:222/232
P25:173/173
P26:232/246
P27:271/294
P28:176/176
P29:279/289
P30:126/126
P31:265/282
P32:226/226
P33:215/244
P34:156/170
P35:175/183
P36:215/215
P37:185/206
P38:261/261
P39:309/321
P40:310/320

皖糯2号 （审定编号：皖玉2008001）

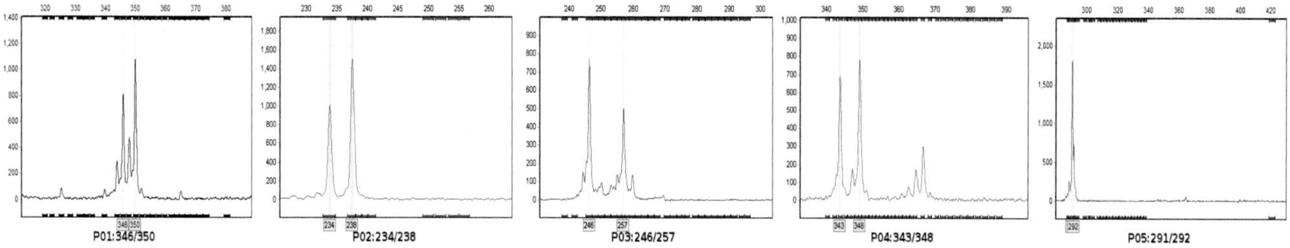

P01:346/350

P02:234/238

P03:246/257

P04:343/348

P05:291/292

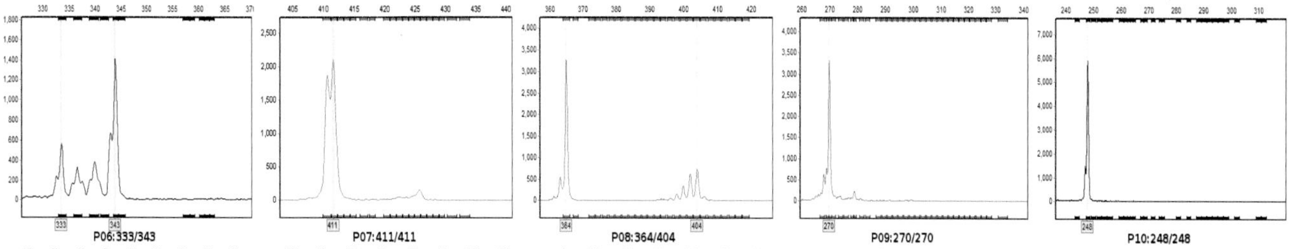

P06:333/343

P07:411/411

P08:364/404

P09:270/270

P10:248/248

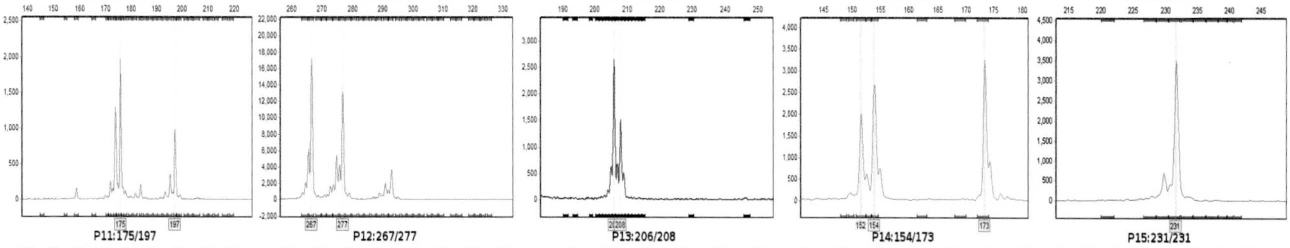

P11:175/197

P12:267/277

P13:206/208

P14:154/173

P15:231/231

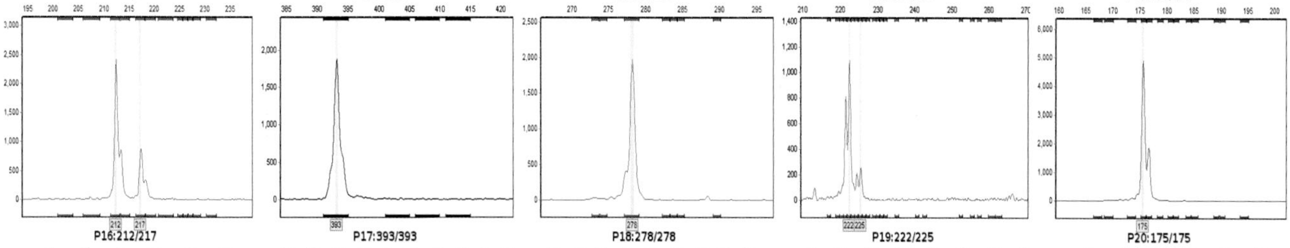

P16:212/217

P17:393/393

P18:278/278

P19:222/225

P20:175/175

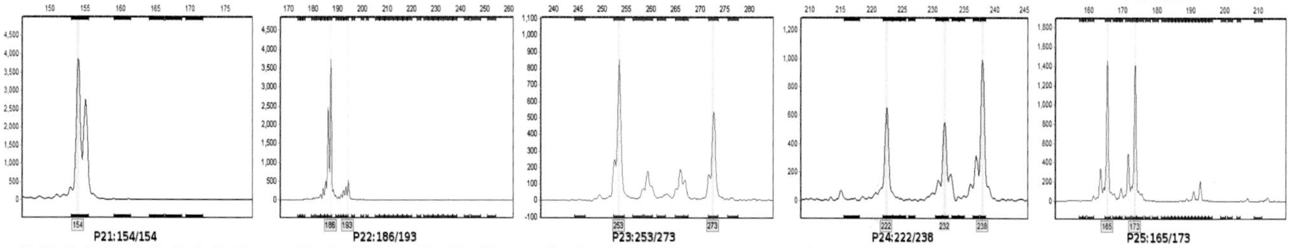

P21:154/154

P22:186/193

P23:253/273

P24:222/238

P25:165/173

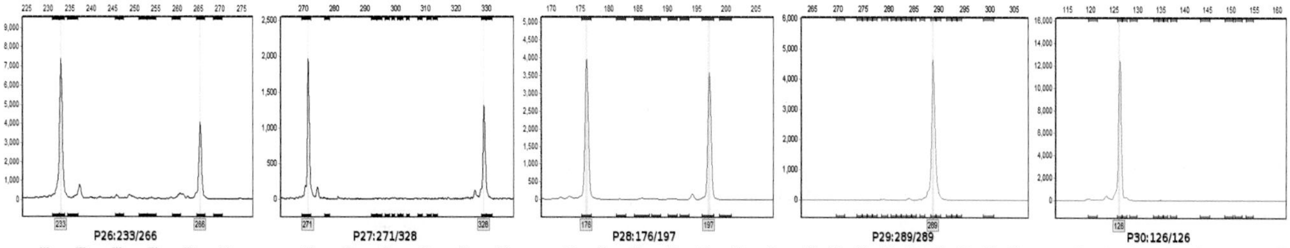

P26:233/266

P27:271/328

P28:176/197

P29:289/289

P30:126/126

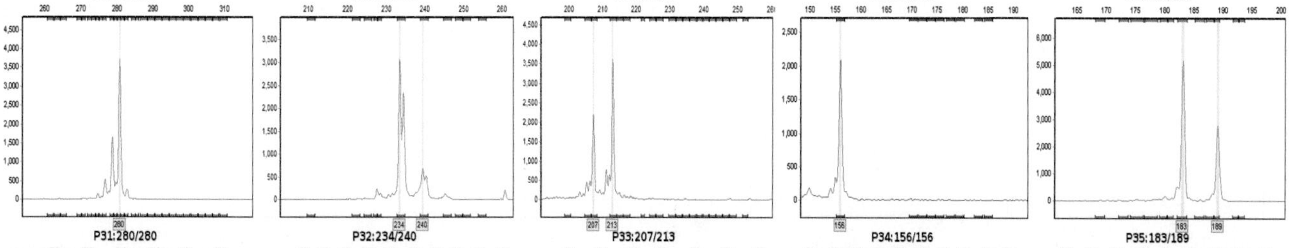

P31:280/280

P32:234/240

P33:207/213

P34:156/156

P35:183/189

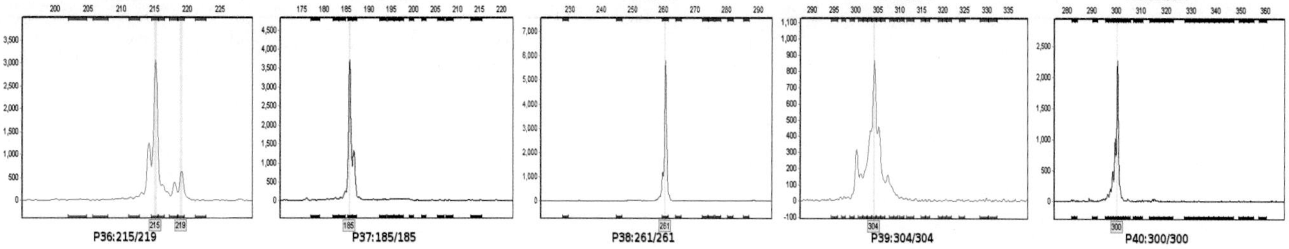

P36:215/219

P37:185/185

P38:261/261

P39:304/304

P40:300/300

潍黑糯2号 （审定编号：皖玉2008003）

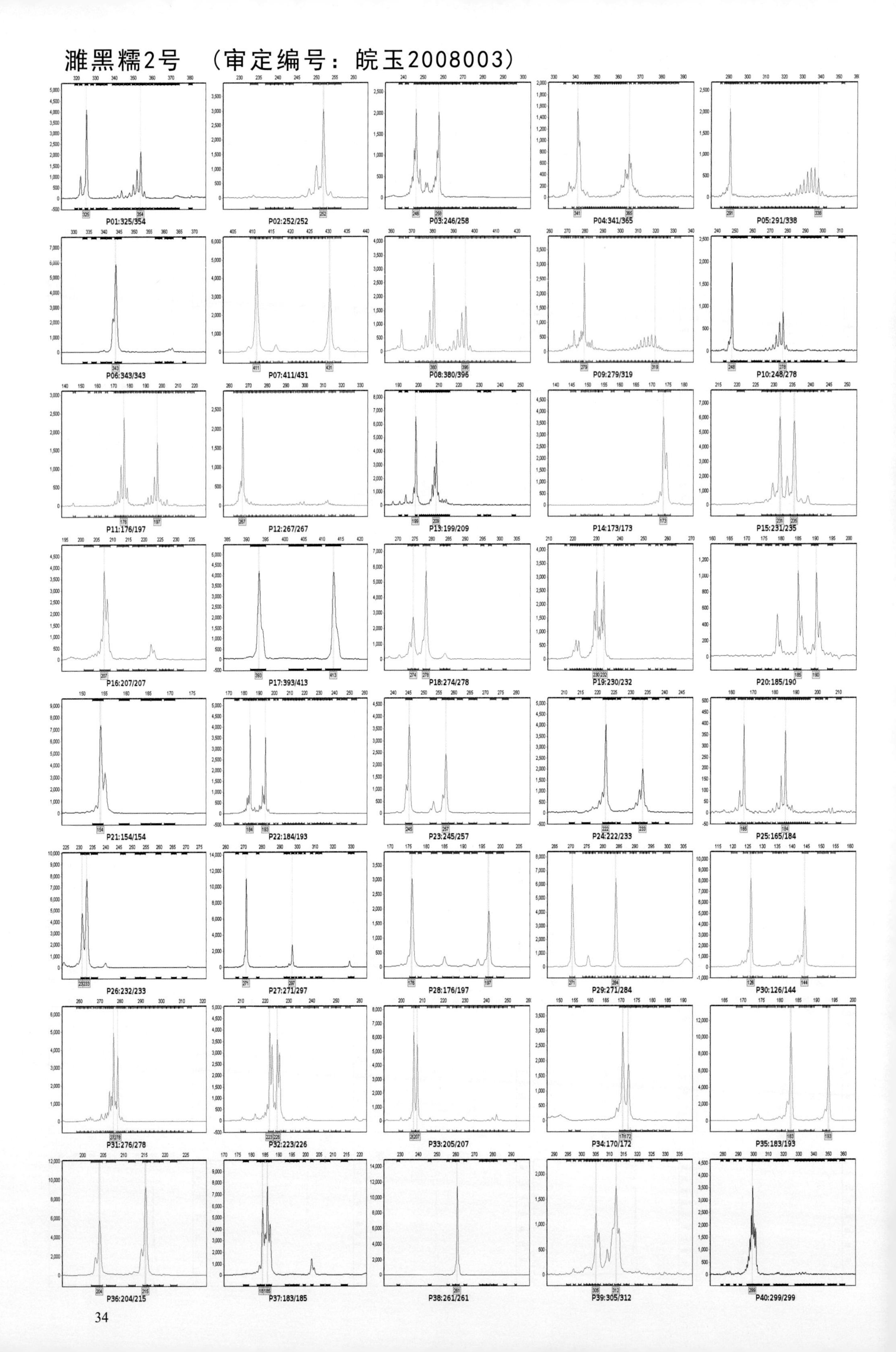
P01:325/354
P02:252/252
P03:246/258
P04:341/365
P05:291/338
P06:343/343
P07:411/431
P08:380/396
P09:279/319
P10:248/278
P11:176/197
P12:267/267
P13:199/209
P14:173/173
P15:231/235
P16:207/207
P17:393/413
P18:274/278
P19:230/232
P20:185/190
P21:154/154
P22:184/193
P23:245/257
P24:222/233
P25:165/184
P26:232/233
P27:271/297
P28:176/197
P29:271/284
P30:126/144
P31:276/278
P32:223/226
P33:205/207
P34:170/172
P35:183/193
P36:204/215
P37:183/185
P38:261/261
P39:305/312
P40:299/299

滑玉13 （审定编号：皖玉2008004）

P01:322/354

P02:252/252

P03:248/264

P04:348/361

P05:291/336

P06:336/336

P07:411/411

P08:364/380

P09:273/275

P10:248/252

P11:177/197

P12:277/283

P13:202/213

P14:154/173

P15:221/233

P16:222/222

P17:393/413

P18:278/278

P19:222/240

P20:185/185

P21:154/154

P22:184/193

P23:253/253

P24:232/238

P25:165/173

P26:232/233

P27:328/328

P28:176/176

P29:271/277

P30:134/144

P31:270/270

P32:228/234

P33:205/207

P34:170/170

P35:189/193

P36:204/215

P37:185/185

P38:261/275

P39:304/309

P40:283/283

鲁单661 （审定编号：皖玉2008005）

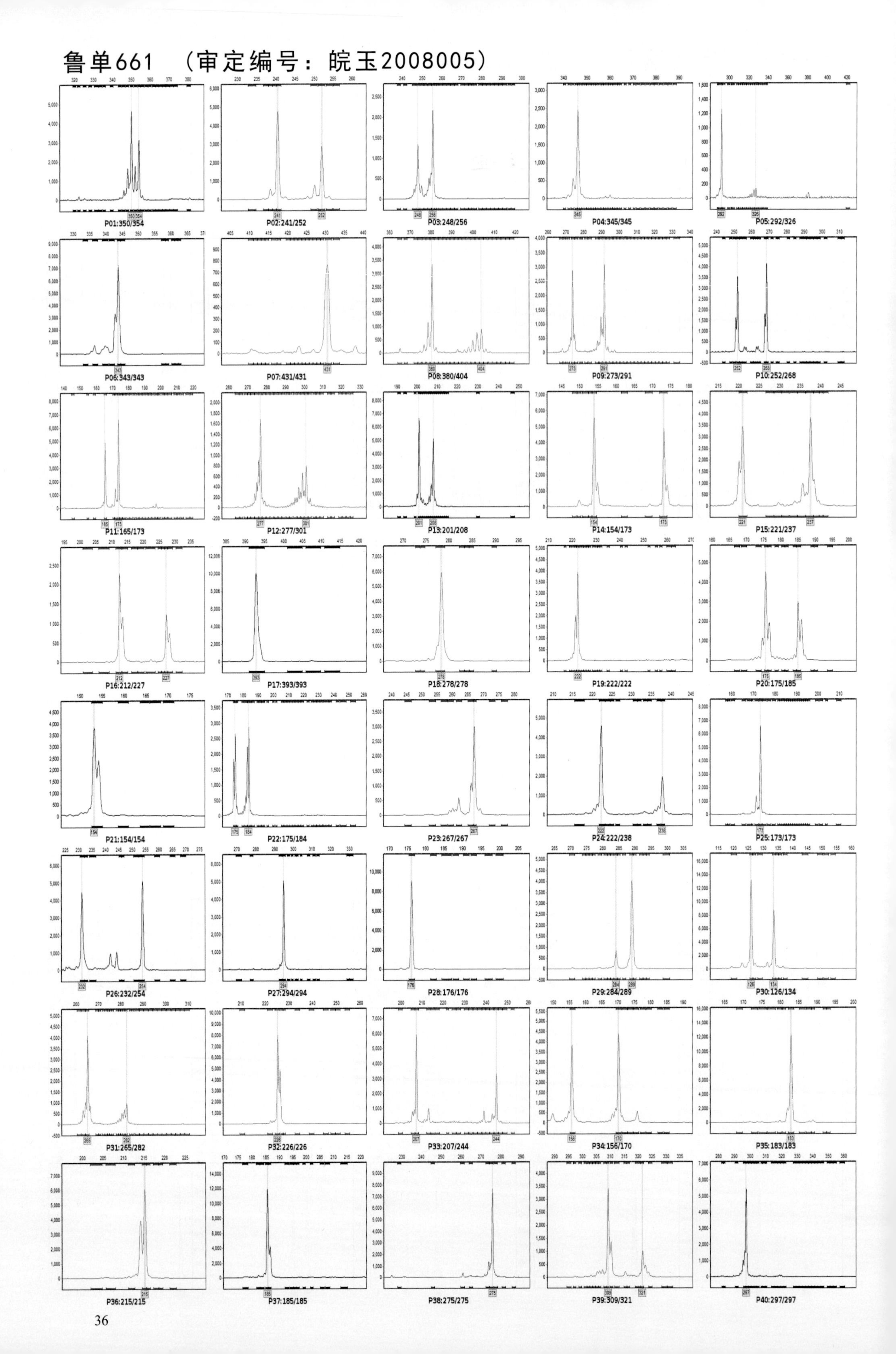

P01:350/354
P02:241/252
P03:248/256
P04:345/345
P05:292/326
P06:343/343
P07:431/431
P08:380/404
P09:273/291
P10:252/268
P11:165/173
P12:277/301
P13:201/208
P14:154/173
P15:221/237
P16:212/227
P17:393/393
P18:278/278
P19:222/222
P20:175/185
P21:154/154
P22:175/184
P23:267/267
P24:222/238
P25:173/173
P26:232/254
P27:294/294
P28:176/176
P29:284/289
P30:126/134
P31:265/282
P32:226/226
P33:207/244
P34:156/170
P35:183/183
P36:215/215
P37:185/185
P38:275/275
P39:309/321
P40:297/297

安囤8号 （审定编号：皖玉2008007）

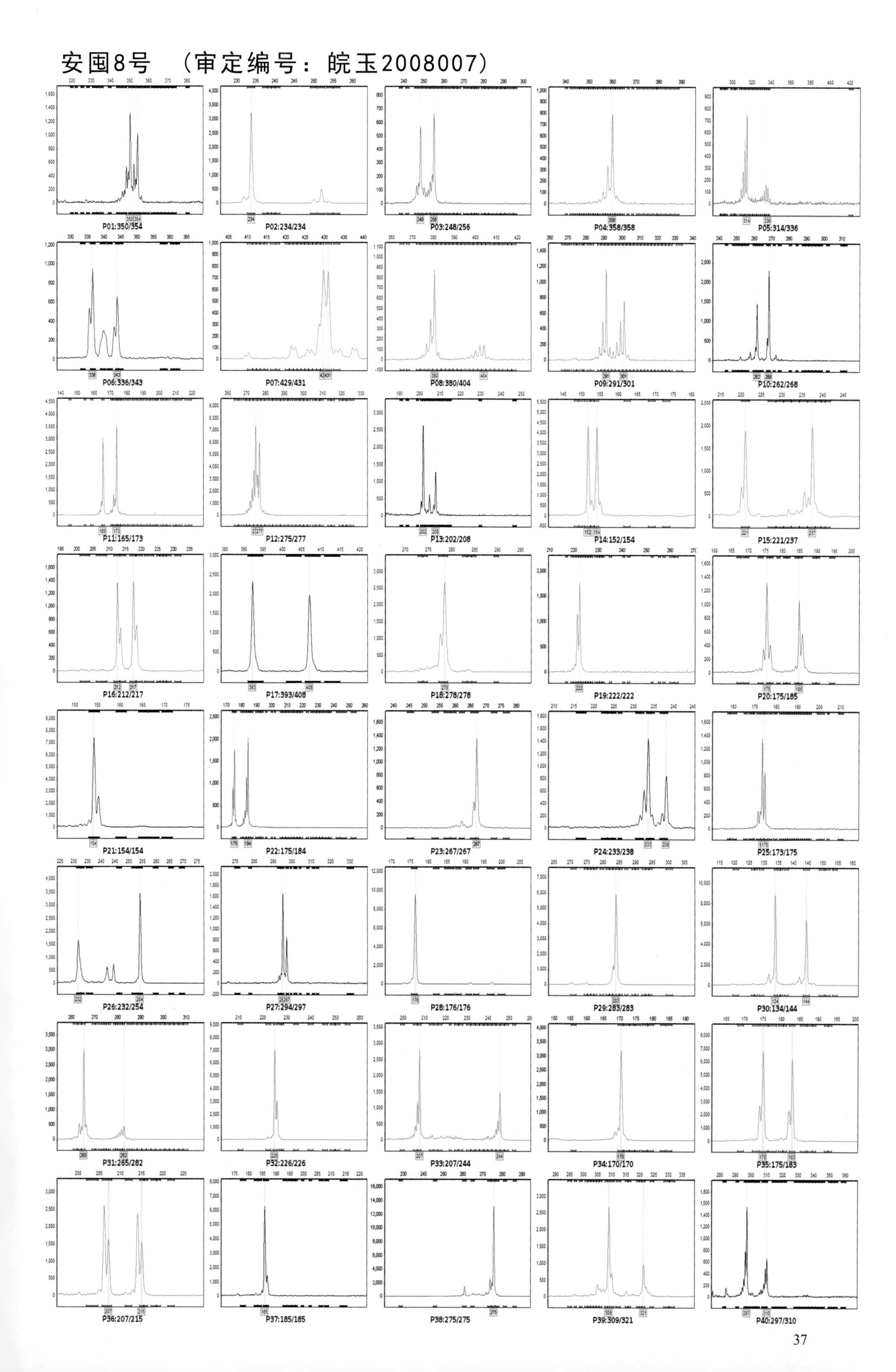

P01:350/354
P02:234/234
P03:248/256
P04:358/358
P05:314/336
P06:336/343
P07:429/431
P08:380/404
P09:291/301
P10:262/268
P11:165/173
P12:275/277
P13:202/208
P14:152/154
P15:221/237
P16:212/217
P17:393/408
P18:278/278
P19:222/222
P20:175/185
P21:154/154
P22:175/184
P23:267/267
P24:233/238
P25:173/175
P26:232/254
P27:294/297
P28:176/176
P29:283/283
P30:134/144
P31:265/282
P32:226/226
P33:207/244
P34:170/170
P35:175/183
P36:207/215
P37:185/185
P38:275/275
P39:309/321
P40:297/310

正糯11号 （审定编号：皖玉2009001）

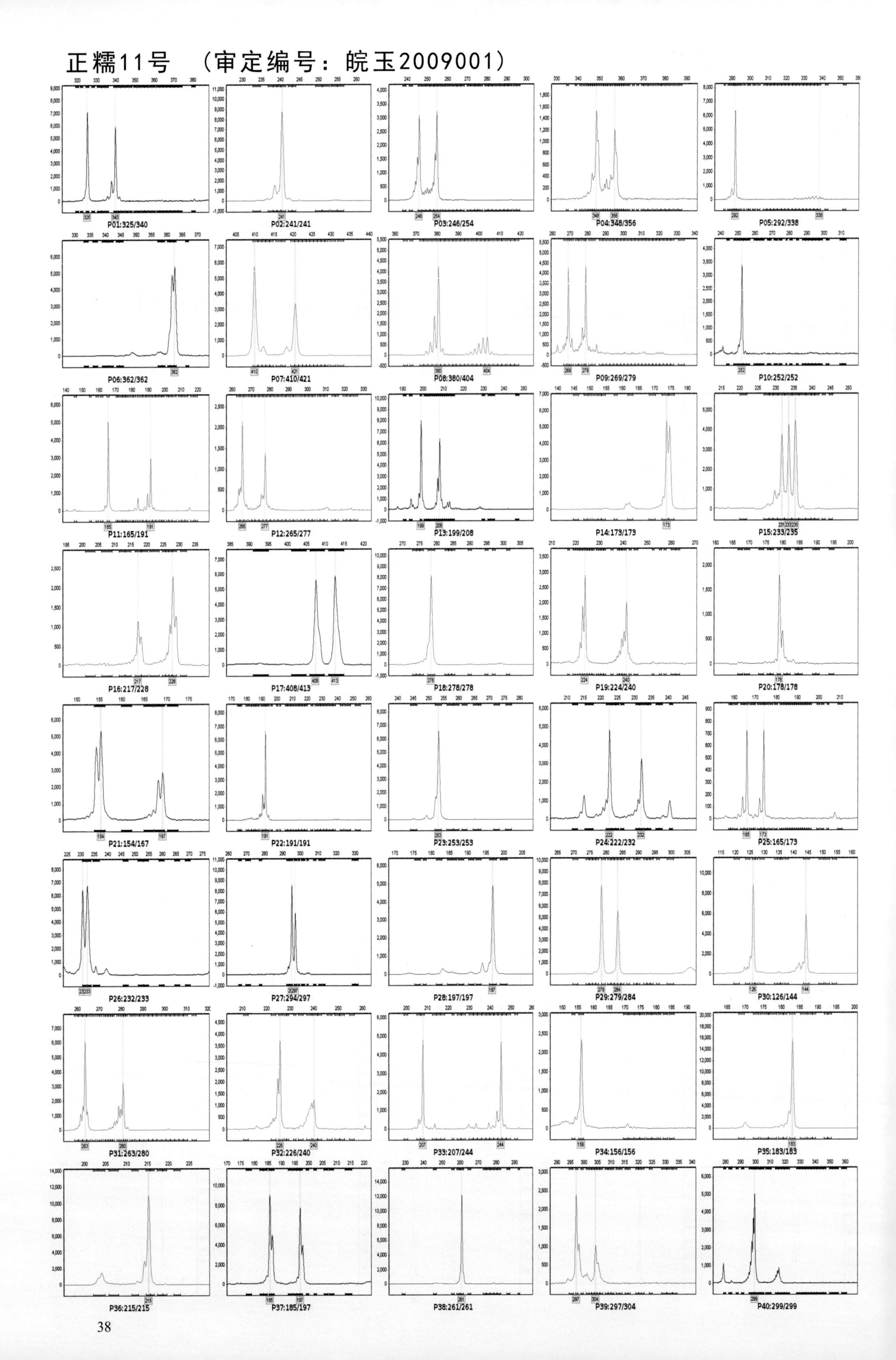
P01:325/340
P02:241/241
P03:246/254
P04:348/356
P05:292/338
P06:362/362
P07:410/421
P08:380/404
P09:269/279
P10:252/252
P11:165/191
P12:265/277
P13:199/208
P14:173/173
P15:233/235
P16:217/228
P17:408/413
P18:278/278
P19:224/240
P20:178/178
P21:154/167
P22:191/191
P23:253/253
P24:222/232
P25:165/173
P26:232/233
P27:294/297
P28:197/197
P29:279/284
P30:126/144
P31:263/280
P32:226/240
P33:207/244
P34:156/156
P35:183/183
P36:215/215
P37:185/197
P38:261/261
P39:297/304
P40:299/299

丹玉302号　（审定编号：皖玉2009002）

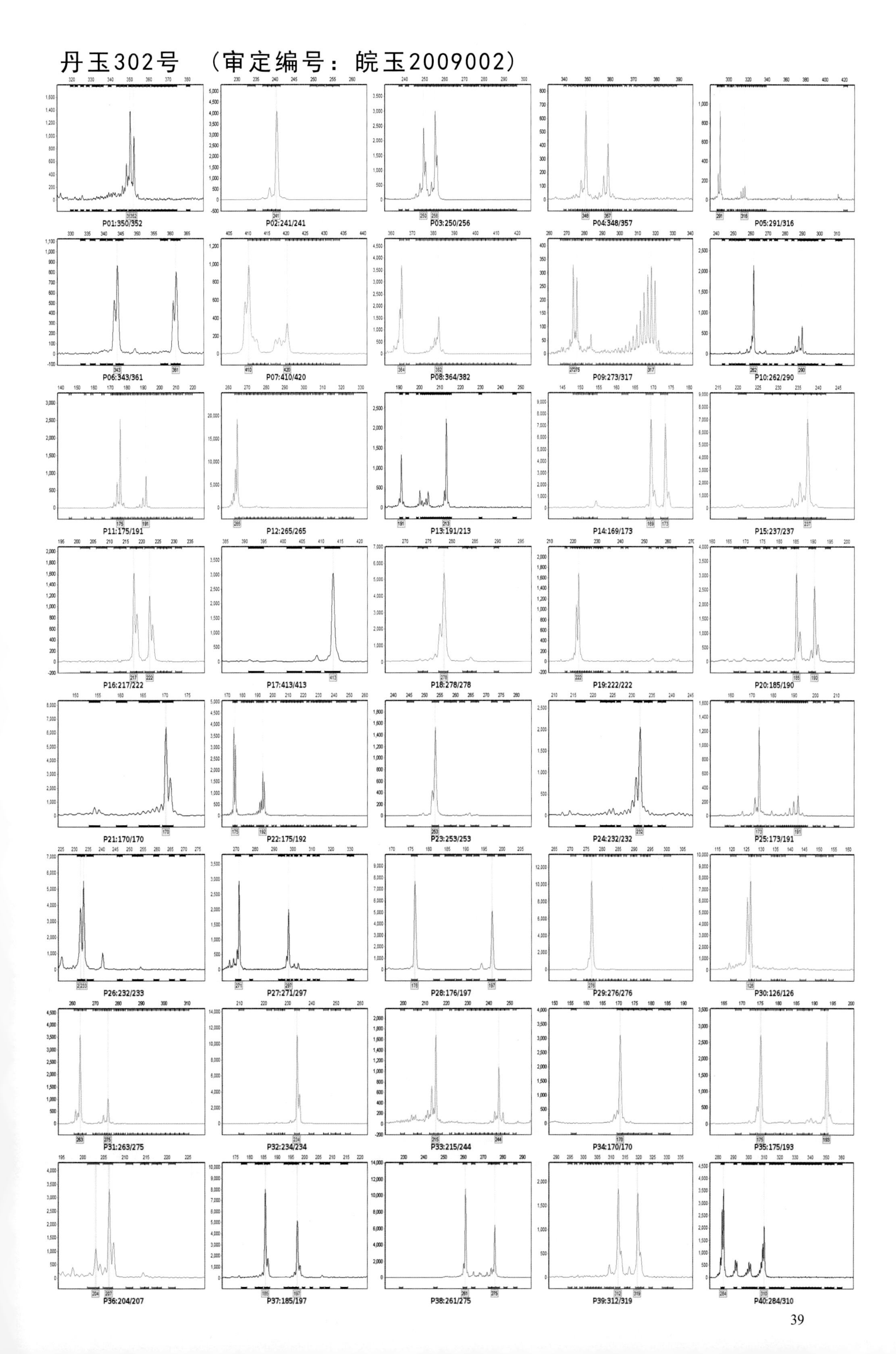
P01:350/352
P02:241/241
P03:250/256
P04:348/357
P05:291/316
P06:343/361
P07:410/420
P08:364/382
P09:273/317
P10:262/290
P11:175/191
P12:265/265
P13:191/213
P14:169/173
P15:237/237
P16:217/222
P17:413/413
P18:278/278
P19:222/222
P20:185/190
P21:170/170
P22:175/192
P23:253/253
P24:232/232
P25:173/191
P26:232/233
P27:271/297
P28:176/197
P29:276/276
P30:126/126
P31:263/275
P32:234/234
P33:215/244
P34:170/170
P35:175/193
P36:204/207
P37:185/197
P38:261/275
P39:312/319
P40:284/310

安农8号 （审定编号：皖玉2009003）

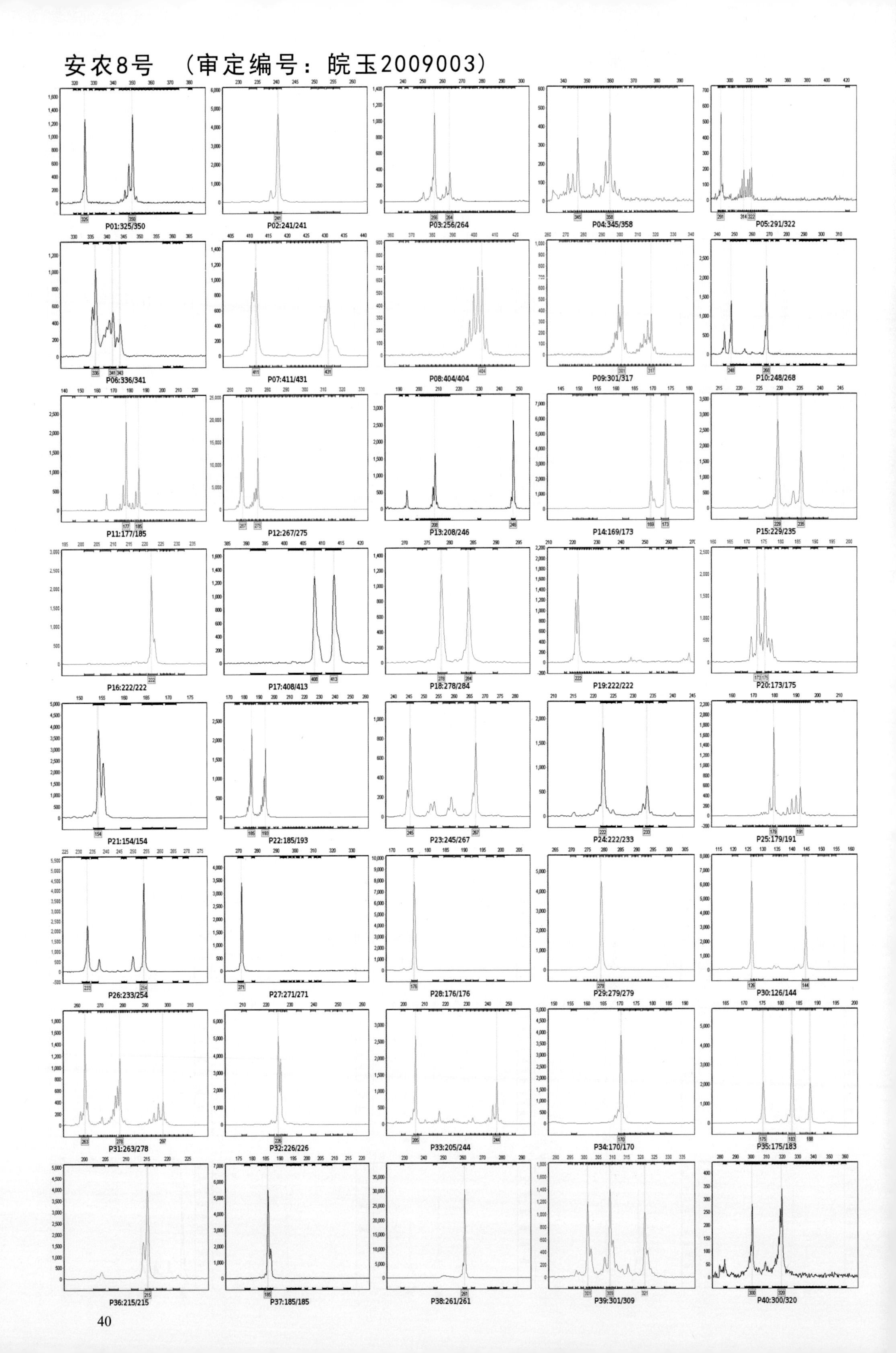
P01:325/350
P02:241/241
P03:256/264
P04:345/358
P05:291/322
P06:336/341
P07:411/431
P08:404/404
P09:301/317
P10:248/268
P11:177/185
P12:267/275
P13:208/246
P14:169/173
P15:229/235
P16:222/222
P17:408/413
P18:278/284
P19:222/222
P20:173/175
P21:154/154
P22:185/193
P23:245/267
P24:222/233
P25:179/191
P26:233/254
P27:271/271
P28:176/176
P29:279/279
P30:126/144
P31:263/278
P32:226/226
P33:205/244
P34:170/170
P35:175/183
P36:215/215
P37:185/185
P38:261/261
P39:301/309
P40:300/320

联创7号 （审定编号：皖玉2009004）

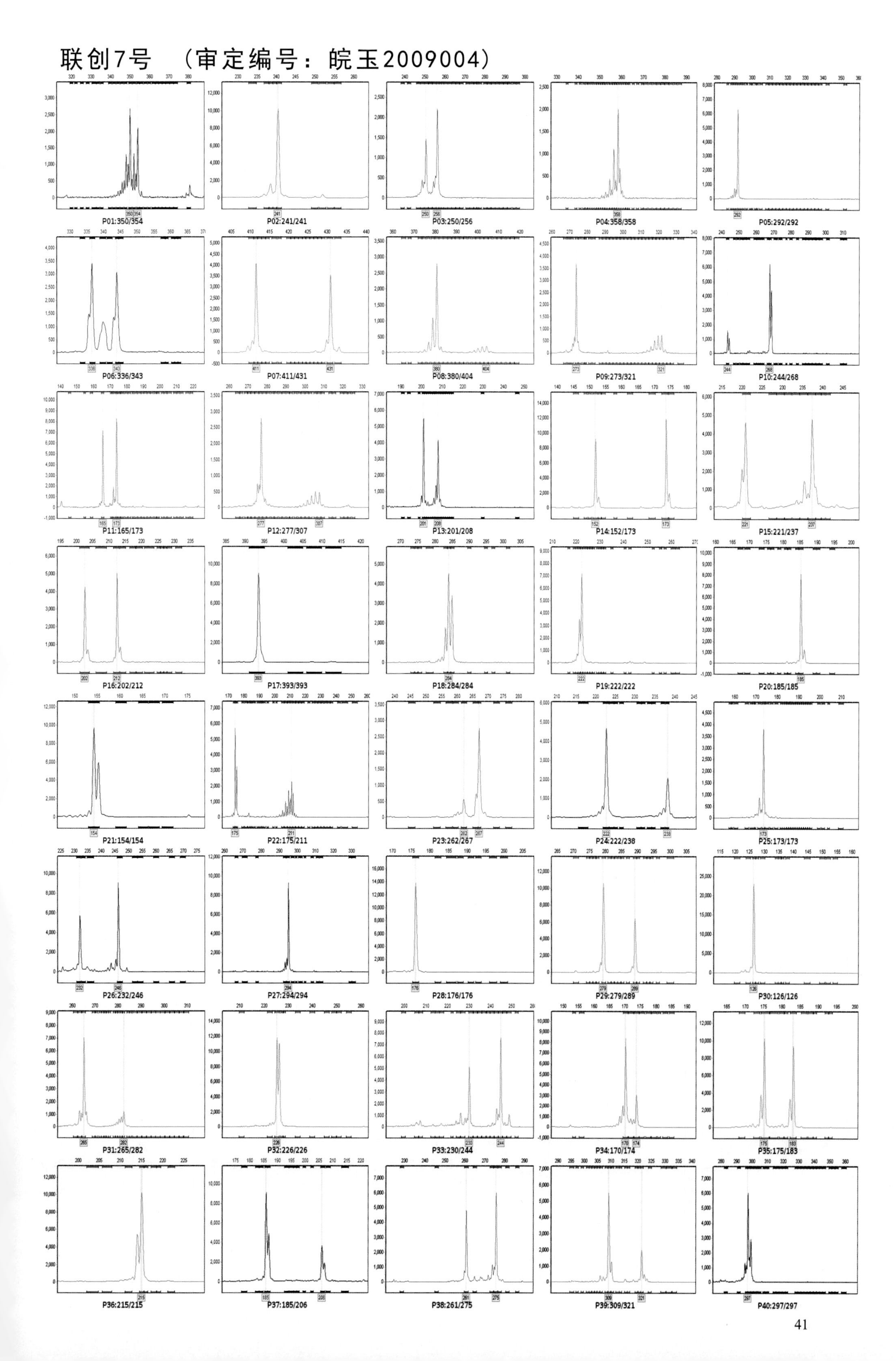
P01:350/354
P02:241/241
P03:250/256
P04:358/358
P05:292/292
P06:336/343
P07:411/431
P08:380/404
P09:273/321
P10:244/268
P11:165/173
P12:277/307
P13:201/208
P14:152/173
P15:221/237
P16:202/212
P17:393/393
P18:284/284
P19:222/222
P20:185/185
P21:154/154
P22:175/211
P23:262/267
P24:222/238
P25:173/173
P26:232/246
P27:294/294
P28:176/176
P29:279/289
P30:126/126
P31:265/282
P32:226/226
P33:230/244
P34:170/174
P35:175/183
P36:215/215
P37:185/206
P38:261/275
P39:309/321
P40:297/297

安农甜糯1号　（审定编号：皖玉2009005）

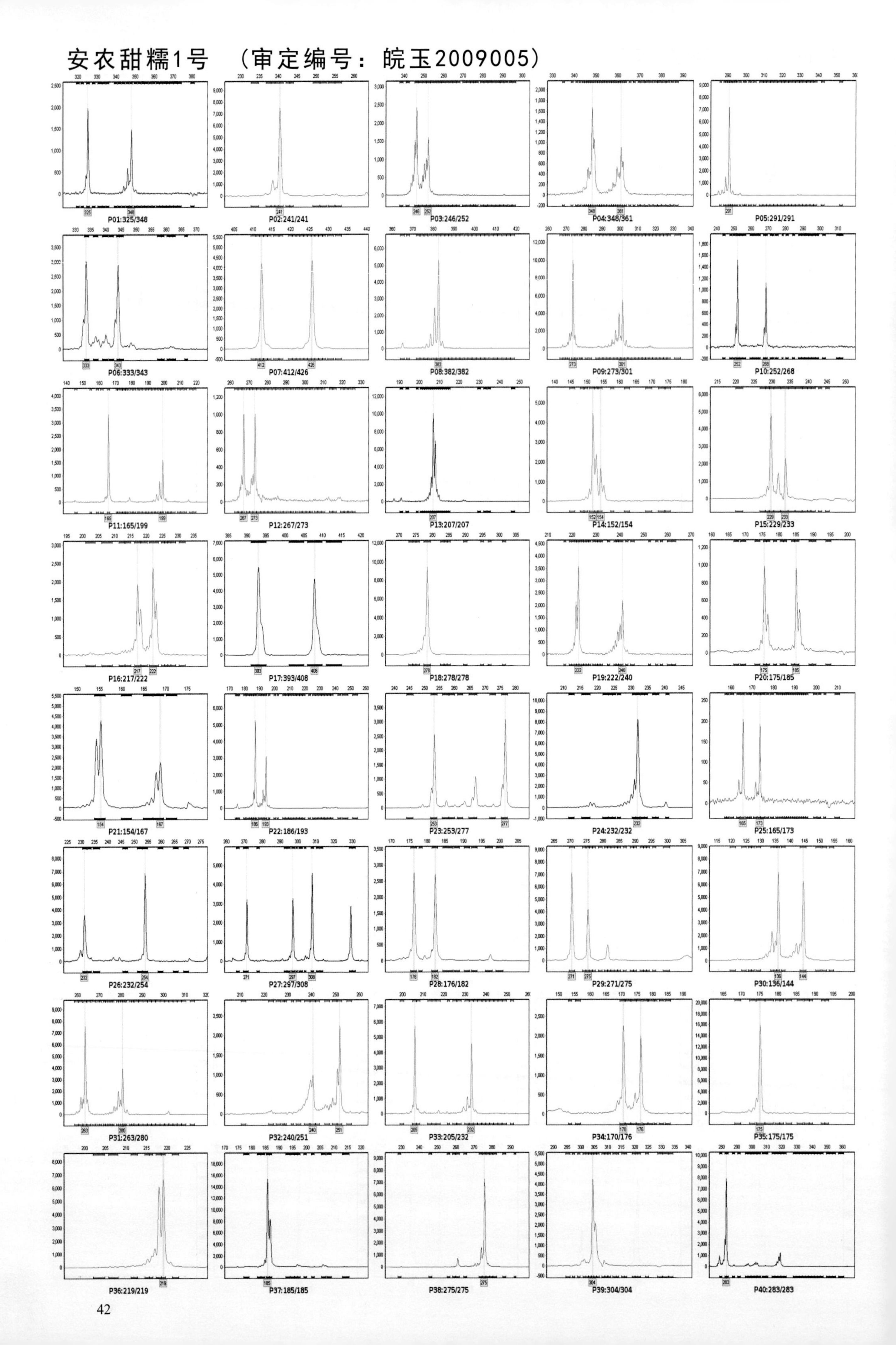
P01:325/348
P02:241/241
P03:246/252
P04:348/361
P05:291/291
P06:333/343
P07:412/426
P08:382/382
P09:273/301
P10:252/268
P11:165/199
P12:267/273
P13:207/207
P14:152/154
P15:229/233
P16:217/222
P17:393/408
P18:278/278
P19:222/240
P20:175/185
P21:154/167
P22:186/193
P23:253/277
P24:232/232
P25:165/173
P26:232/254
P27:297/308
P28:176/182
P29:271/275
P30:136/144
P31:263/280
P32:240/251
P33:205/232
P34:170/176
P35:175/175
P36:219/219
P37:185/185
P38:275/275
P39:304/304
P40:283/283

美玉8号 （审定编号：皖玉2009007）

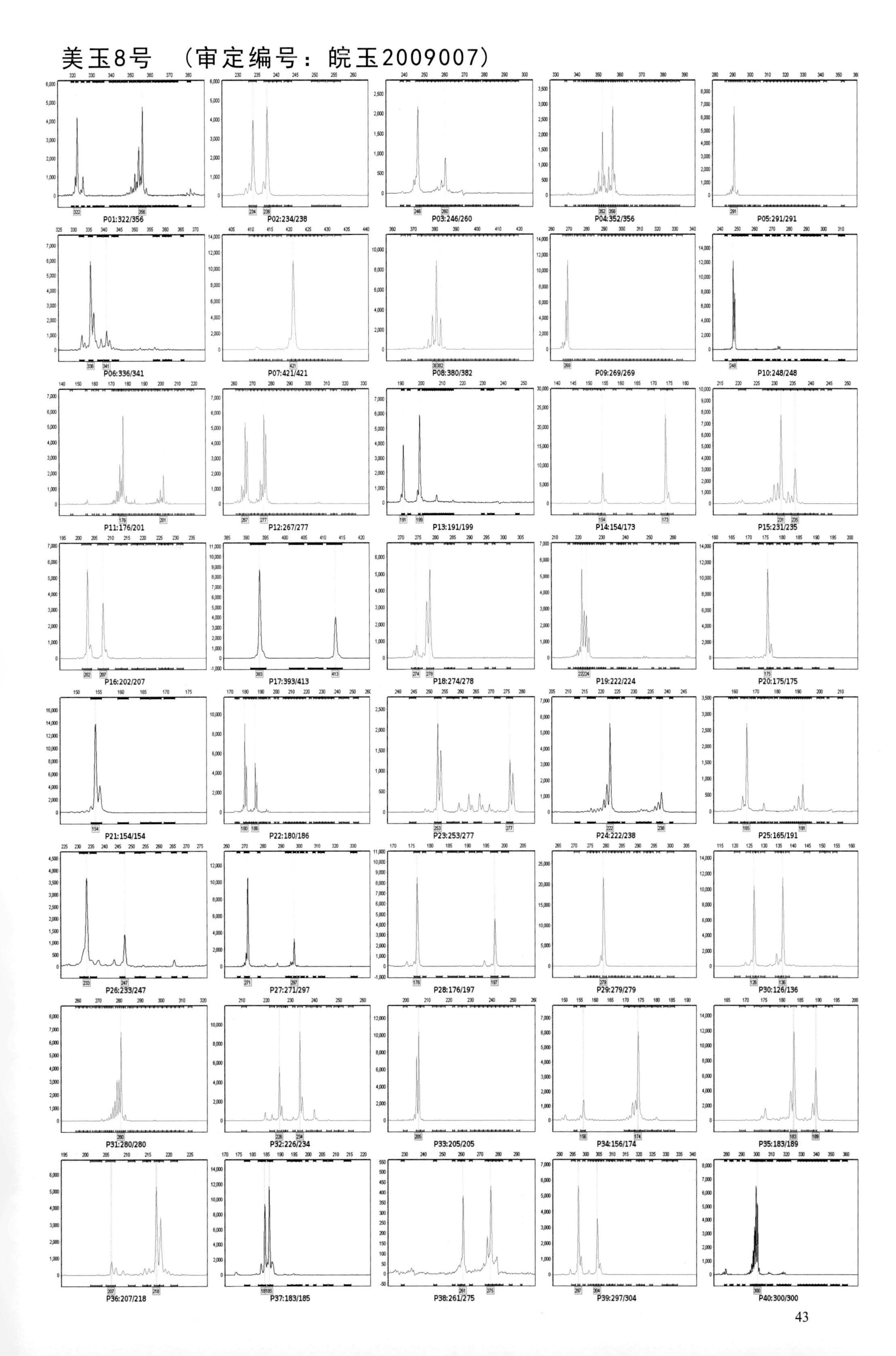

P01:322/356
P02:234/238
P03:246/260
P04:352/356
P05:291/291
P06:336/341
P07:421/421
P08:380/382
P09:269/269
P10:248/248
P11:176/201
P12:267/277
P13:191/199
P14:154/173
P15:231/235
P16:202/207
P17:393/413
P18:274/278
P19:222/224
P20:175/175
P21:154/154
P22:180/186
P23:253/277
P24:222/238
P25:165/191
P26:233/247
P27:271/297
P28:176/197
P29:279/279
P30:126/136
P31:280/280
P32:226/234
P33:205/205
P34:156/174
P35:183/189
P36:207/218
P37:183/185
P38:261/275
P39:297/304
P40:300/300

宝甜182　（审定编号：皖玉2009009）

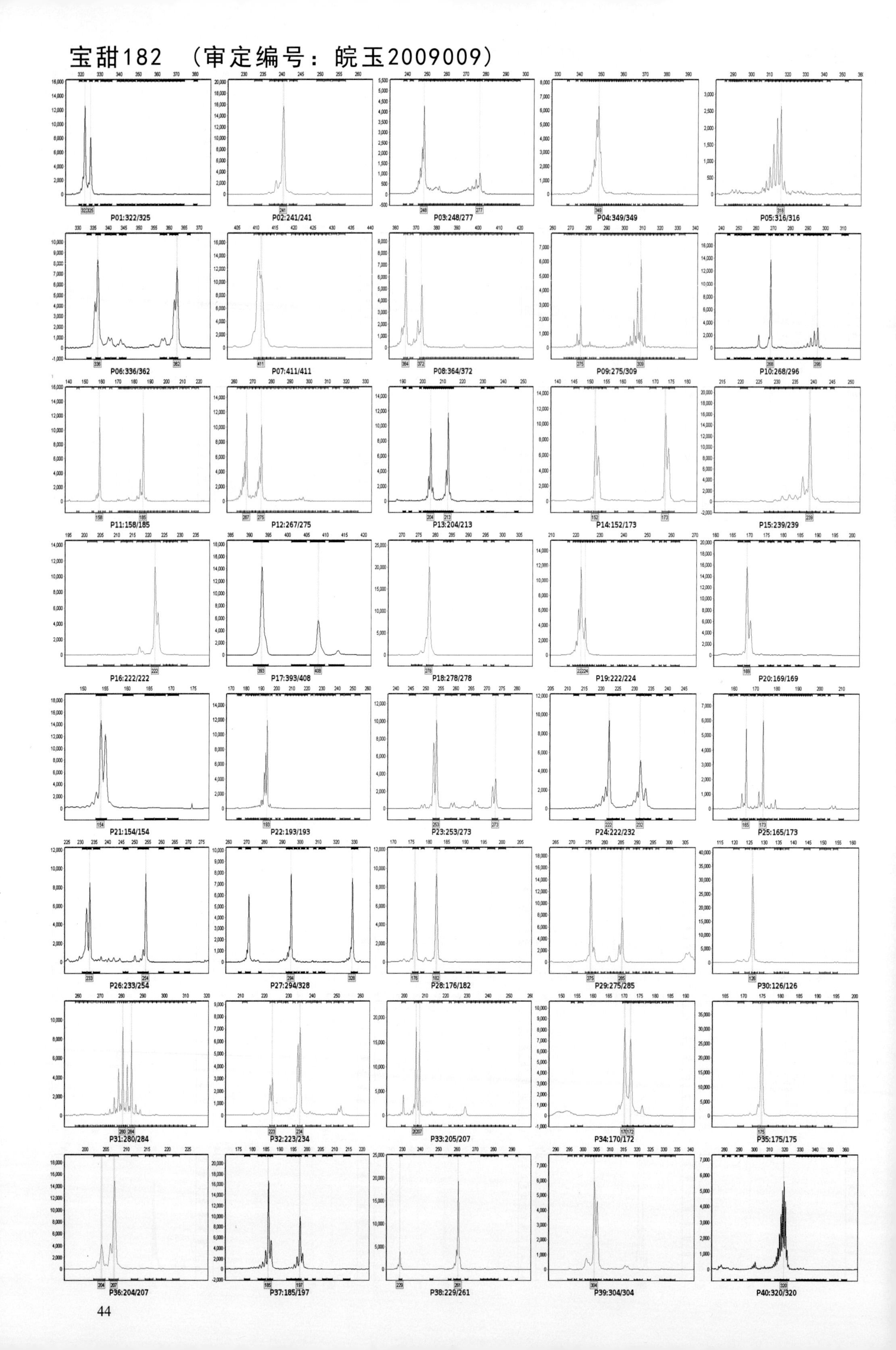

P01:322/325
P02:241/241
P03:248/277
P04:349/349
P05:316/316
P06:336/362
P07:411/411
P08:364/372
P09:275/309
P10:268/296
P11:158/185
P12:267/275
P13:204/213
P14:152/173
P15:239/239
P16:222/222
P17:393/408
P18:278/278
P19:222/224
P20:169/169
P21:154/154
P22:193/193
P23:253/273
P24:222/232
P25:165/173
P26:233/254
P27:294/328
P28:176/182
P29:275/285
P30:126/126
P31:280/284
P32:223/234
P33:205/207
P34:170/172
P35:175/175
P36:204/207
P37:185/197
P38:229/261
P39:304/304
P40:320/320

皖甜2号 （审定编号：皖玉2009010）

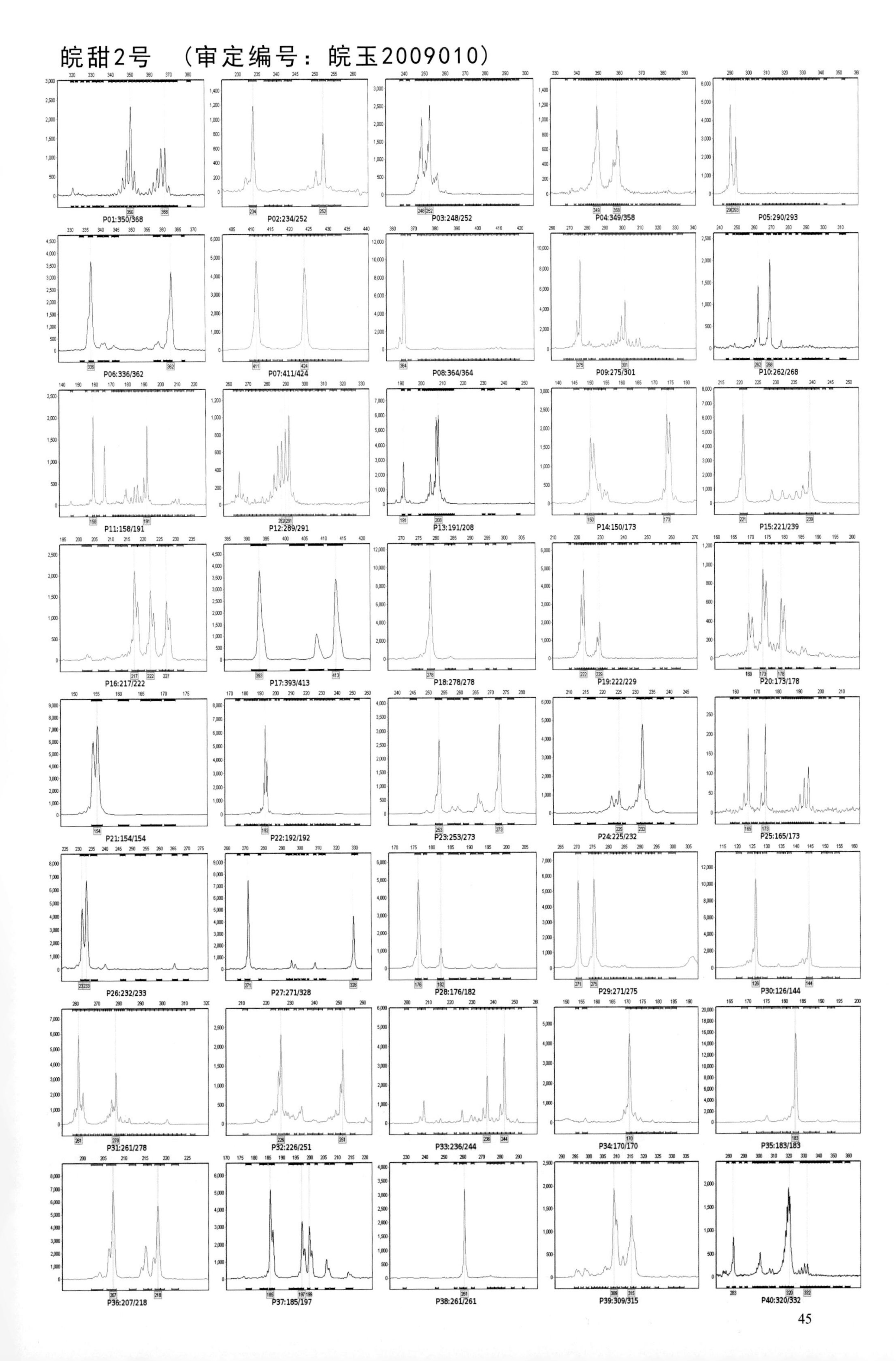
P01:350/368
P02:234/252
P03:248/252
P04:349/358
P05:290/293
P06:336/362
P07:411/424
P08:364/364
P09:275/301
P10:262/268
P11:158/191
P12:289/291
P13:191/208
P14:150/173
P15:221/239
P16:217/222
P17:393/413
P18:278/278
P19:222/229
P20:173/178
P21:154/154
P22:192/192
P23:253/273
P24:225/232
P25:165/173
P26:232/233
P27:271/328
P28:176/182
P29:271/275
P30:126/144
P31:261/278
P32:226/251
P33:236/244
P34:170/170
P35:183/183
P36:207/218
P37:185/197
P38:261/261
P39:309/315
P40:320/332

滑玉16 （审定编号：皖玉2010001）

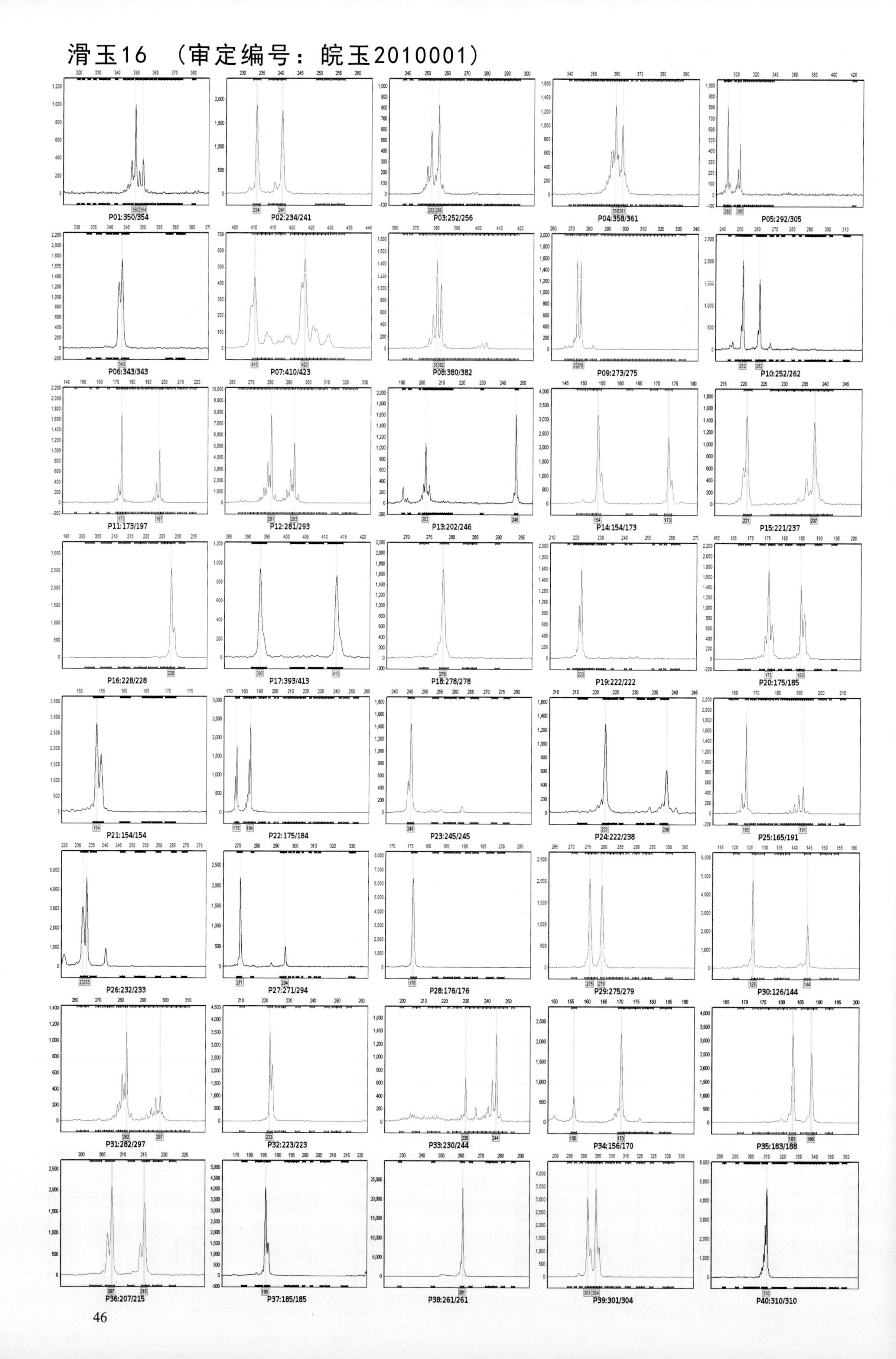

P01:350/354
P02:234/241
P03:252/256
P04:358/361
P05:292/305
P06:343/343
P07:410/423
P08:380/382
P09:273/275
P10:252/262
P11:173/197
P12:281/293
P13:202/246
P14:154/173
P15:221/237
P16:228/228
P17:393/413
P18:278/278
P19:222/222
P20:175/185
P21:154/154
P22:175/184
P23:245/245
P24:222/238
P25:165/191
P26:232/233
P27:271/294
P28:176/176
P29:275/279
P30:126/144
P31:282/297
P32:223/223
P33:230/244
P34:156/170
P35:183/188
P36:207/215
P37:185/185
P38:261/261
P39:301/304
P40:310/310

丰乐21 （审定编号：皖玉2010002）

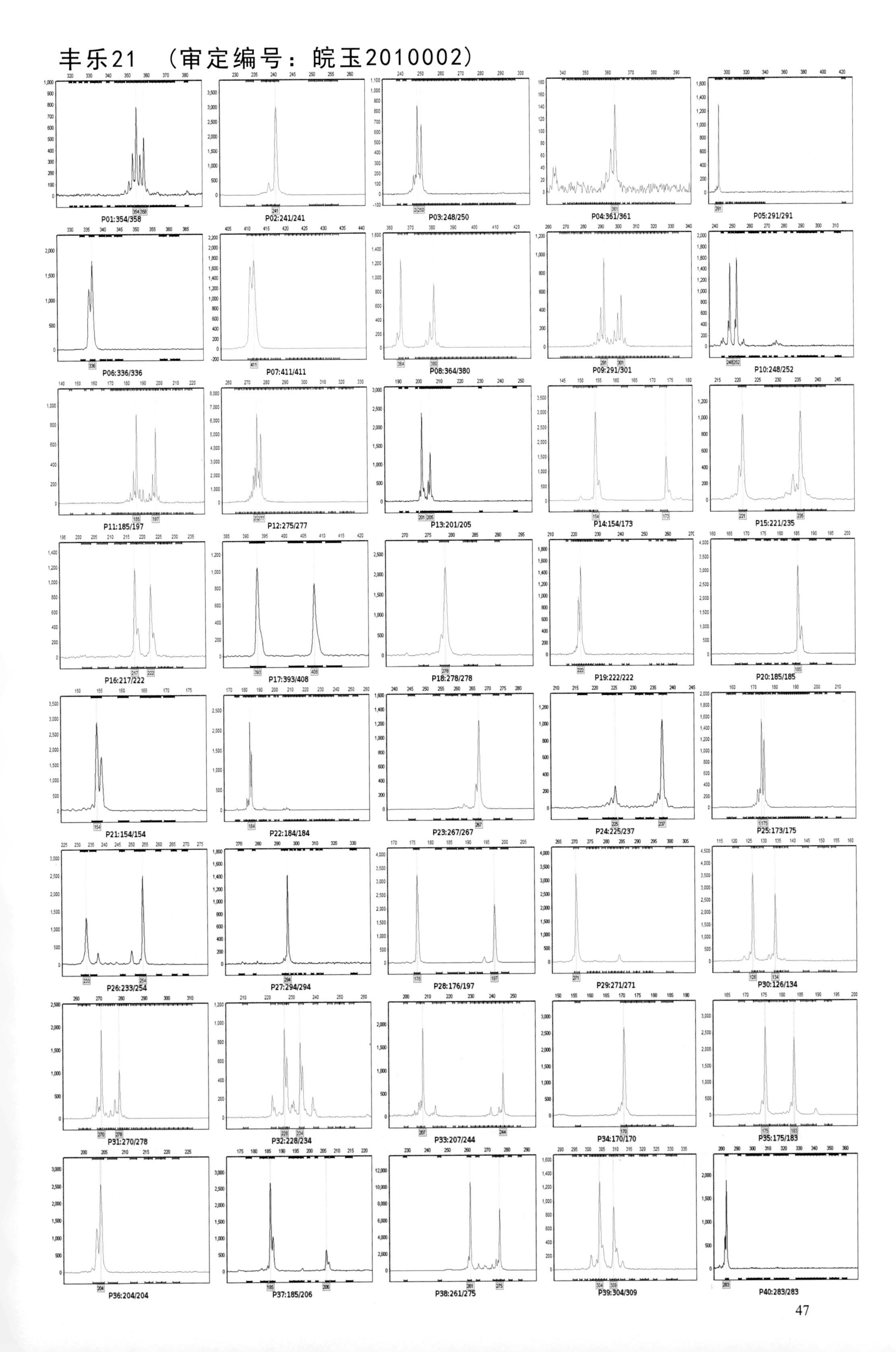

P01:354/358
P02:241/241
P03:248/250
P04:361/361
P05:291/291
P06:336/336
P07:411/411
P08:364/380
P09:291/301
P10:248/252
P11:185/197
P12:275/277
P13:201/205
P14:154/173
P15:221/235
P16:217/222
P17:393/408
P18:278/278
P19:222/222
P20:185/185
P21:154/154
P22:184/184
P23:267/267
P24:225/237
P25:173/175
P26:233/254
P27:294/294
P28:176/197
P29:271/271
P30:126/134
P31:270/278
P32:228/234
P33:207/244
P34:170/170
P35:175/183
P36:204/204
P37:185/206
P38:261/275
P39:304/309
P40:283/283

隆平211 （审定编号：皖玉2010003）

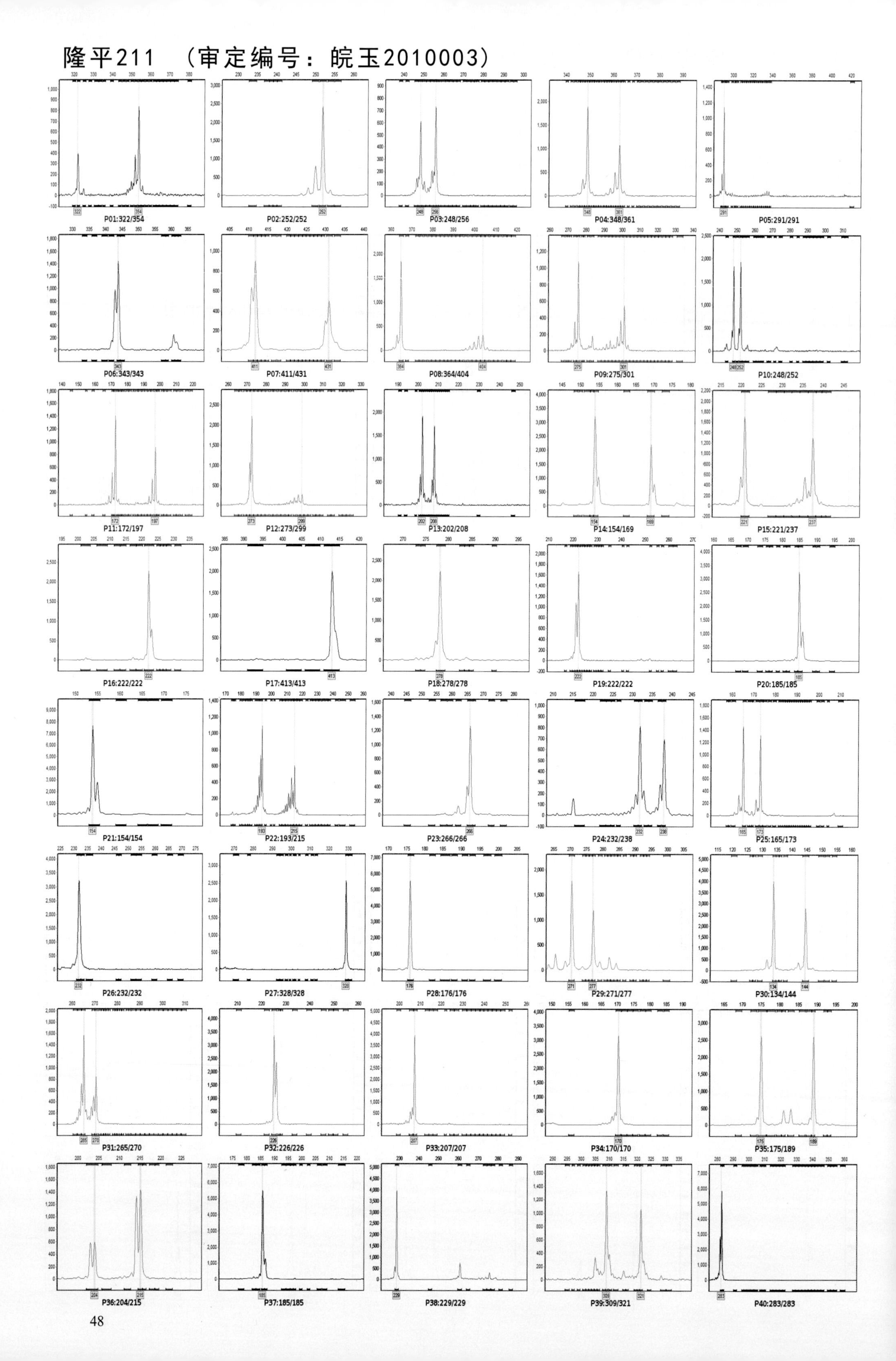

P01:322/354 P02:252/252 P03:248/256 P04:348/361 P05:291/291
P06:343/343 P07:411/431 P08:364/404 P09:275/301 P10:248/252
P11:172/197 P12:273/299 P13:202/208 P14:154/169 P15:221/237
P16:222/222 P17:413/413 P18:278/278 P19:222/222 P20:185/185
P21:154/154 P22:193/215 P23:266/266 P24:232/238 P25:165/173
P26:232/232 P27:328/328 P28:176/176 P29:271/277 P30:134/144
P31:265/270 P32:226/226 P33:207/207 P34:170/170 P35:175/189
P36:204/215 P37:185/185 P38:229/229 P39:309/321 P40:283/283

高玉2067 （审定编号：皖玉2011001）

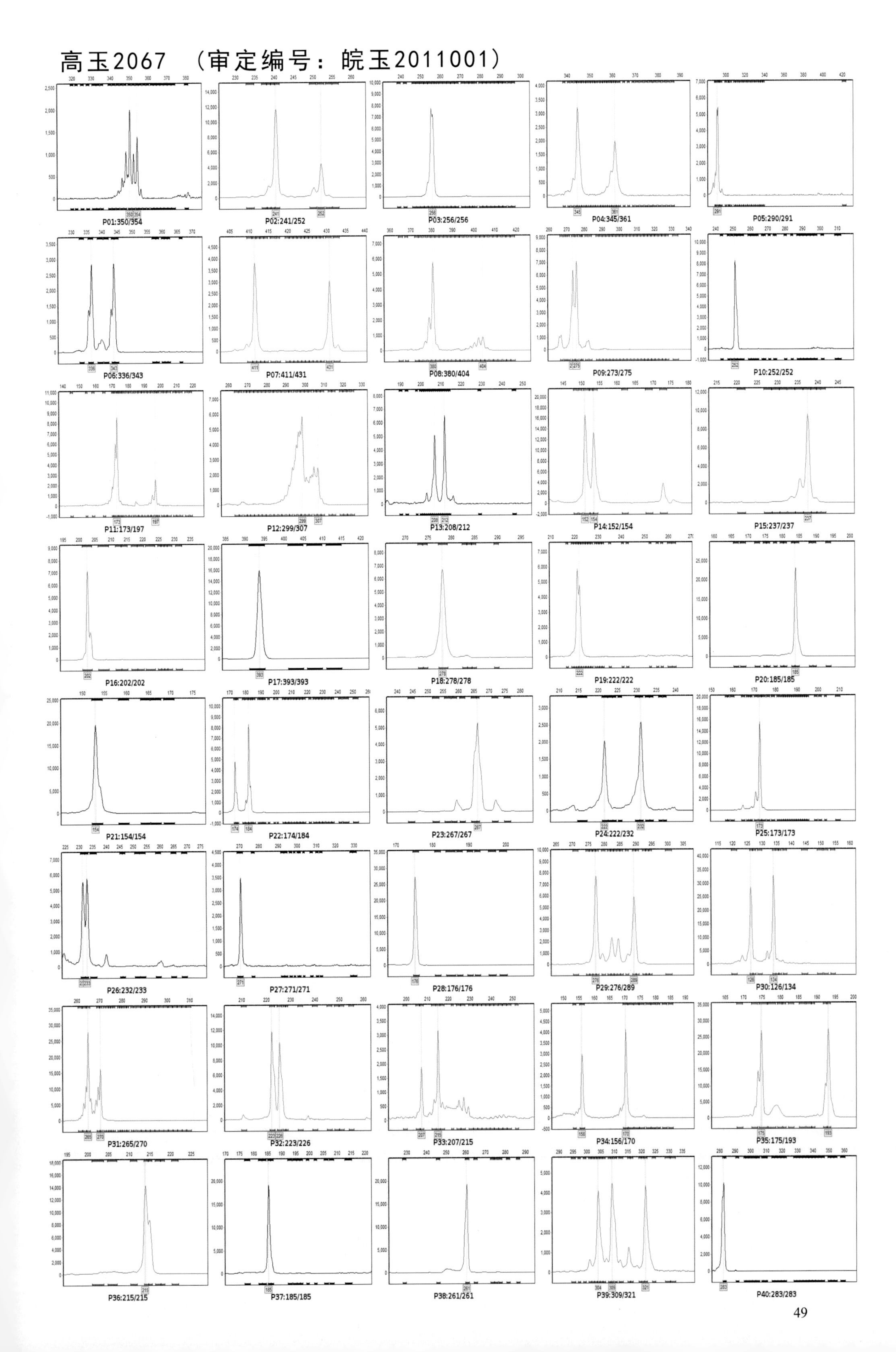

P01:350/354
P02:241/252
P03:256/256
P04:345/361
P05:290/291
P06:336/343
P07:411/431
P08:380/404
P09:273/275
P10:252/252
P11:173/197
P12:299/307
P13:208/212
P14:152/154
P15:237/237
P16:202/202
P17:393/393
P18:278/278
P19:222/222
P20:185/185
P21:154/154
P22:174/184
P23:267/267
P24:222/232
P25:173/173
P26:232/233
P27:271/271
P28:176/176
P29:276/289
P30:126/134
P31:265/270
P32:223/226
P33:207/215
P34:156/170
P35:175/193
P36:215/215
P37:185/185
P38:261/261
P39:309/321
P40:283/283

蠡玉81 （审定编号：皖玉2011002）

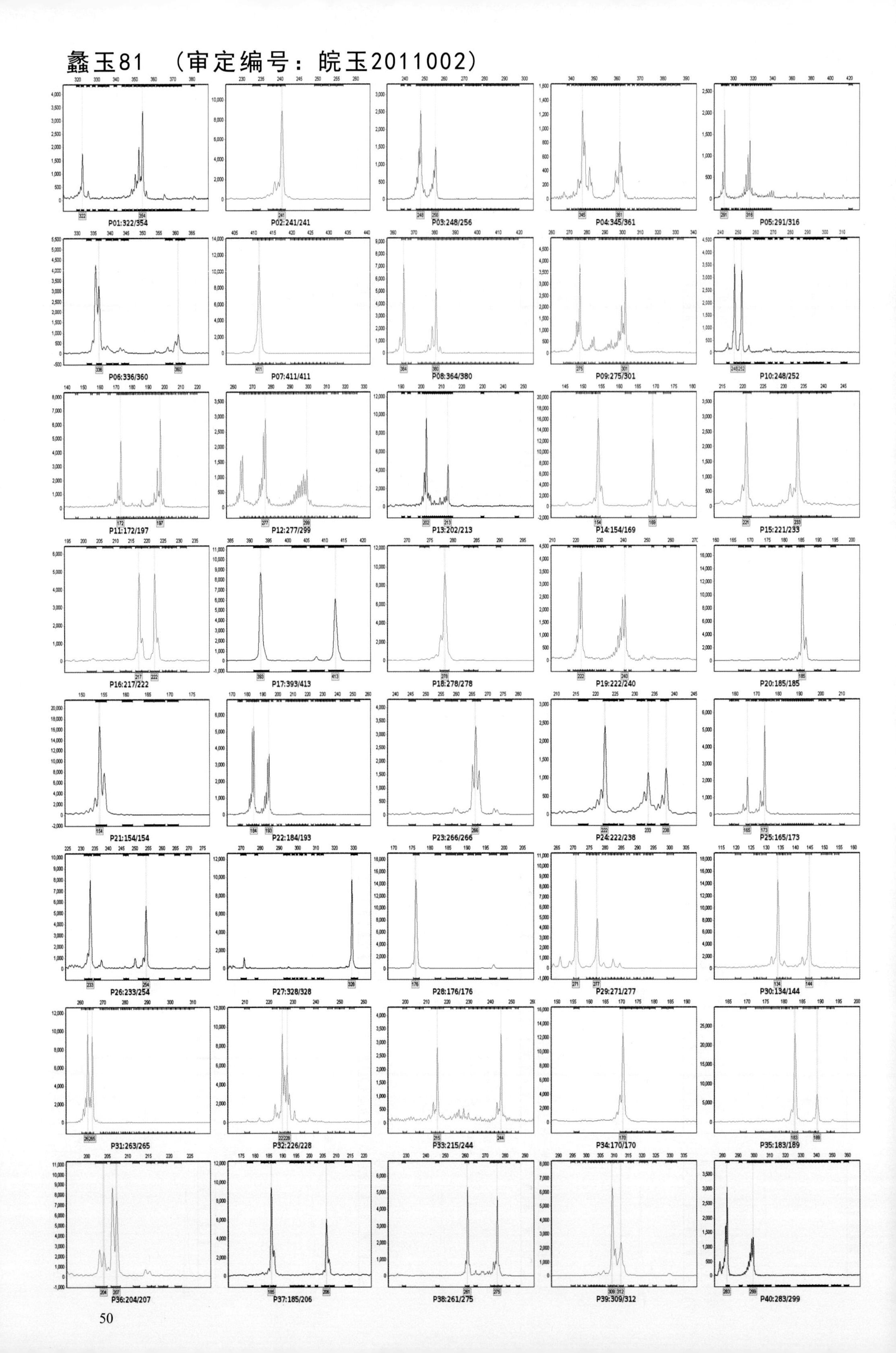

P01:322/354
P02:241/241
P03:248/256
P04:345/361
P05:291/316
P06:336/360
P07:411/411
P08:364/380
P09:275/301
P10:248/252
P11:172/197
P12:277/299
P13:202/213
P14:154/169
P15:221/233
P16:217/222
P17:393/413
P18:278/278
P19:222/240
P20:185/185
P21:154/154
P22:184/193
P23:266/266
P24:222/238
P25:165/173
P26:233/254
P27:328/328
P28:176/176
P29:271/277
P30:134/144
P31:263/265
P32:226/228
P33:215/244
P34:170/170
P35:183/189
P36:204/207
P37:185/206
P38:261/275
P39:309/312
P40:283/299

皖糯3号 （审定编号：皖玉2011005）

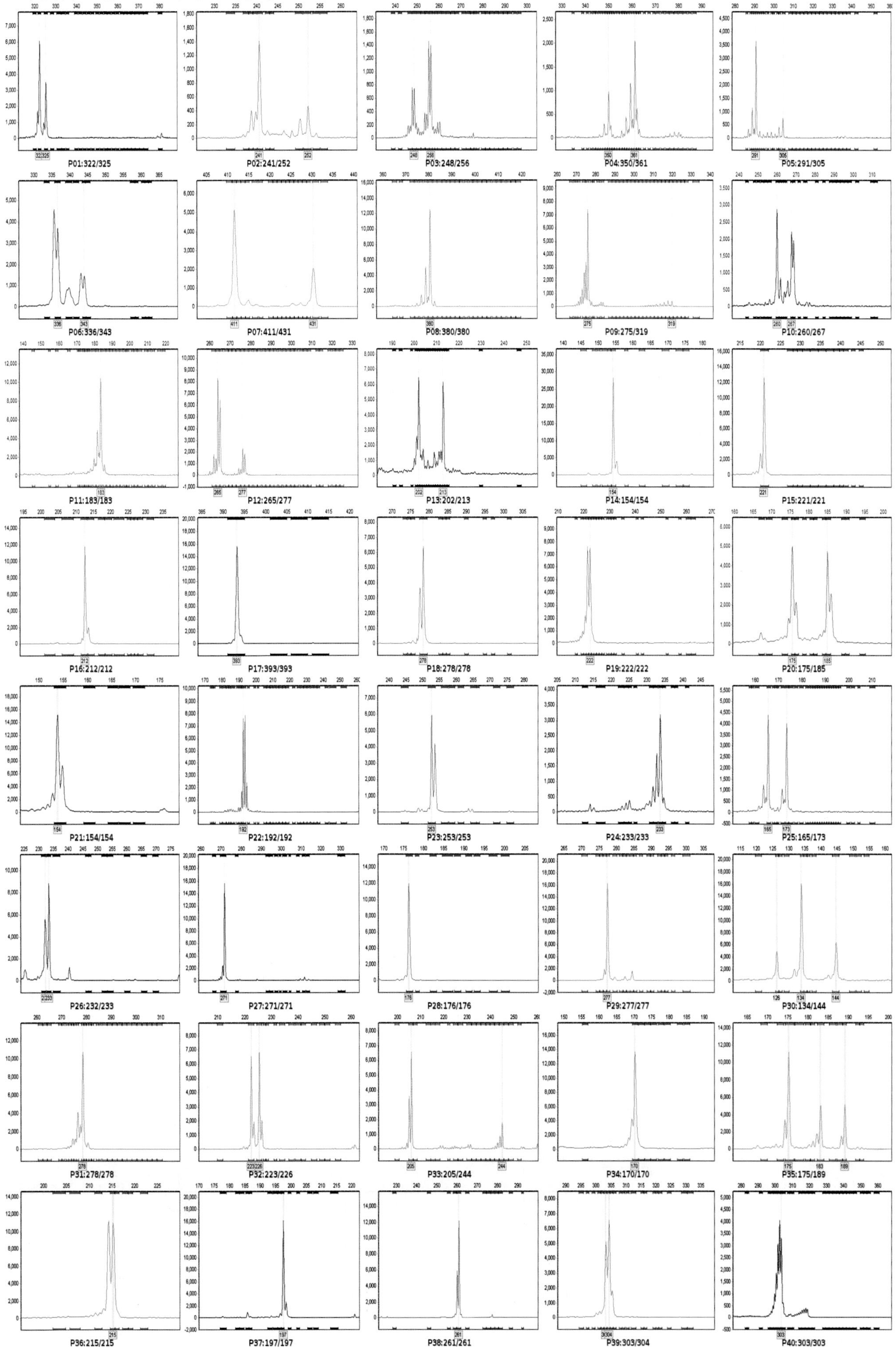

P01:322/325　P02:241/252　P03:248/256　P04:350/361　P05:291/305

P06:336/343　P07:411/431　P08:380/380　P09:275/319　P10:260/267

P11:183/183　P12:265/277　P13:202/213　P14:154/154　P15:221/221

P16:212/212　P17:393/393　P18:278/278　P19:222/222　P20:175/185

P21:154/154　P22:192/192　P23:253/253　P24:233/233　P25:165/173

P26:232/233　P27:271/271　P28:176/176　P29:277/277　P30:134/144

P31:278/278　P32:223/226　P33:205/244　P34:170/170　P35:175/189

P36:215/215　P37:197/197　P38:261/261　P39:303/304　P40:303/303

金彩糯2号　（审定编号：皖玉2011006）

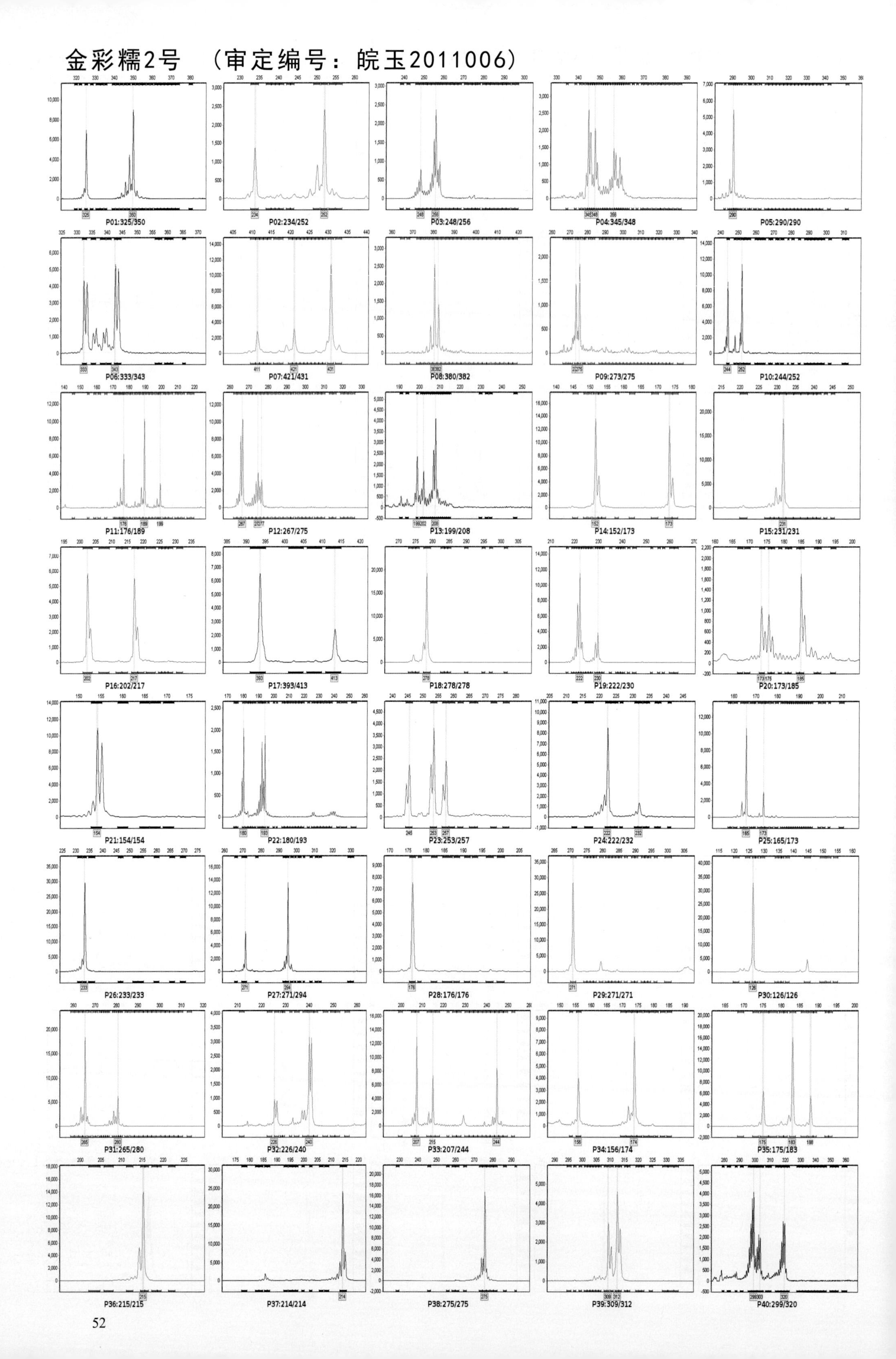
P01:325/350
P02:234/252
P03:248/256
P04:345/348
P05:290/290
P06:333/343
P07:421/431
P08:380/382
P09:273/275
P10:244/252
P11:176/189
P12:267/275
P13:199/208
P14:152/173
P15:231/231
P16:202/217
P17:393/413
P18:278/278
P19:222/230
P20:173/185
P21:154/154
P22:180/193
P23:253/257
P24:222/232
P25:165/173
P26:233/233
P27:271/294
P28:176/176
P29:271/271
P30:126/126
P31:265/280
P32:226/240
P33:207/244
P34:156/174
P35:175/183
P36:215/215
P37:214/214
P38:275/275
P39:309/312
P40:299/320

荃玉9号 （审定编号：皖玉2011007）

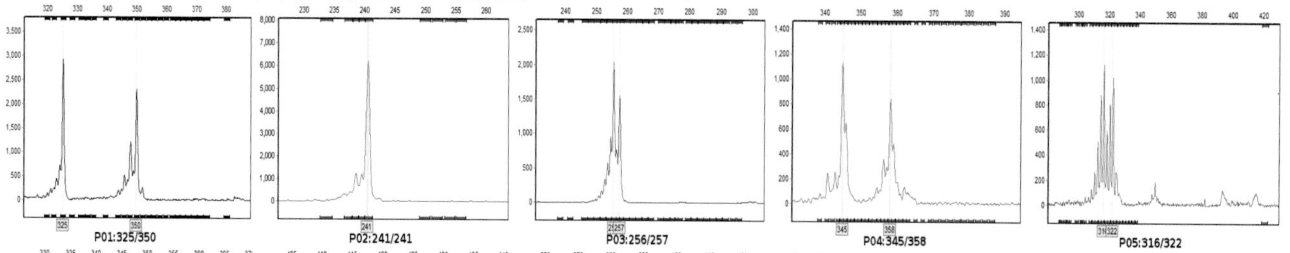

P01:325/350 P02:241/241 P03:256/257 P04:345/358 P05:316/322

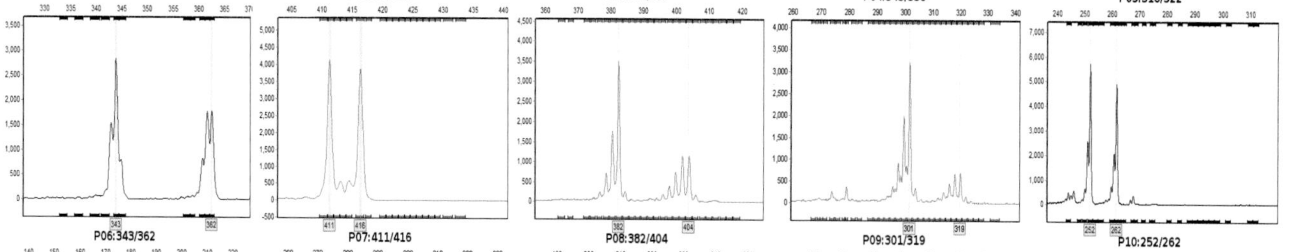

P06:343/362 P07:411/416 P08:382/404 P09:301/319 P10:252/262

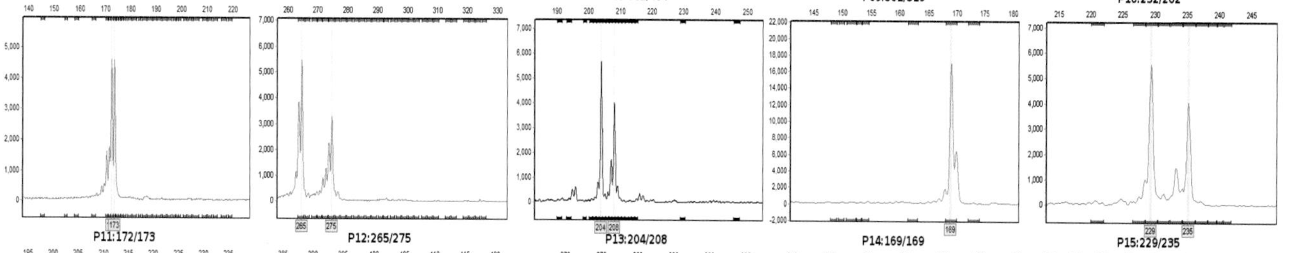

P11:172/173 P12:265/275 P13:204/208 P14:169/169 P15:229/235

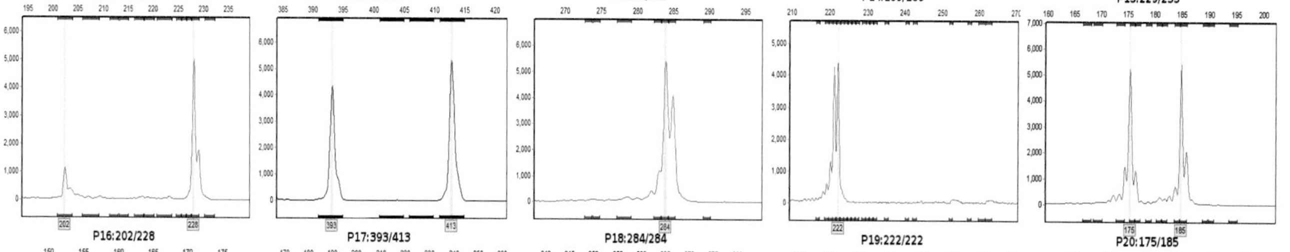

P16:202/228 P17:393/413 P18:284/284 P19:222/222 P20:175/185

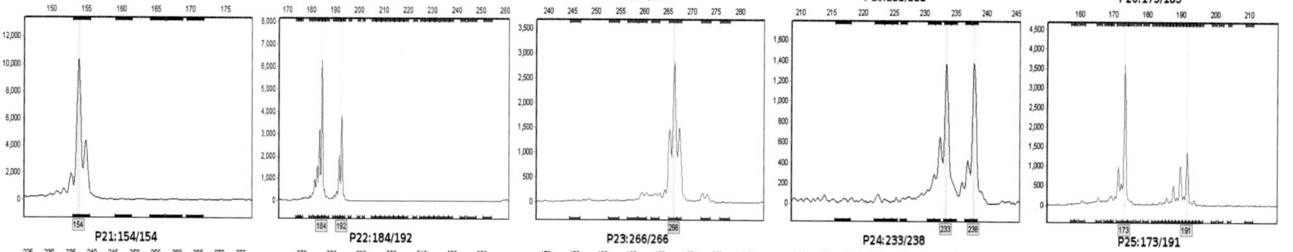

P21:154/154 P22:184/192 P23:266/266 P24:233/238 P25:173/191

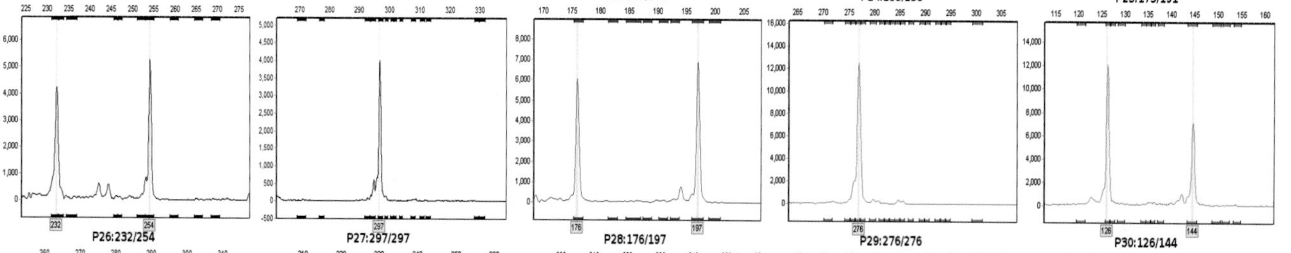

P26:232/254 P27:297/297 P28:176/197 P29:276/276 P30:126/144

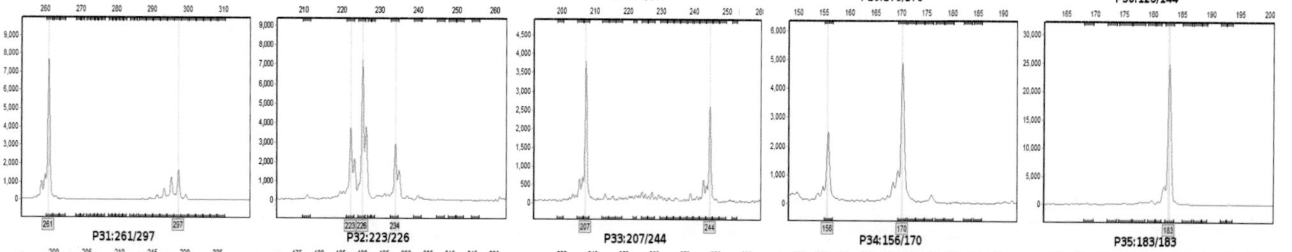

P31:261/297 P32:223/226 P33:207/244 P34:156/170 P35:183/183

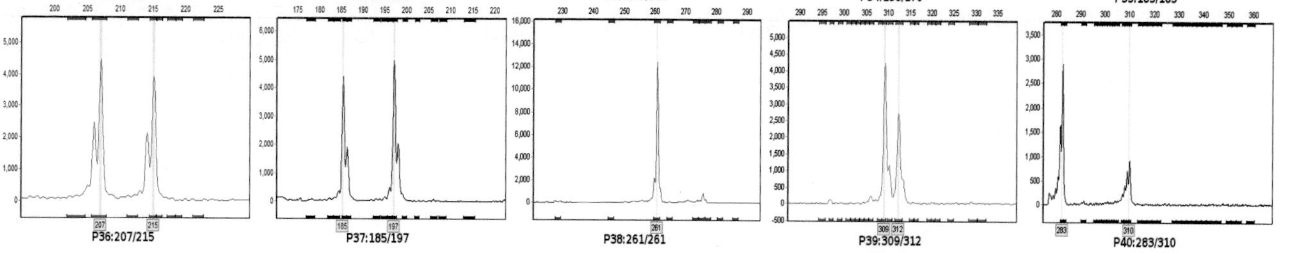

P36:207/215 P37:185/197 P38:261/261 P39:309/312 P40:283/310

京彩甜糯 （审定编号：皖玉2011008）

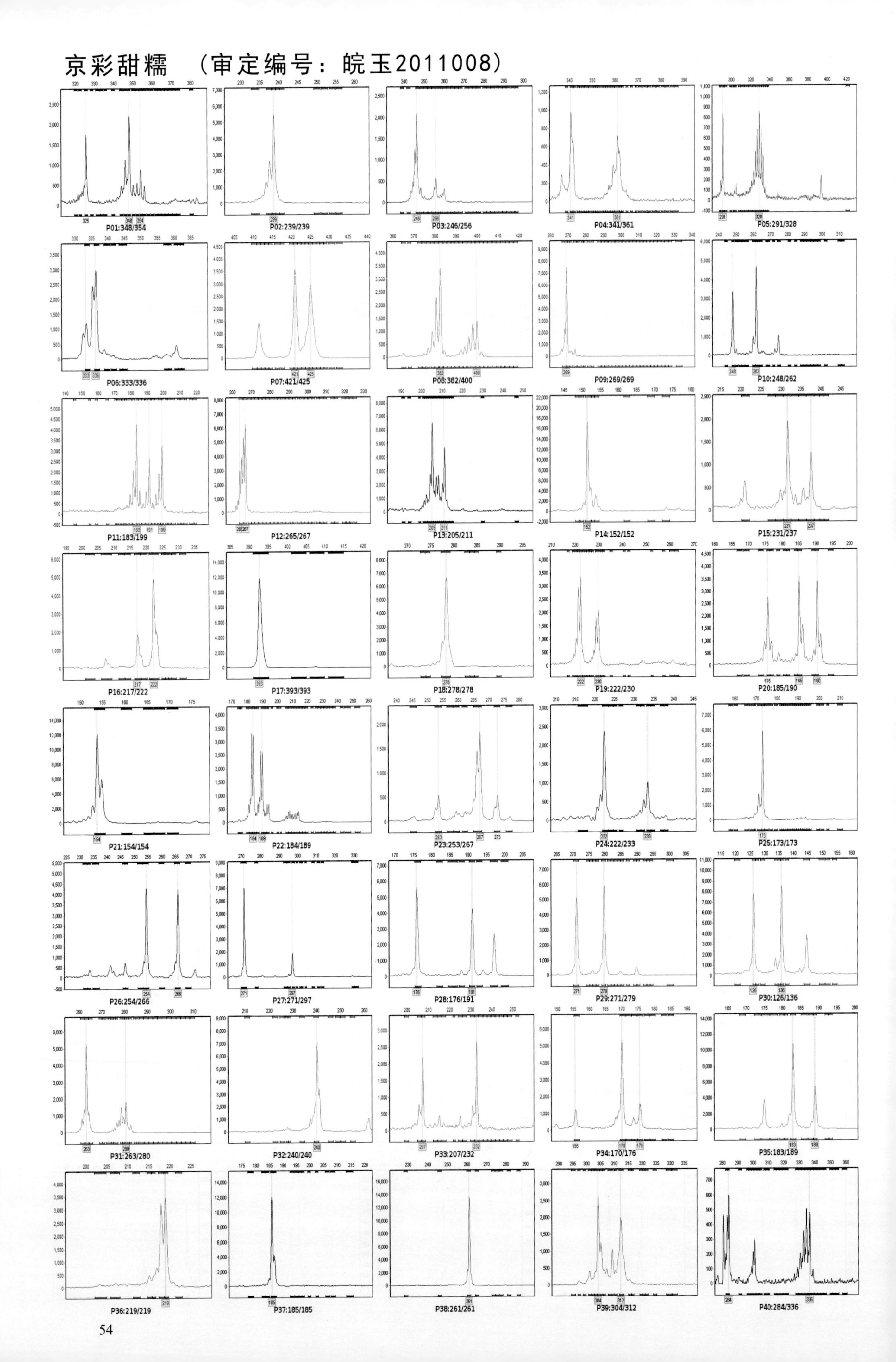
P01:348/354
P02:239/239
P03:246/256
P04:341/361
P05:291/328
P06:333/336
P07:421/425
P08:382/400
P09:269/269
P10:248/262
P11:183/199
P12:265/267
P13:205/211
P14:152/152
P15:231/237
P16:217/222
P17:393/393
P18:278/278
P19:222/230
P20:185/190
P21:154/154
P22:184/189
P23:253/267
P24:222/233
P25:173/173
P26:254/266
P27:271/297
P28:176/191
P29:271/279
P30:126/136
P31:263/280
P32:240/240
P33:207/232
P34:170/176
P35:183/189
P36:219/219
P37:185/185
P38:261/261
P39:304/312
P40:284/336

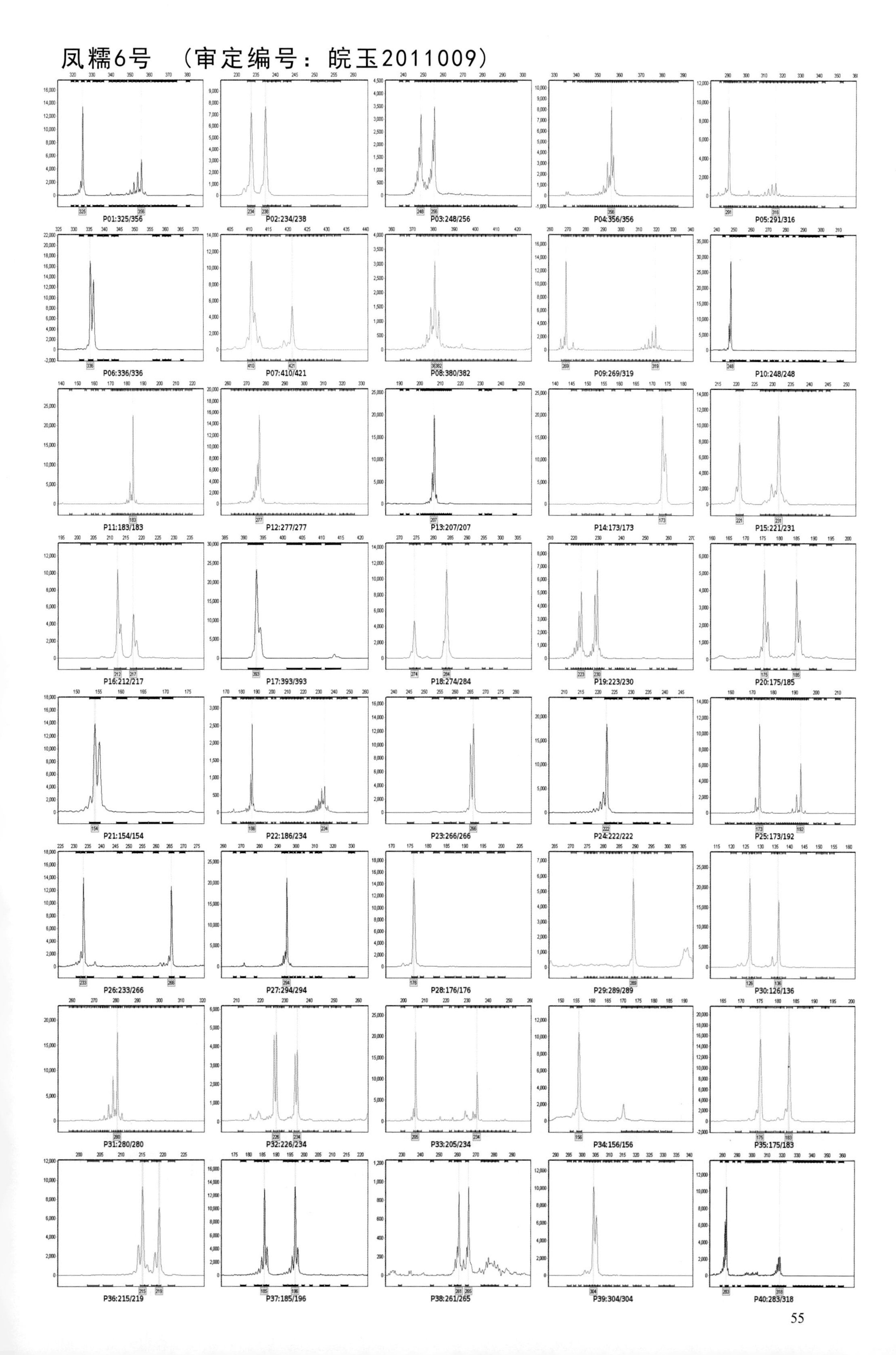

凤糯6号 （审定编号：皖玉2011009）
P01:325/356
P02:234/238
P03:248/256
P04:356/356
P05:291/316
P06:336/336
P07:410/421
P08:380/382
P09:269/319
P10:248/248
P11:183/183
P12:277/277
P13:207/207
P14:173/173
P15:221/231
P16:212/217
P17:393/393
P18:274/284
P19:223/230
P20:175/185
P21:154/154
P22:186/234
P23:266/266
P24:222/222
P25:173/192
P26:233/266
P27:294/294
P28:176/176
P29:289/289
P30:126/136
P31:280/280
P32:226/234
P33:205/234
P34:156/156
P35:175/183
P36:215/219
P37:185/196
P38:261/265
P39:304/304
P40:283/318

秦龙14 （审定编号：皖玉2011010）

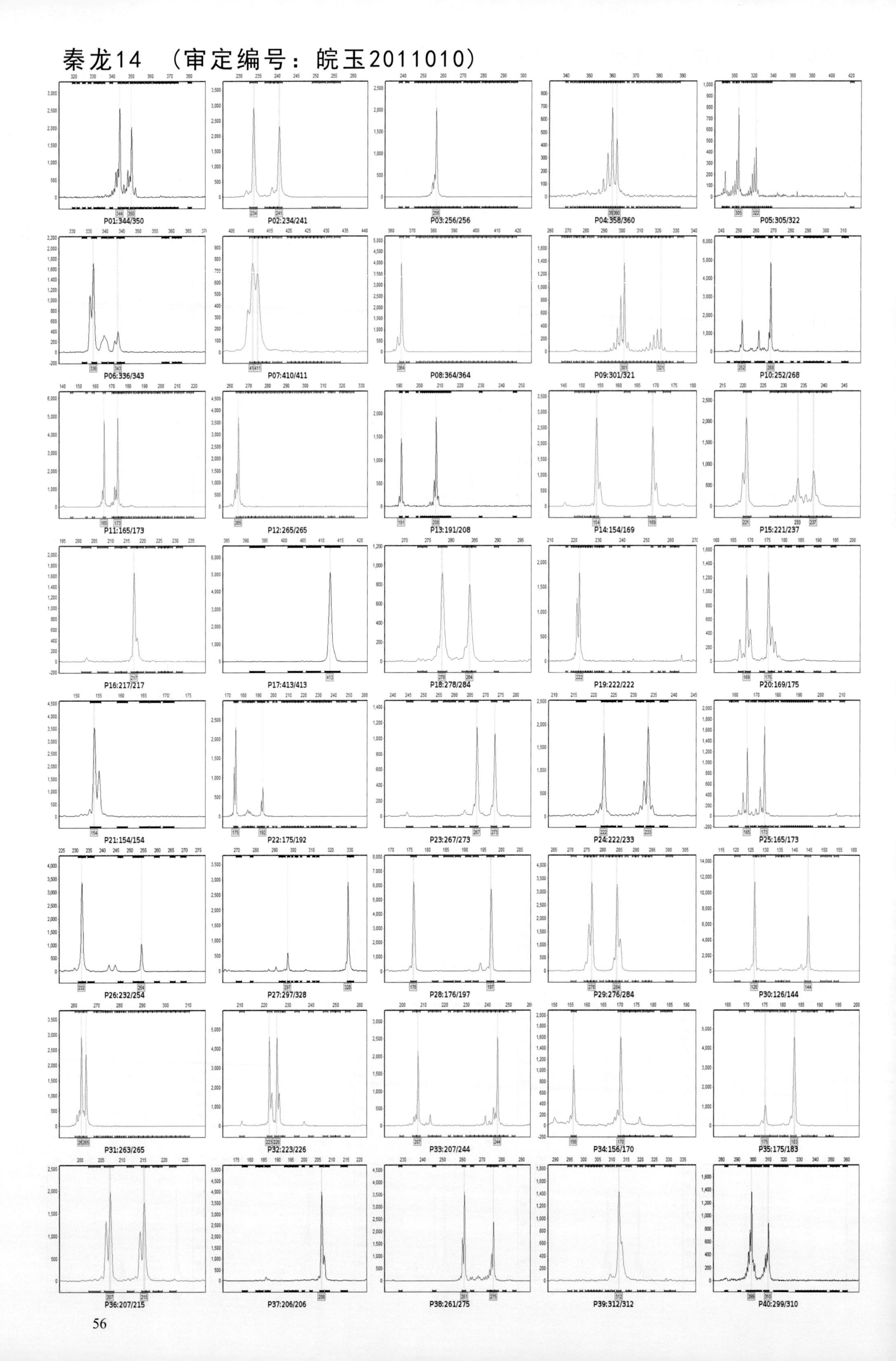

P01:344/350
P02:234/241
P03:256/256
P04:358/360
P05:305/322
P06:336/343
P07:410/411
P08:364/364
P09:301/321
P10:252/268
P11:165/173
P12:265/265
P13:191/208
P14:154/169
P15:221/237
P16:217/217
P17:413/413
P18:278/284
P19:222/222
P20:169/175
P21:154/154
P22:175/192
P23:267/273
P24:222/233
P25:165/173
P26:232/254
P27:297/328
P28:176/197
P29:276/284
P30:126/144
P31:263/265
P32:223/226
P33:207/244
P34:156/170
P35:175/183
P36:207/215
P37:206/206
P38:261/275
P39:312/312
P40:299/310

新安5号　（审定编号：皖玉2012001）

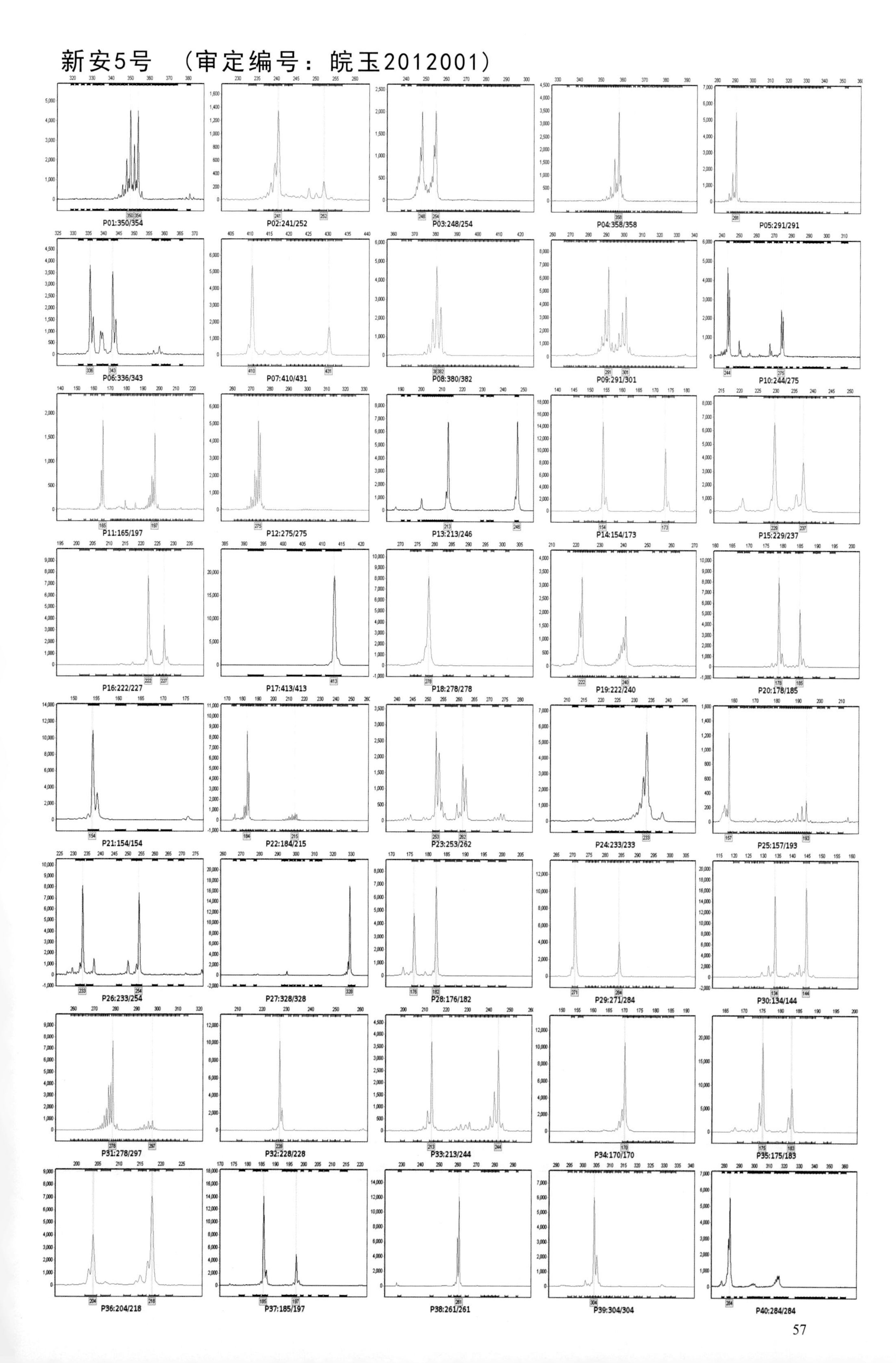
P01:350/354
P02:241/252
P03:248/254
P04:358/358
P05:291/291
P06:336/343
P07:410/431
P08:380/382
P09:291/301
P10:244/275
P11:165/197
P12:275/275
P13:213/246
P14:154/173
P15:229/237
P16:222/227
P17:413/413
P18:278/278
P19:222/240
P20:178/185
P21:154/154
P22:184/215
P23:253/262
P24:233/233
P25:157/193
P26:233/254
P27:328/328
P28:176/182
P29:271/284
P30:134/144
P31:278/297
P32:228/228
P33:213/244
P34:170/170
P35:175/183
P36:204/218
P37:185/197
P38:261/261
P39:304/304
P40:284/284

皖玉708 （审定编号：皖玉2012002）

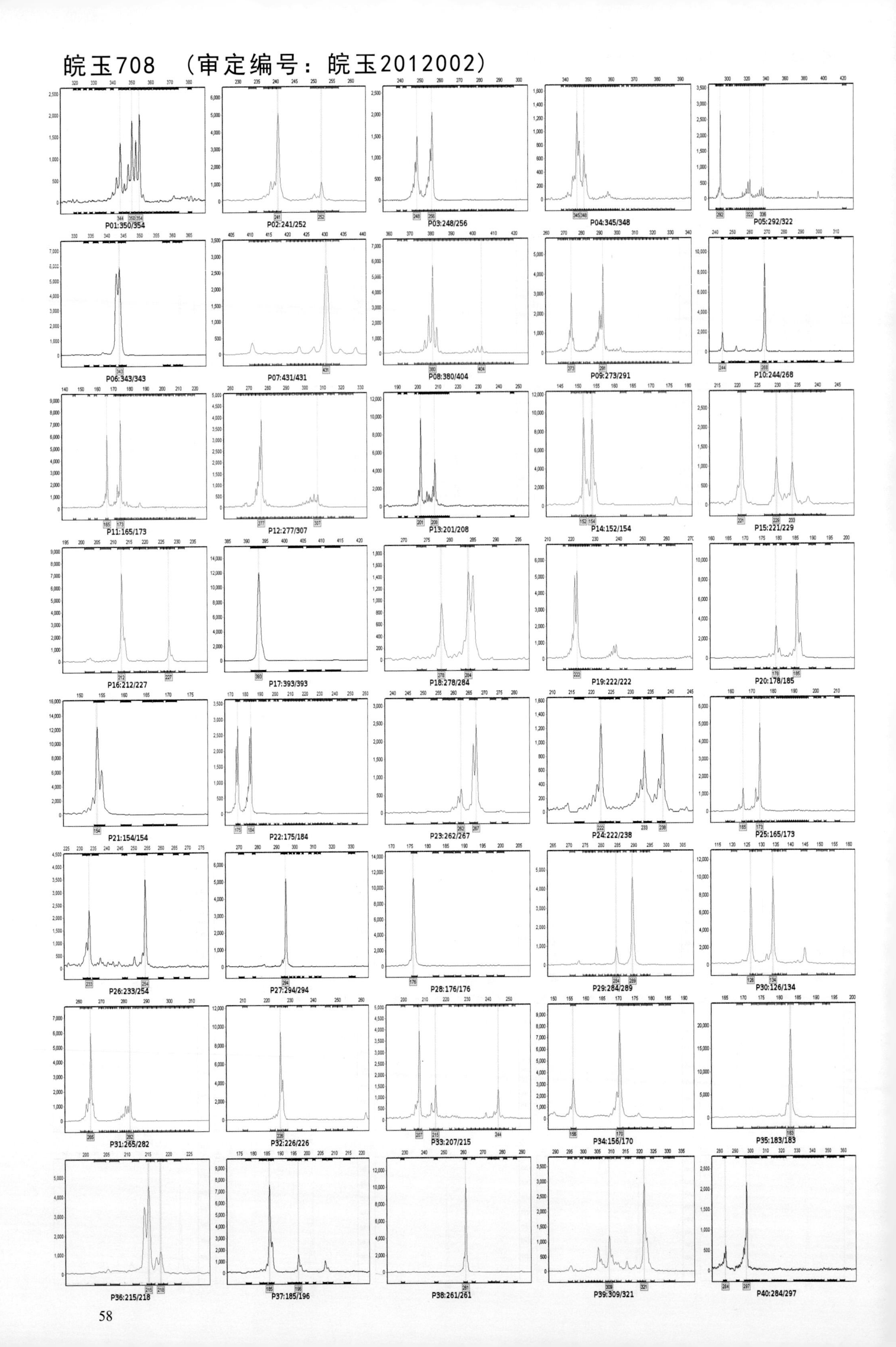

P01:350/354
P02:241/252
P03:248/256
P04:345/348
P05:292/322
P06:343/343
P07:431/431
P08:380/404
P09:273/291
P10:244/268
P11:165/173
P12:277/307
P13:201/208
P14:152/154
P15:221/229
P16:212/227
P17:393/393
P18:278/284
P19:222/222
P20:178/185
P21:154/154
P22:175/184
P23:262/267
P24:222/238
P25:165/173
P26:233/254
P27:294/294
P28:176/176
P29:284/289
P30:126/134
P31:265/282
P32:226/226
P33:207/215
P34:156/170
P35:183/183
P36:215/218
P37:185/196
P38:261/261
P39:309/321
P40:284/297

西由50 （审定编号：皖玉2012003）

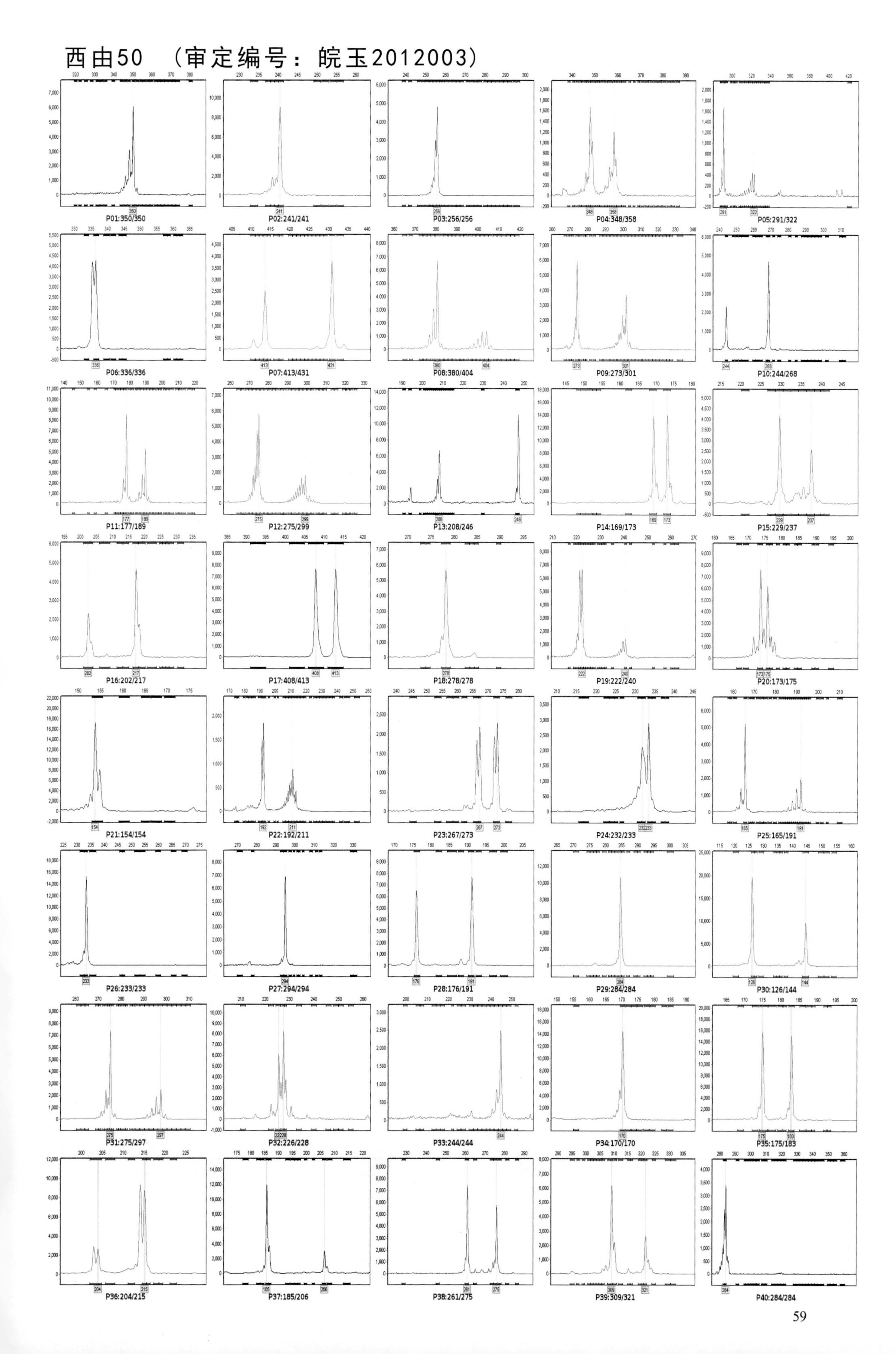

P01:350/350
P02:241/241
P03:256/256
P04:348/358
P05:291/322
P06:336/336
P07:413/431
P08:380/404
P09:273/301
P10:244/268
P11:177/189
P12:275/299
P13:208/246
P14:169/173
P15:229/237
P16:202/217
P17:408/413
P18:278/278
P19:222/240
P20:173/175
P21:154/154
P22:192/211
P23:267/273
P24:232/233
P25:165/191
P26:233/233
P27:294/294
P28:176/191
P29:284/284
P30:126/144
P31:275/297
P32:226/228
P33:244/244
P34:170/170
P35:175/183
P36:204/215
P37:185/206
P38:261/275
P39:309/321
P40:284/284

奥玉21 （审定编号：皖玉2012004）

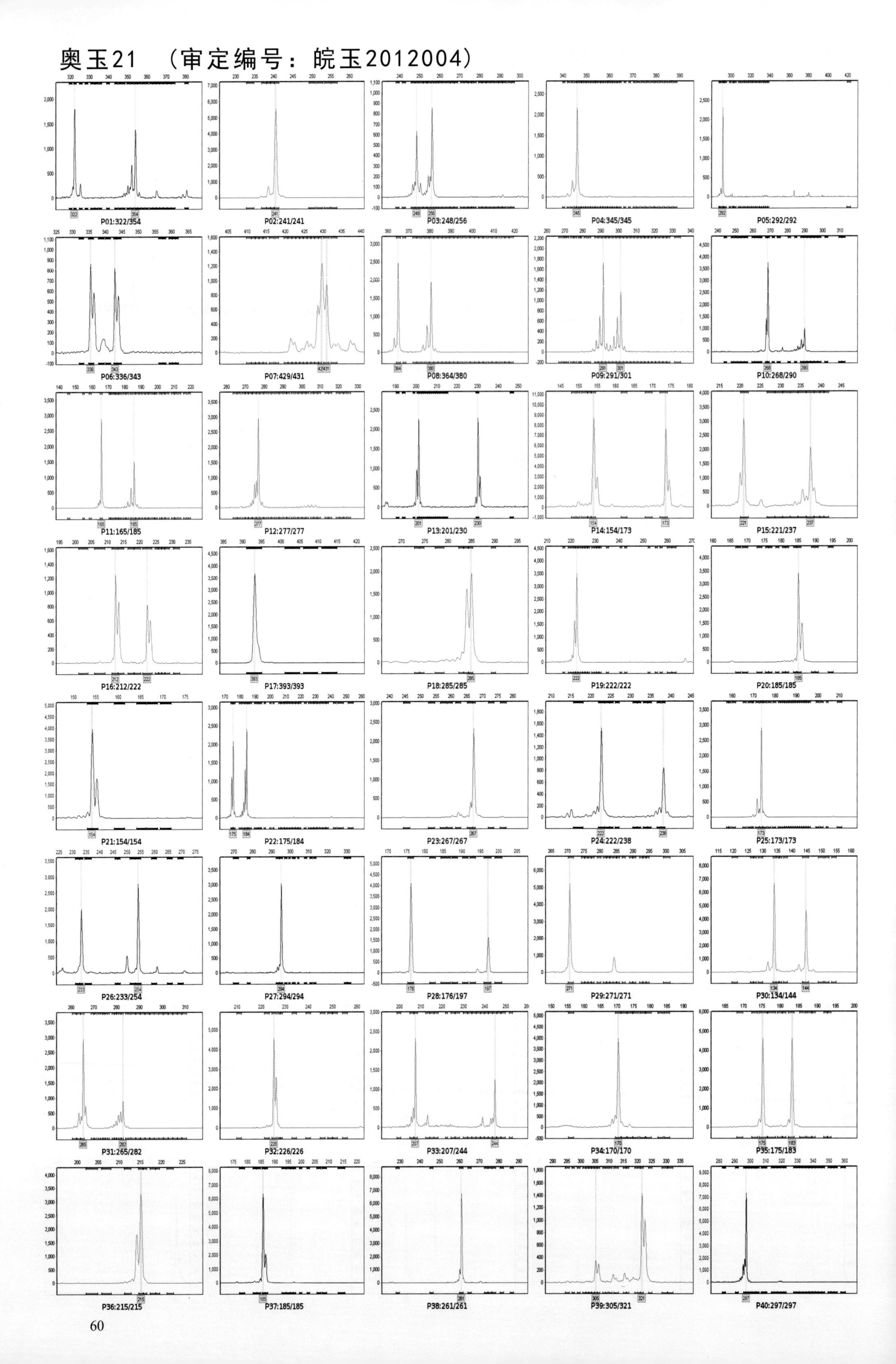
P01:322/354
P02:241/241
P03:248/256
P04:345/345
P05:292/292
P06:336/343
P07:429/431
P08:364/380
P09:291/301
P10:268/290
P11:165/185
P12:277/277
P13:201/230
P14:154/173
P15:221/237
P16:212/222
P17:393/393
P18:285/285
P19:222/222
P20:185/185
P21:154/154
P22:175/184
P23:267/267
P24:222/238
P25:173/173
P26:233/254
P27:294/294
P28:176/197
P29:271/271
P30:134/144
P31:265/282
P32:226/226
P33:207/244
P34:170/170
P35:175/183
P36:215/215
P37:185/185
P38:261/261
P39:305/321
P40:297/297

蠡玉88 （审定编号：皖玉2012005）

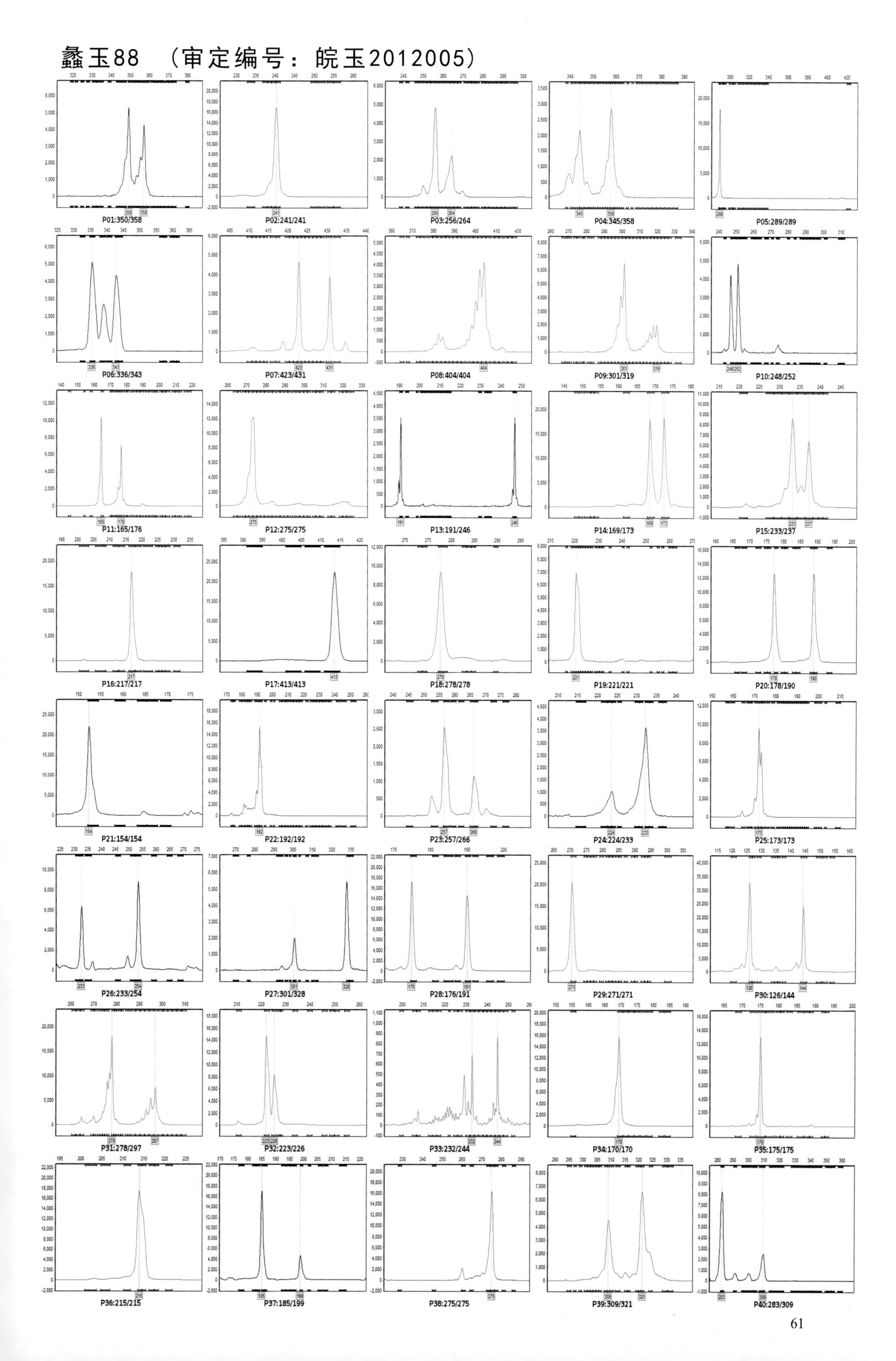
P01:350/358
P02:241/241
P03:256/264
P04:345/358
P05:289/289
P06:336/343
P07:423/431
P08:404/404
P09:301/319
P10:248/252
P11:165/176
P12:275/275
P13:191/246
P14:169/173
P15:233/237
P16:217/217
P17:413/413
P18:278/278
P19:221/221
P20:178/190
P21:154/154
P22:192/192
P23:257/266
P24:224/233
P25:173/173
P26:233/254
P27:301/328
P28:176/191
P29:271/271
P30:126/144
P31:278/297
P32:223/226
P33:232/244
P34:170/170
P35:175/175
P36:215/215
P37:185/199
P38:275/275
P39:309/321
P40:283/309

联创10号 （审定编号：皖玉2012006）

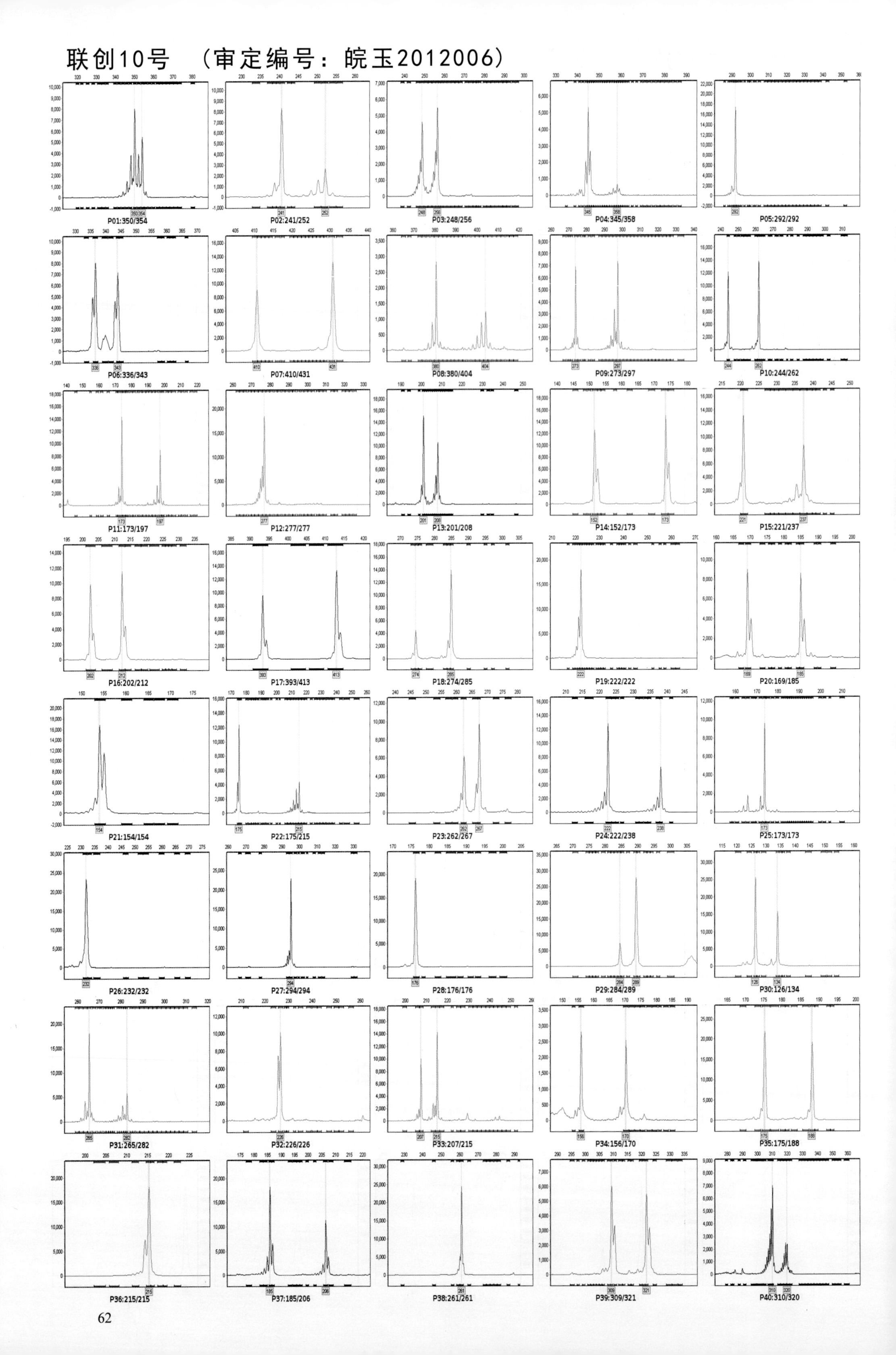
P01:350/354
P02:241/252
P03:248/256
P04:345/358
P05:292/292
P06:336/343
P07:410/431
P08:380/404
P09:273/297
P10:244/262
P11:173/197
P12:277/277
P13:201/208
P14:152/173
P15:221/237
P16:202/212
P17:393/413
P18:274/285
P19:222/222
P20:169/185
P21:154/154
P22:175/215
P23:262/267
P24:222/238
P25:173/173
P26:232/232
P27:294/294
P28:176/176
P29:284/289
P30:126/134
P31:265/282
P32:226/226
P33:207/215
P34:156/170
P35:175/188
P36:215/215
P37:185/206
P38:261/261
P39:309/321
P40:310/320

安农9号 （审定编号：皖玉2012007）

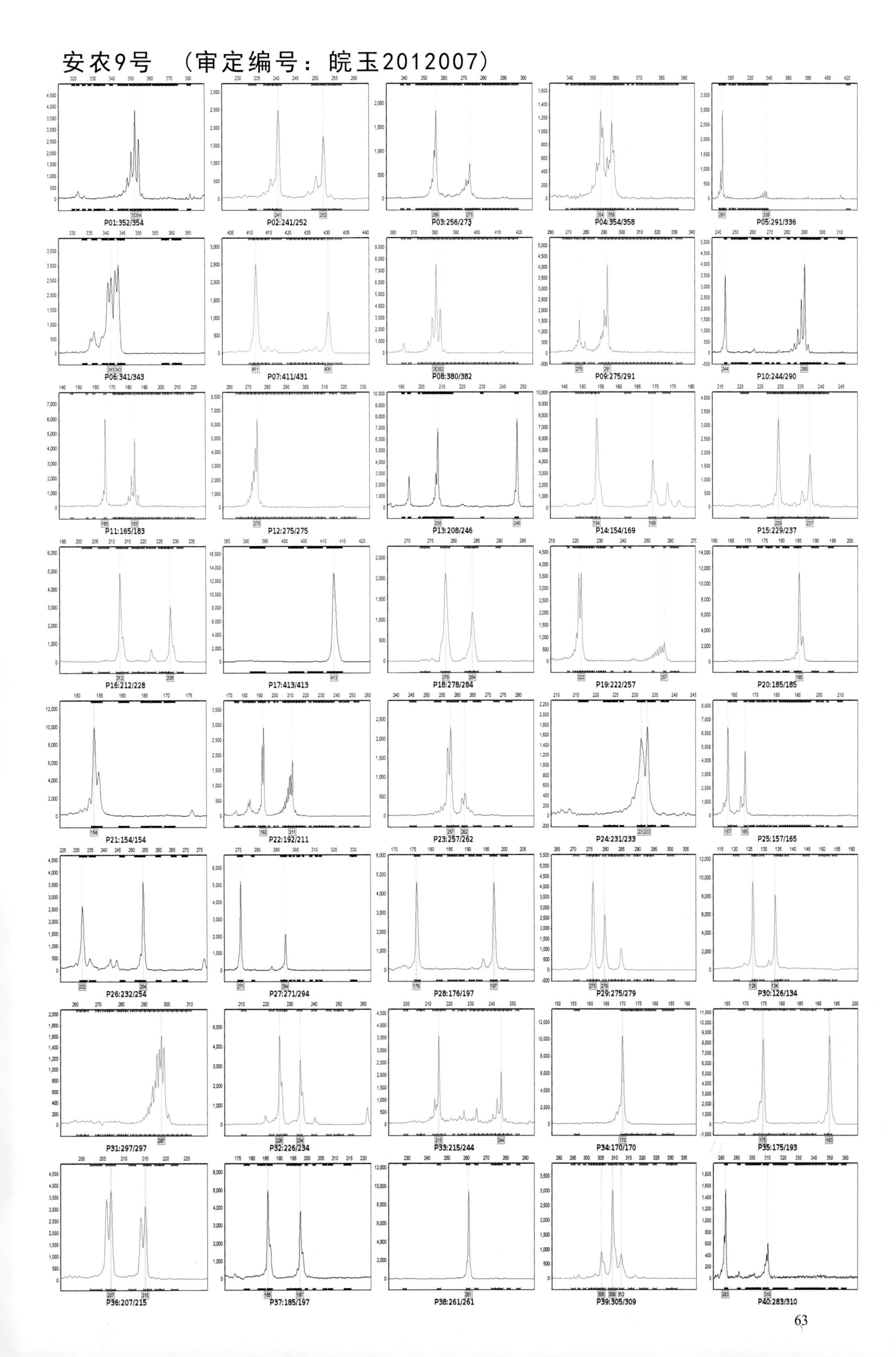
P01:352/354
P02:241/252
P03:256/273
P04:354/358
P05:291/336
P06:341/343
P07:411/431
P08:380/382
P09:275/291
P10:244/290
P11:165/183
P12:275/275
P13:208/246
P14:154/169
P15:229/237
P16:212/228
P17:413/413
P18:278/284
P19:222/257
P20:185/185
P21:154/154
P22:192/211
P23:257/262
P24:231/233
P25:157/165
P26:232/254
P27:271/294
P28:176/197
P29:275/279
P30:126/134
P31:297/297
P32:226/234
P33:215/244
P34:170/170
P35:175/193
P36:207/215
P37:185/197
P38:261/261
P39:305/309
P40:283/310

高玉2068 （审定编号：皖玉2012008）

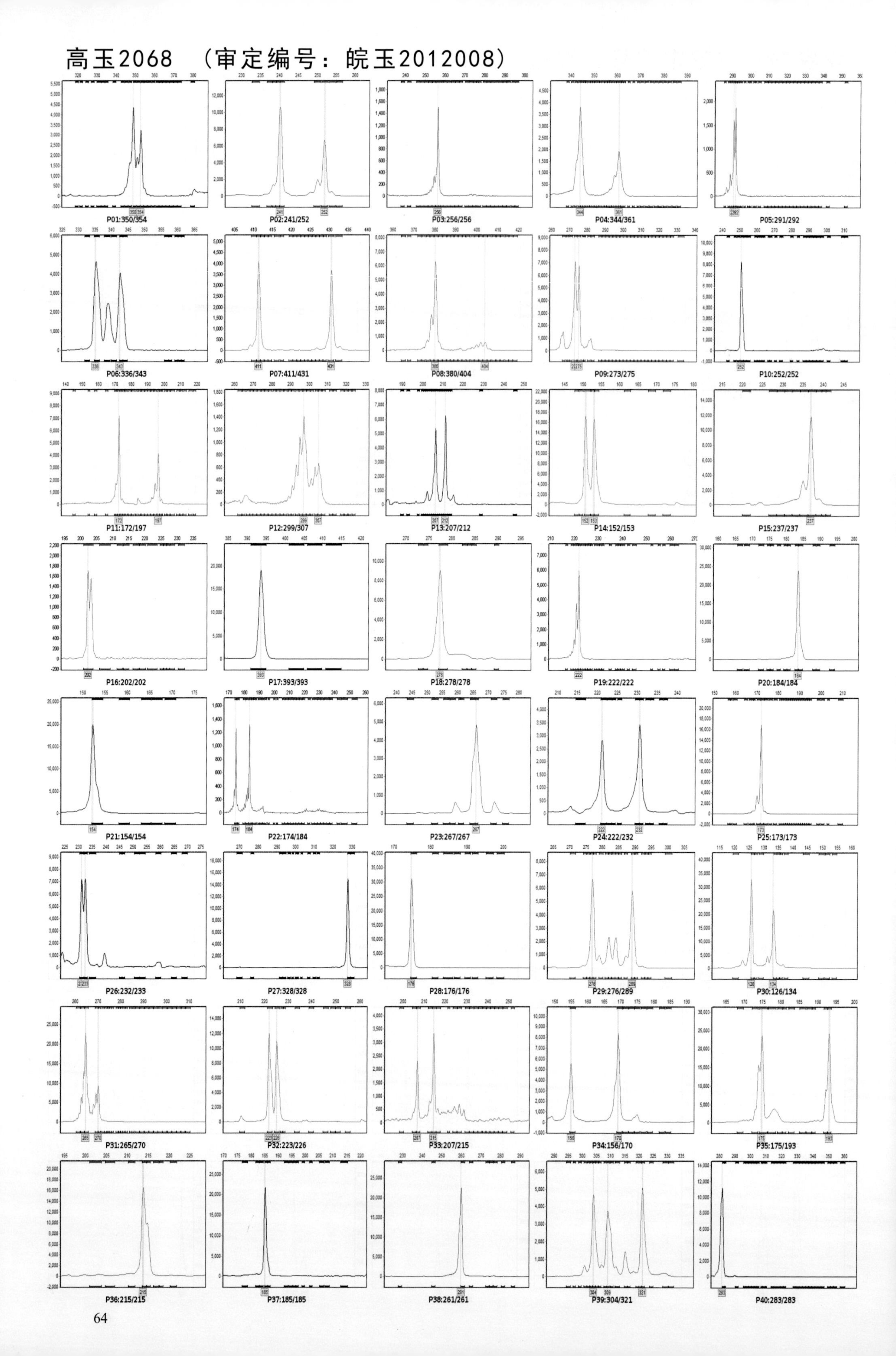

P01:350/354
P02:241/252
P03:256/256
P04:344/361
P05:291/292
P06:336/343
P07:411/431
P08:380/404
P09:273/275
P10:252/252
P11:172/197
P12:299/307
P13:207/212
P14:152/153
P15:237/237
P16:202/202
P17:393/393
P18:278/278
P19:222/222
P20:184/184
P21:154/154
P22:174/184
P23:267/267
P24:222/232
P25:173/173
P26:232/233
P27:328/328
P28:176/176
P29:276/289
P30:126/134
P31:265/270
P32:223/226
P33:207/215
P34:156/170
P35:175/193
P36:215/215
P37:185/185
P38:261/261
P39:304/321
P40:283/283

豫龙凤1号 （审定编号：皖玉2013001）

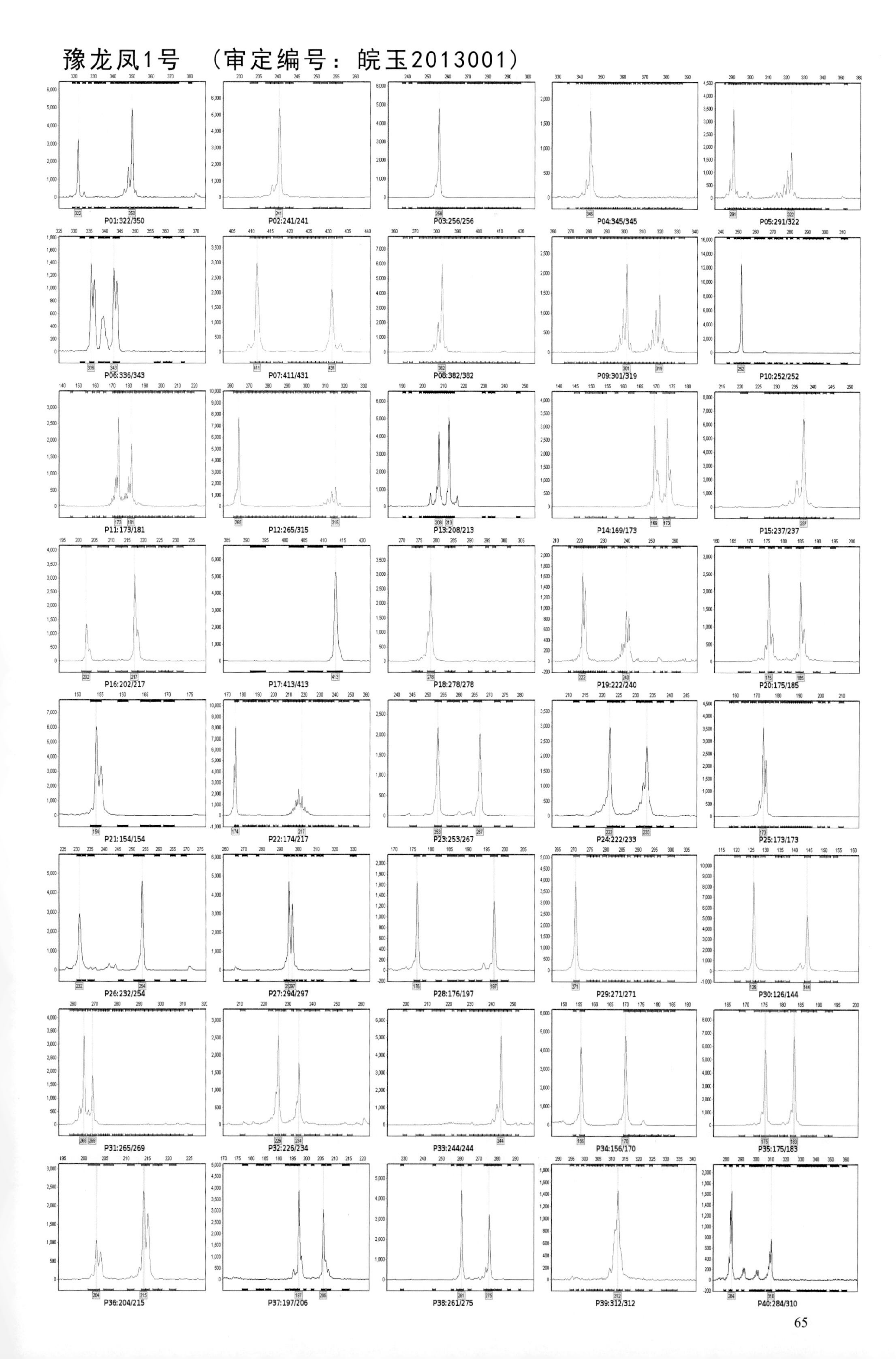

P01:322/350
P02:241/241
P03:256/256
P04:345/345
P05:291/322
P06:336/343
P07:411/431
P08:382/382
P09:301/319
P10:252/252
P11:173/181
P12:265/315
P13:208/213
P14:169/173
P15:237/237
P16:202/217
P17:413/413
P18:278/278
P19:222/240
P20:175/185
P21:154/154
P22:174/217
P23:253/267
P24:222/233
P25:173/173
P26:232/254
P27:294/297
P28:176/197
P29:271/271
P30:126/144
P31:265/269
P32:226/234
P33:244/244
P34:156/170
P35:175/183
P36:204/215
P37:197/206
P38:261/275
P39:312/312
P40:284/310

CN9127 （审定编号：皖玉2013002）

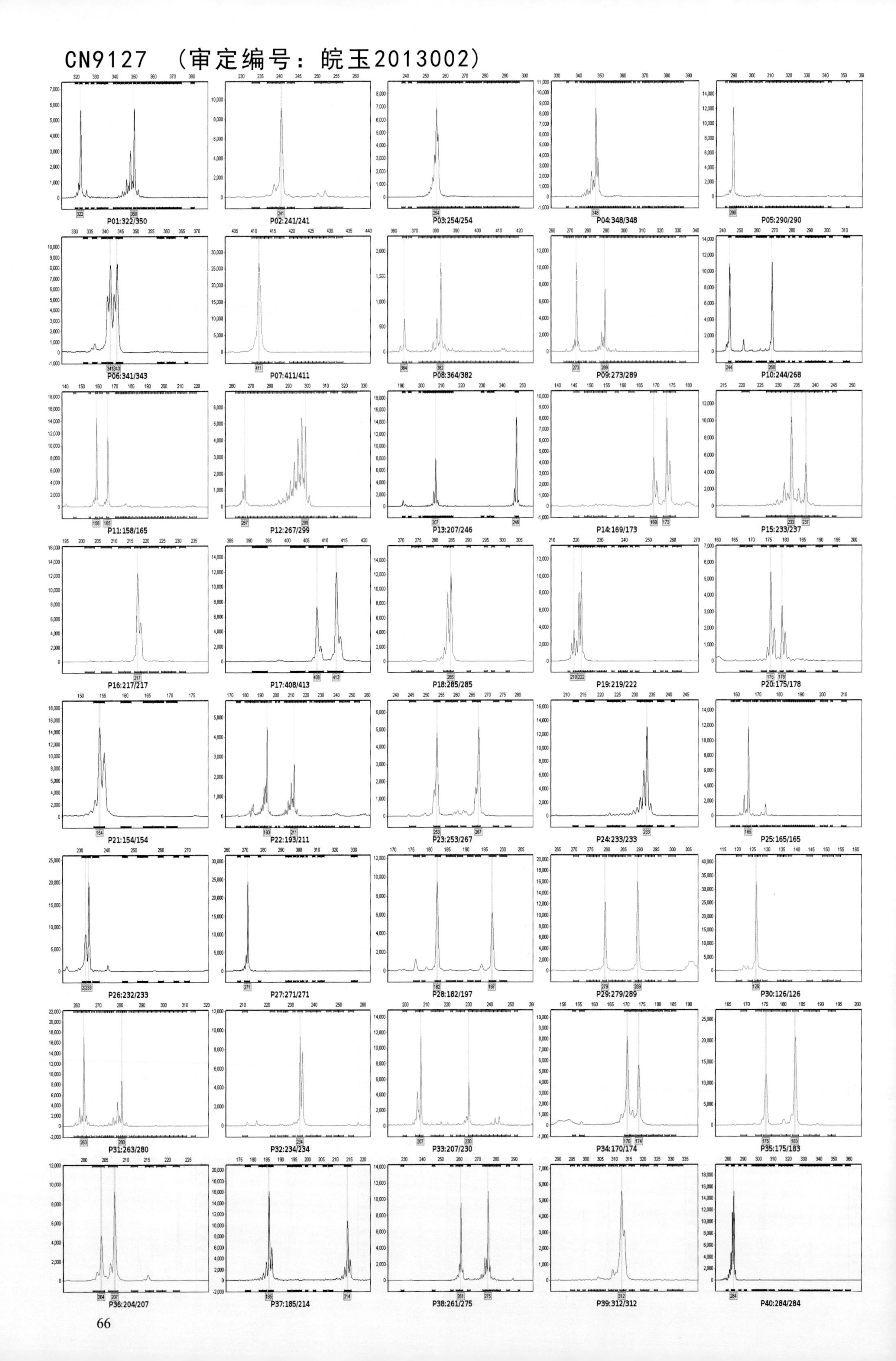

P01:322/350
P02:241/241
P03:254/254
P04:348/348
P05:290/290
P06:341/343
P07:411/411
P08:364/382
P09:273/289
P10:244/268
P11:158/165
P12:267/299
P13:207/246
P14:169/173
P15:233/237
P16:217/217
P17:408/413
P18:285/285
P19:219/222
P20:175/178
P21:154/154
P22:193/211
P23:253/267
P24:233/233
P25:165/165
P26:232/233
P27:271/271
P28:182/197
P29:279/289
P30:126/126
P31:263/280
P32:234/234
P33:207/230
P34:170/174
P35:175/183
P36:204/207
P37:185/214
P38:261/275
P39:312/312
P40:284/284

奥玉3806 （审定编号：皖玉2013003）

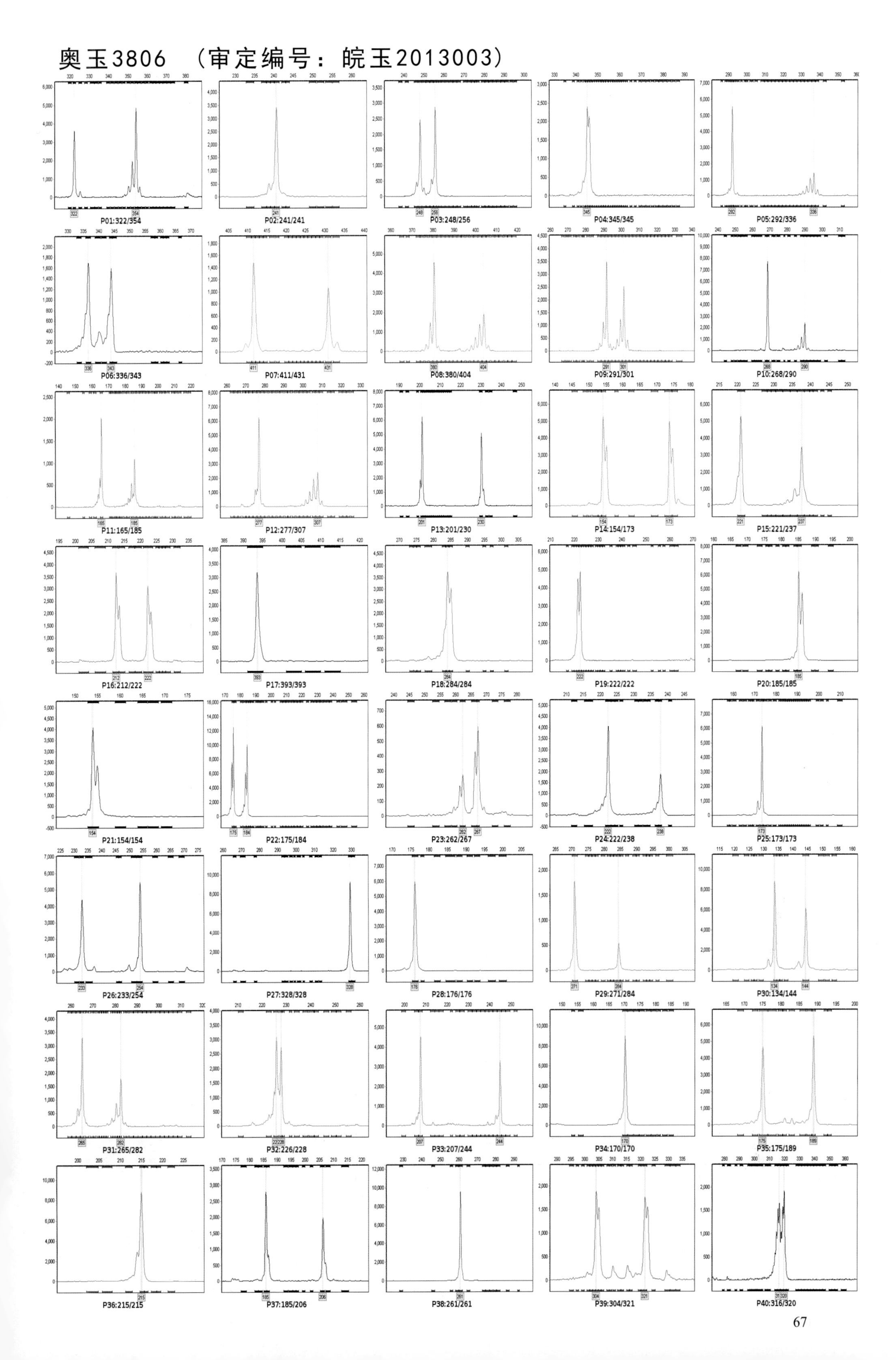
P01:322/354
P02:241/241
P03:248/256
P04:345/345
P05:292/336
P06:336/343
P07:411/431
P08:380/404
P09:291/301
P10:268/290
P11:165/185
P12:277/307
P13:201/230
P14:154/173
P15:221/237
P16:212/222
P17:393/393
P18:284/284
P19:222/222
P20:185/185
P21:154/154
P22:175/184
P23:262/267
P24:222/238
P25:173/173
P26:233/254
P27:328/328
P28:176/176
P29:271/284
P30:134/144
P31:265/282
P32:226/228
P33:207/244
P34:170/170
P35:175/189
P36:215/215
P37:185/206
P38:261/261
P39:304/321
P40:316/320

奥玉3765 （审定编号：皖玉2013004）

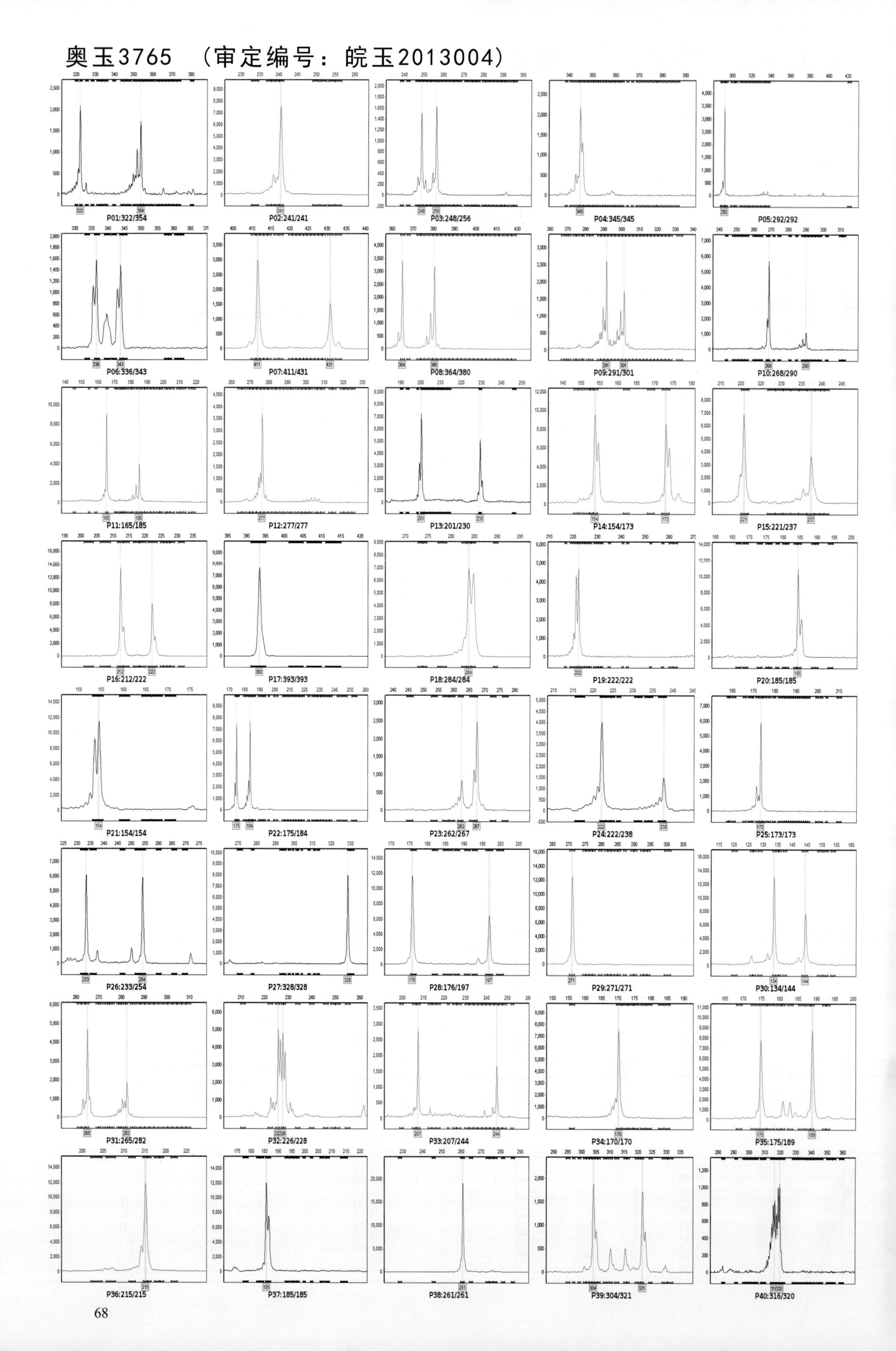
P01:322/354
P02:241/241
P03:248/256
P04:345/345
P05:292/292
P06:336/343
P07:411/431
P08:364/380
P09:291/301
P10:268/290
P11:165/185
P12:277/277
P13:201/230
P14:154/173
P15:221/237
P16:212/222
P17:393/393
P18:284/284
P19:222/222
P20:185/185
P21:154/154
P22:175/184
P23:262/267
P24:222/238
P25:173/173
P26:233/254
P27:328/328
P28:176/197
P29:271/271
P30:134/144
P31:265/282
P32:226/228
P33:207/244
P34:170/170
P35:175/189
P36:215/215
P37:185/185
P38:261/261
P39:304/321
P40:316/320

中科982 （审定编号：皖玉2013005）

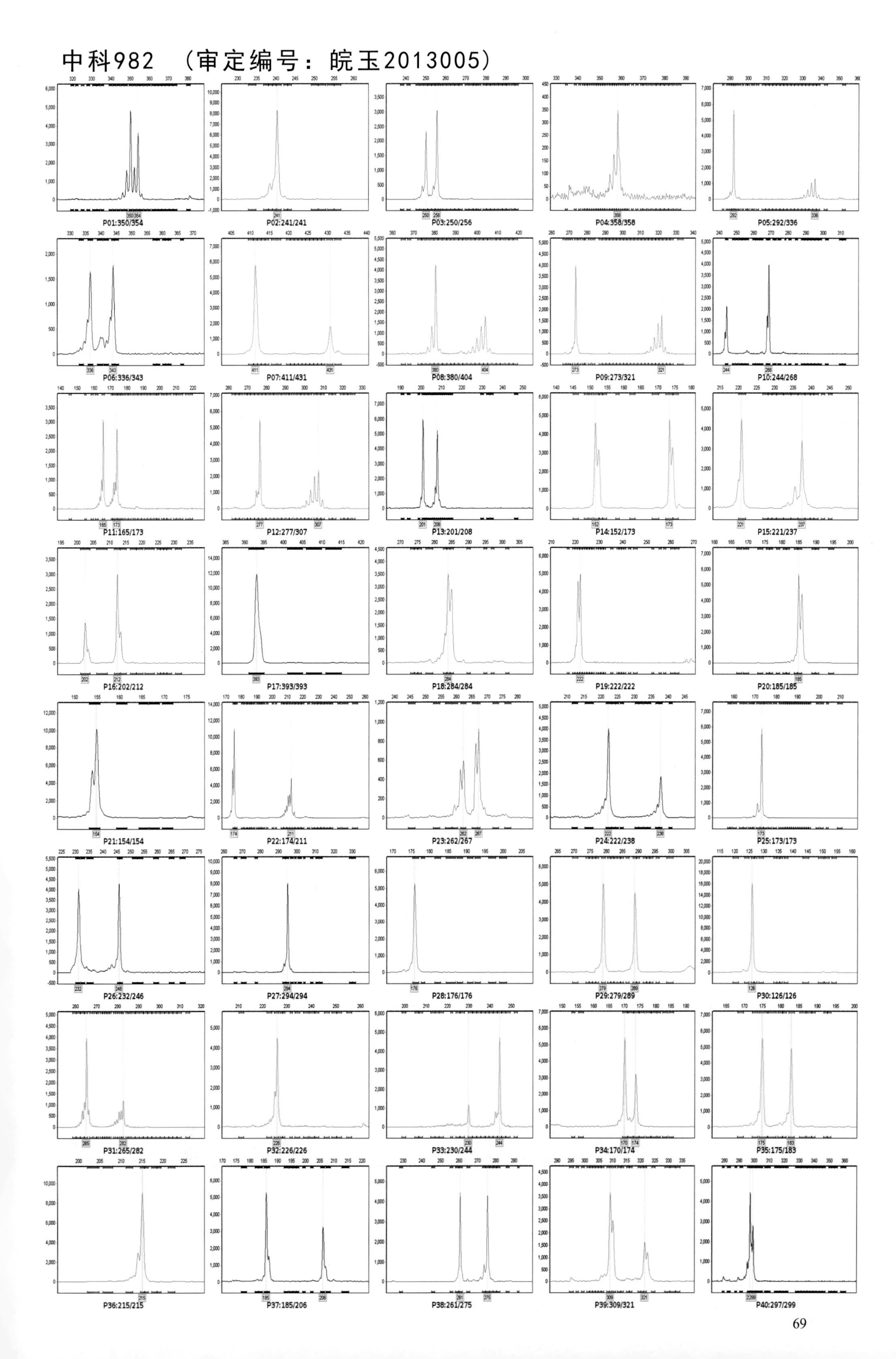
P01:350/354
P02:241/241
P03:250/256
P04:358/358
P05:292/336
P06:336/343
P07:411/431
P08:380/404
P09:273/321
P10:244/268
P11:165/173
P12:277/307
P13:201/208
P14:152/173
P15:221/237
P16:202/212
P17:393/393
P18:284/284
P19:222/222
P20:185/185
P21:154/154
P22:174/211
P23:262/267
P24:222/238
P25:173/173
P26:232/246
P27:294/294
P28:176/176
P29:279/289
P30:126/126
P31:265/282
P32:226/226
P33:230/244
P34:170/174
P35:175/183
P36:215/215
P37:185/206
P38:261/275
P39:309/321
P40:297/299

德单5号 （审定编号：皖玉2013006）

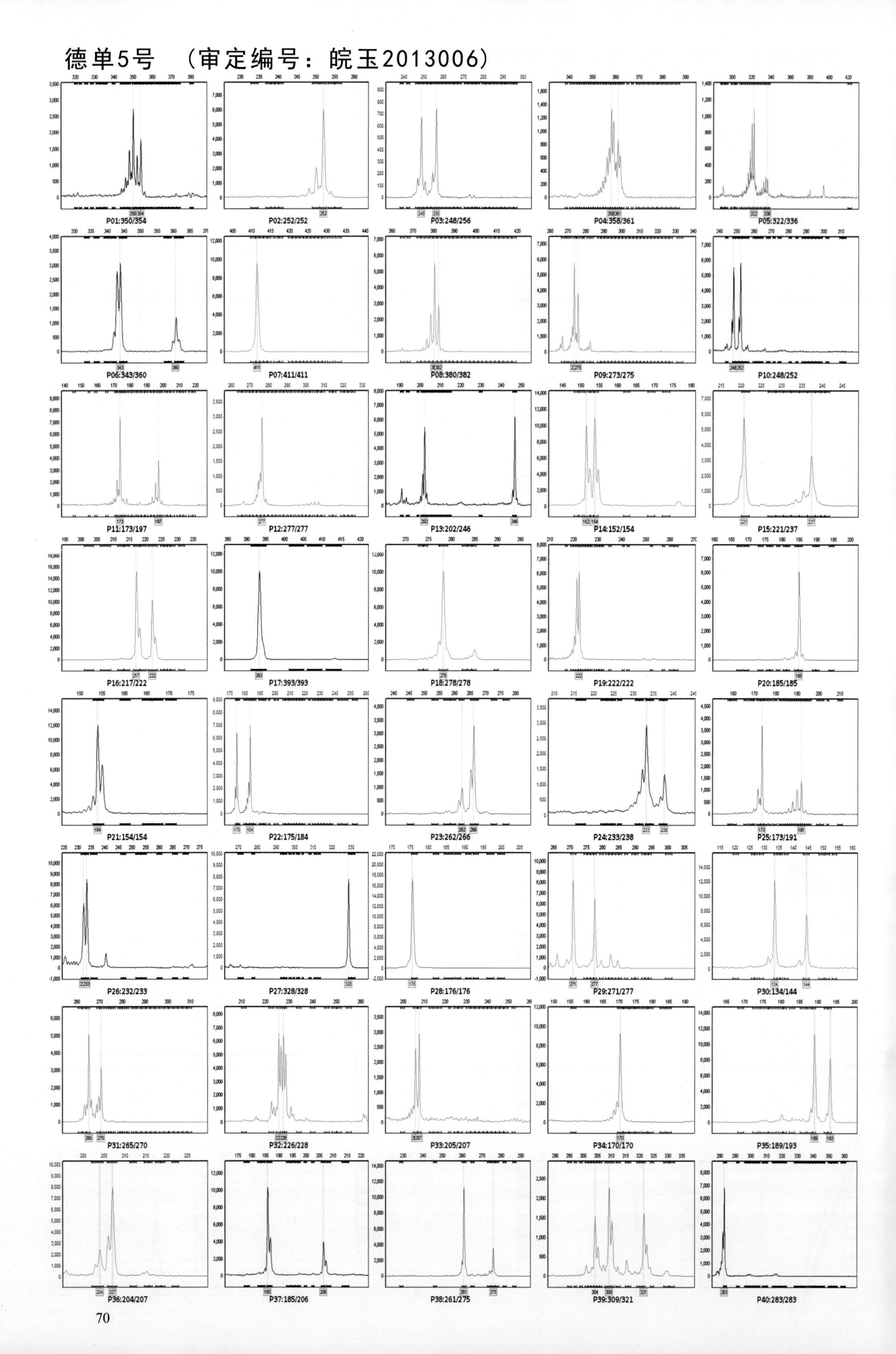
P01:350/354
P02:252/252
P03:248/256
P04:358/361
P05:322/336
P06:343/360
P07:411/411
P08:380/382
P09:273/275
P10:248/252
P11:173/197
P12:277/277
P13:202/246
P14:152/154
P15:221/237
P16:217/222
P17:393/393
P18:278/278
P19:222/222
P20:185/185
P21:154/154
P22:175/184
P23:262/266
P24:233/238
P25:173/191
P26:232/233
P27:328/328
P28:176/176
P29:271/277
P30:134/144
P31:265/270
P32:226/228
P33:205/207
P34:170/170
P35:189/193
P36:204/207
P37:185/206
P38:261/275
P39:309/321
P40:283/283

金赛34 （审定编号：皖玉2013008）

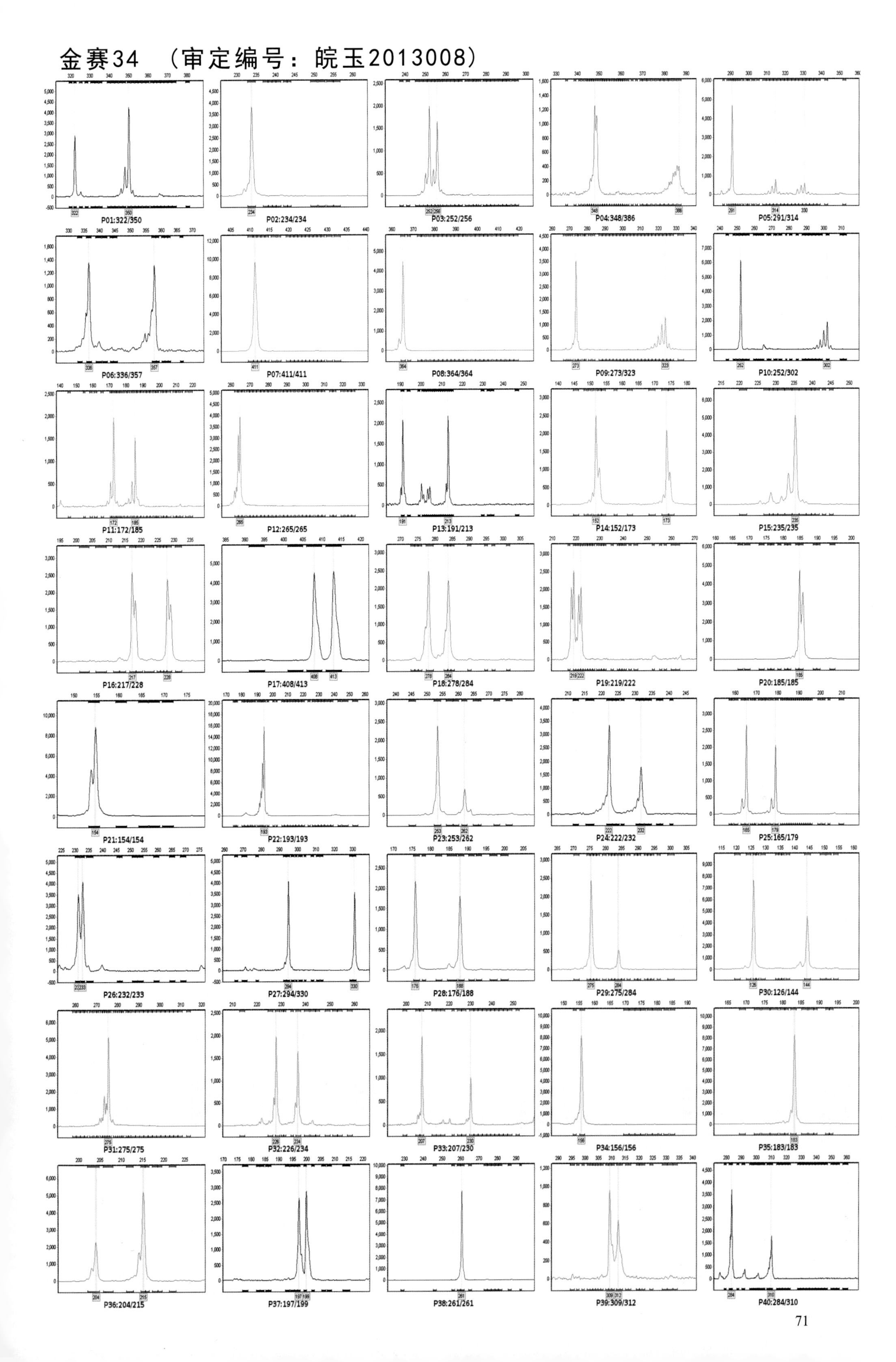

P01:322/350
P02:234/234
P03:252/256
P04:348/386
P05:291/314
P06:336/357
P07:411/411
P08:364/364
P09:273/323
P10:252/302
P11:172/185
P12:265/265
P13:191/213
P14:152/173
P15:235/235
P16:217/228
P17:408/413
P18:278/284
P19:219/222
P20:185/185
P21:154/154
P22:193/193
P23:253/262
P24:222/232
P25:165/179
P26:232/233
P27:294/330
P28:176/188
P29:275/284
P30:126/144
P31:275/275
P32:226/234
P33:207/230
P34:156/156
P35:183/183
P36:204/215
P37:197/199
P38:261/261
P39:309/312
P40:284/310

皖甜210 （审定编号：皖玉2013009）

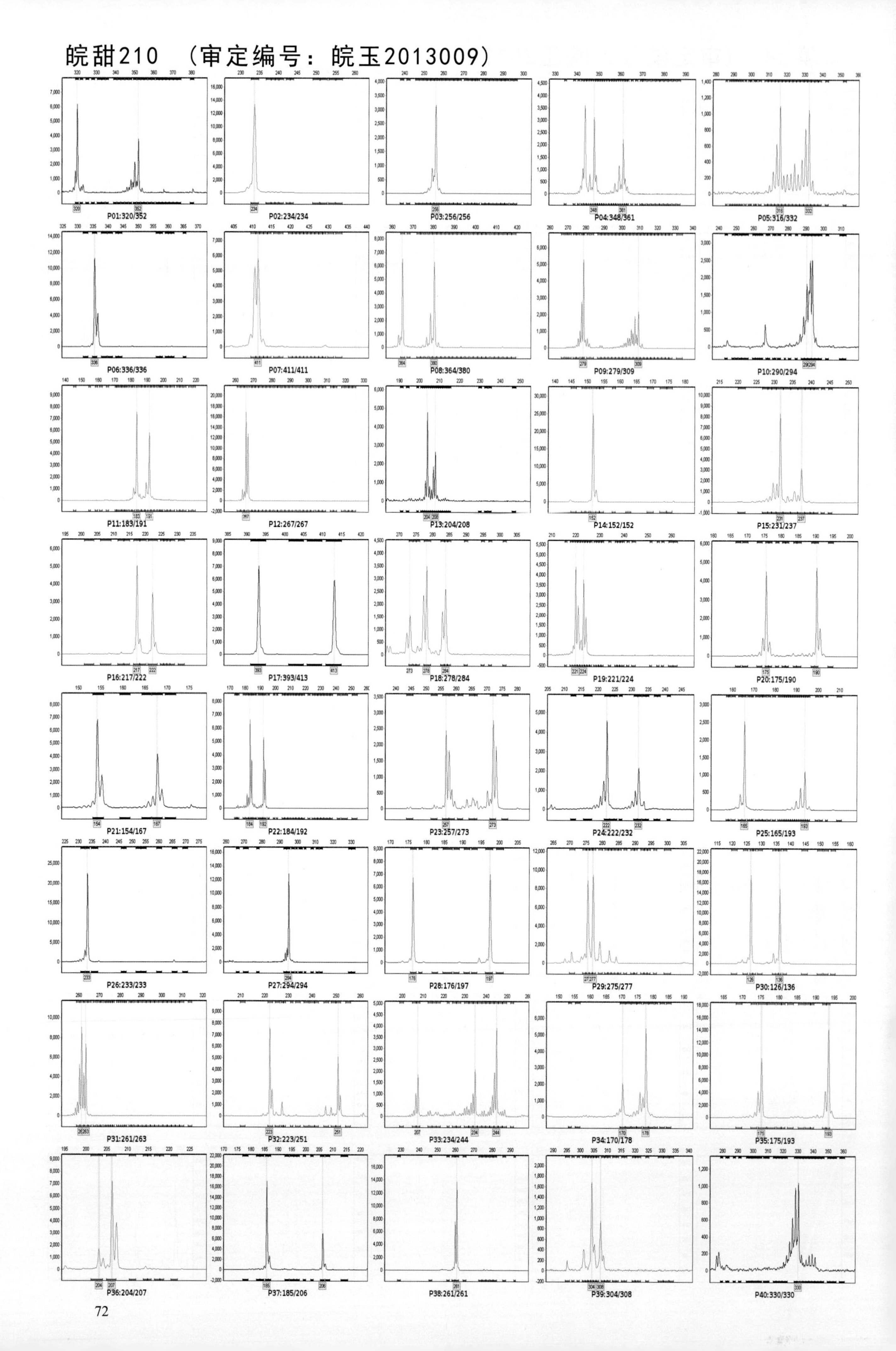
P01:320/352
P02:234/234
P03:256/256
P04:348/361
P05:316/332
P06:336/336
P07:411/411
P08:364/380
P09:279/309
P10:290/294
P11:183/191
P12:267/267
P13:204/208
P14:152/152
P15:231/237
P16:217/222
P17:393/413
P18:278/284
P19:221/224
P20:175/190
P21:154/167
P22:184/192
P23:257/273
P24:222/232
P25:165/193
P26:233/233
P27:294/294
P28:176/197
P29:275/277
P30:126/136
P31:261/263
P32:223/251
P33:234/244
P34:170/178
P35:175/193
P36:204/207
P37:185/206
P38:261/261
P39:304/308
P40:330/330

皖糯5号　（审定编号：皖玉2013010）

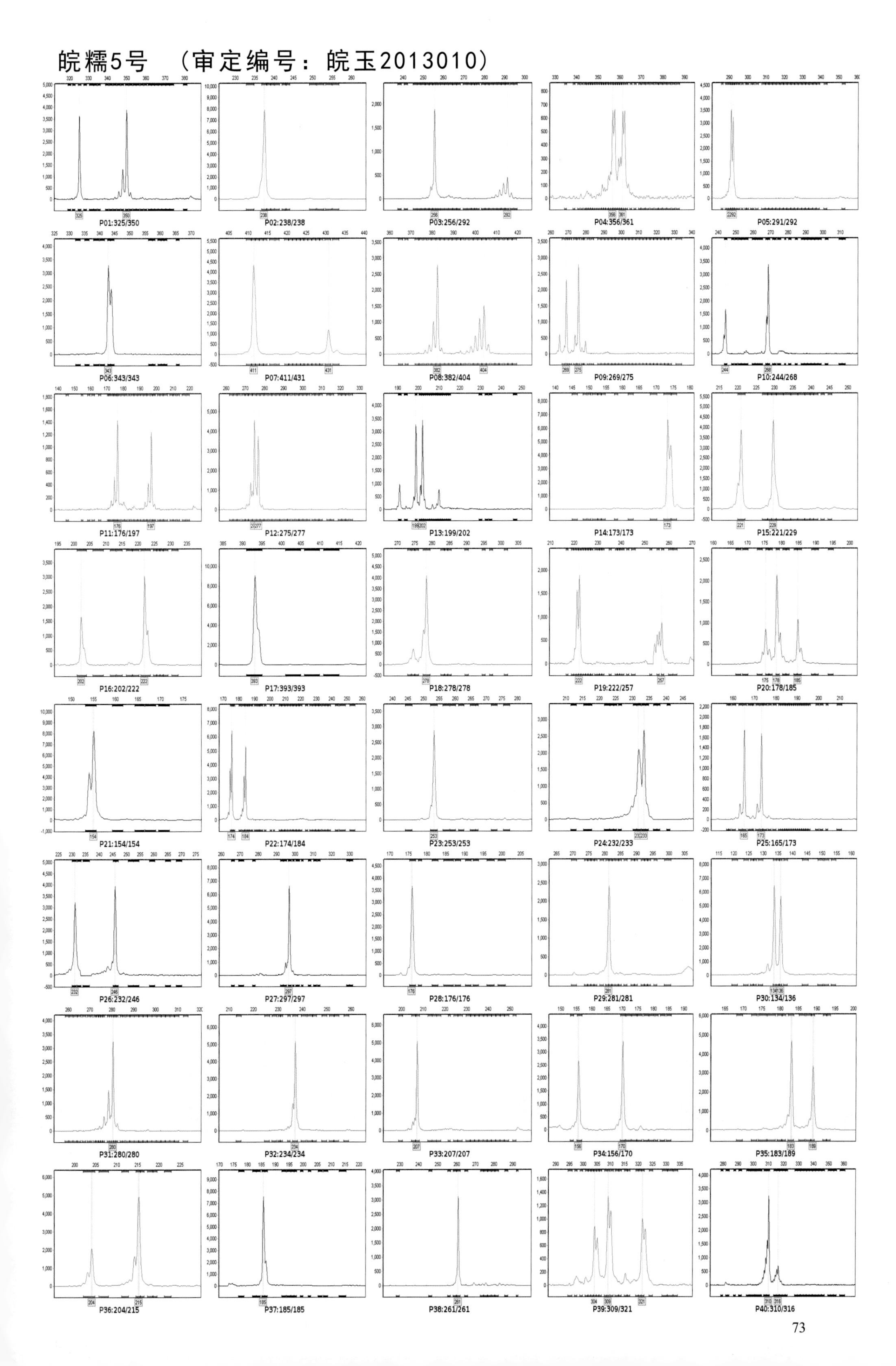

P01:325/350
P02:238/238
P03:256/292
P04:356/361
P05:291/292
P06:343/343
P07:411/431
P08:382/404
P09:269/275
P10:244/268
P11:176/197
P12:275/277
P13:199/202
P14:173/173
P15:221/229
P16:202/222
P17:393/393
P18:278/278
P19:222/257
P20:178/185
P21:154/154
P22:174/184
P23:253/253
P24:232/233
P25:165/173
P26:232/246
P27:297/297
P28:176/176
P29:281/281
P30:134/136
P31:280/280
P32:234/234
P33:207/207
P34:156/170
P35:183/189
P36:204/215
P37:185/185
P38:261/261
P39:309/321
P40:310/316

奥玉3923 （审定编号：皖玉2014001）

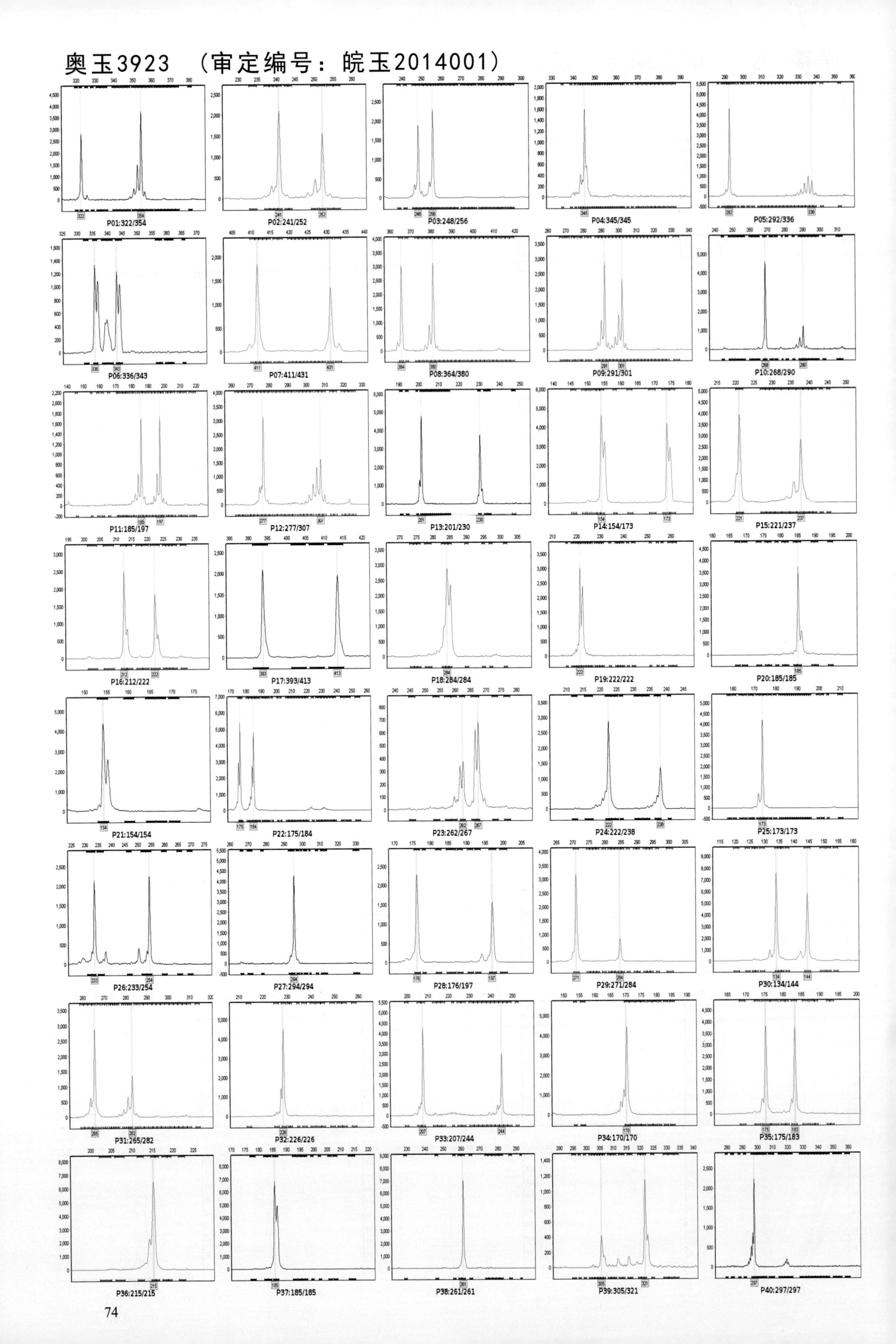

P01:322/354
P02:241/252
P03:248/256
P04:345/345
P05:292/336
P06:336/343
P07:411/431
P08:364/380
P09:291/301
P10:268/290
P11:185/197
P12:277/307
P13:201/230
P14:154/173
P15:221/237
P16:212/222
P17:393/413
P18:284/284
P19:222/222
P20:185/185
P21:154/154
P22:175/184
P23:262/267
P24:222/238
P25:173/173
P26:233/254
P27:294/294
P28:176/197
P29:271/284
P30:134/144
P31:265/282
P32:226/226
P33:207/244
P34:170/170
P35:175/183
P36:215/215
P37:185/185
P38:261/261
P39:305/321
P40:297/297

丰乐668 （审定编号：皖玉2014002）

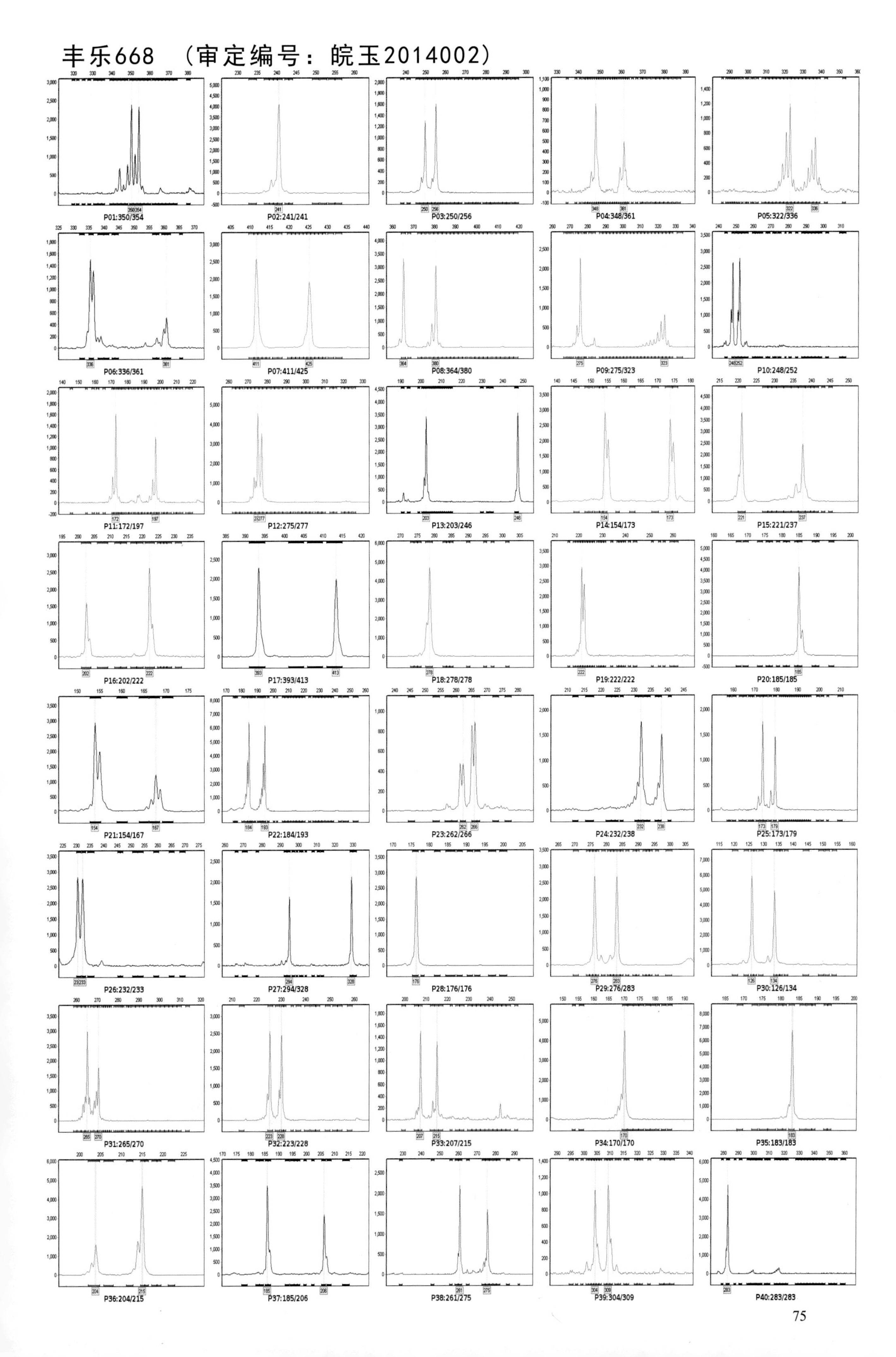

P01:350/354
P02:241/241
P03:250/256
P04:348/361
P05:322/336
P06:336/361
P07:411/425
P08:364/380
P09:275/323
P10:248/252
P11:172/197
P12:275/277
P13:203/246
P14:154/173
P15:221/237
P16:202/222
P17:393/413
P18:278/278
P19:222/222
P20:185/185
P21:154/167
P22:184/193
P23:262/266
P24:232/238
P25:173/179
P26:232/233
P27:294/328
P28:176/176
P29:276/283
P30:126/134
P31:265/270
P32:223/228
P33:207/215
P34:170/170
P35:183/183
P36:204/215
P37:185/206
P38:261/275
P39:304/309
P40:283/283

齐玉58 （审定编号：皖玉2014003）

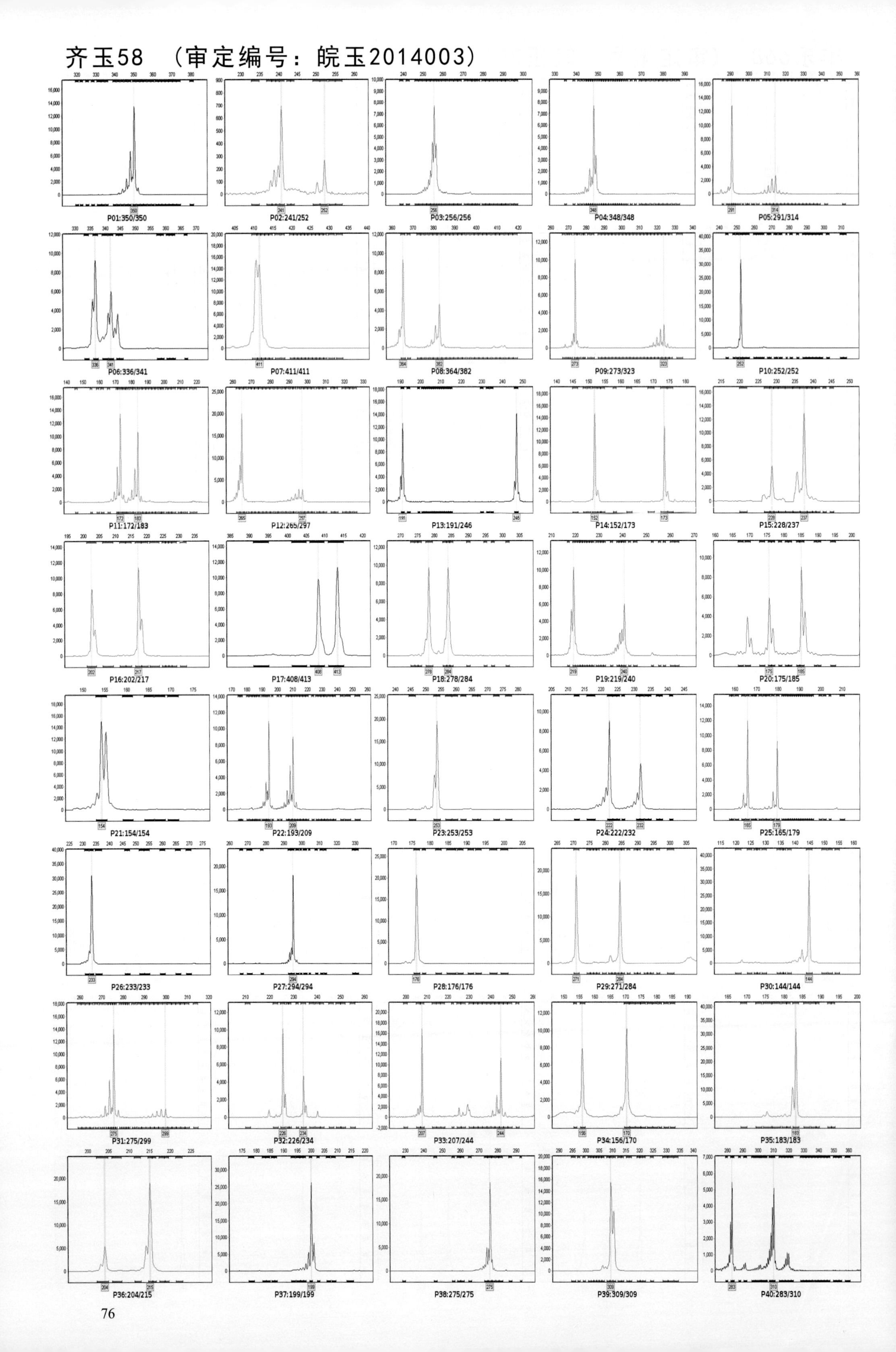
P01:350/350
P02:241/252
P03:256/256
P04:348/348
P05:291/314
P06:336/341
P07:411/411
P08:364/382
P09:273/323
P10:252/252
P11:172/183
P12:265/297
P13:191/246
P14:152/173
P15:228/237
P16:202/217
P17:408/413
P18:278/284
P19:219/240
P20:175/185
P21:154/154
P22:193/209
P23:253/253
P24:222/232
P25:165/179
P26:233/233
P27:294/294
P28:176/176
P29:271/284
P30:144/144
P31:275/299
P32:226/234
P33:207/244
P34:156/170
P35:183/183
P36:204/215
P37:199/199
P38:275/275
P39:309/309
P40:283/310

华皖267 （审定编号：皖玉2014004）

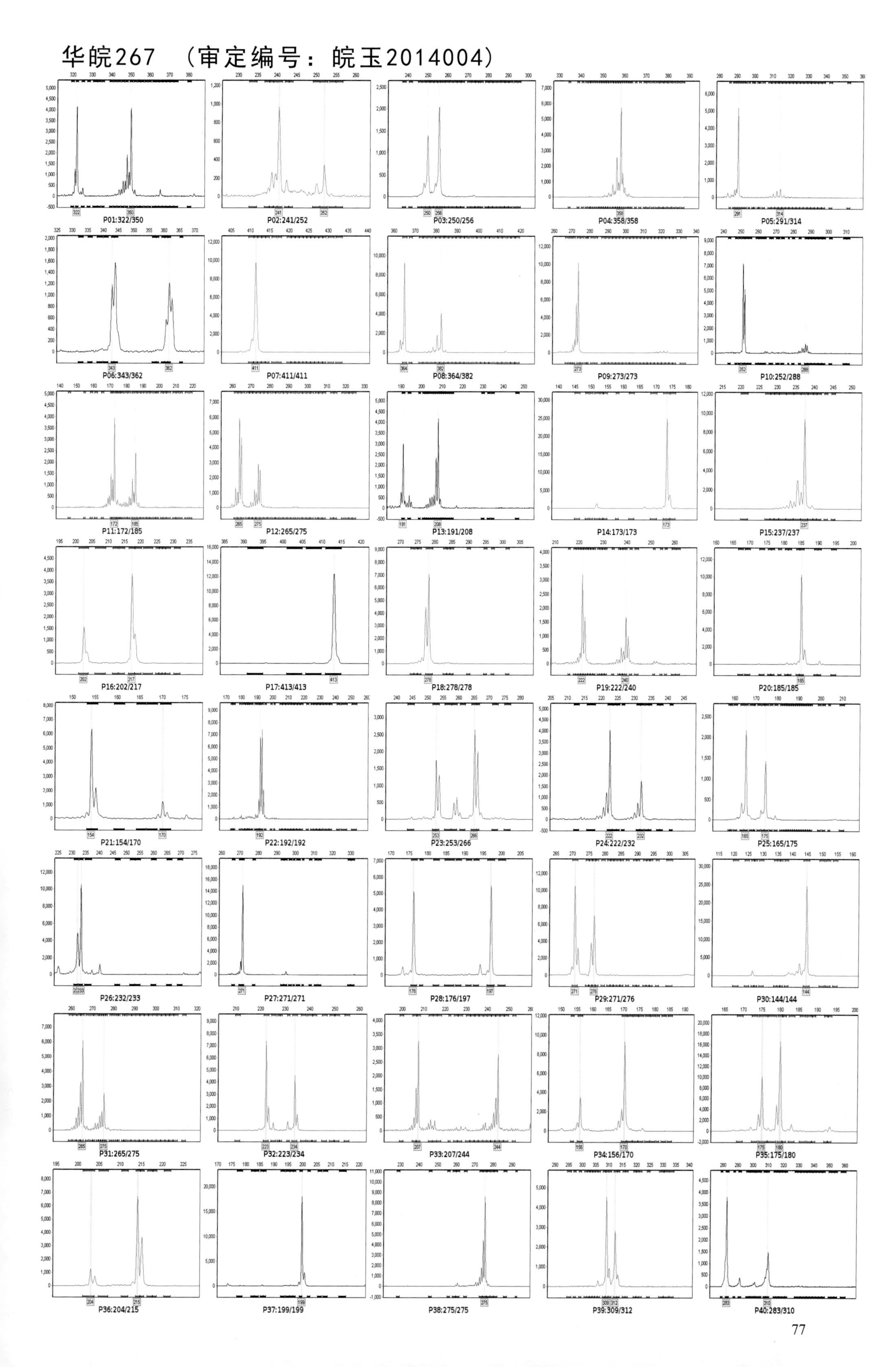
P01:322/350
P02:241/252
P03:250/256
P04:358/358
P05:291/314
P06:343/362
P07:411/411
P08:364/382
P09:273/273
P10:252/288
P11:172/185
P12:265/275
P13:191/208
P14:173/173
P15:237/237
P16:202/217
P17:413/413
P18:278/278
P19:222/240
P20:185/185
P21:154/170
P22:192/192
P23:253/266
P24:222/232
P25:165/175
P26:232/233
P27:271/271
P28:176/197
P29:271/276
P30:144/144
P31:265/275
P32:223/234
P33:207/244
P34:156/170
P35:175/180
P36:204/215
P37:199/199
P38:275/275
P39:309/312
P40:283/310

汉单777 （审定编号：皖玉2014005）

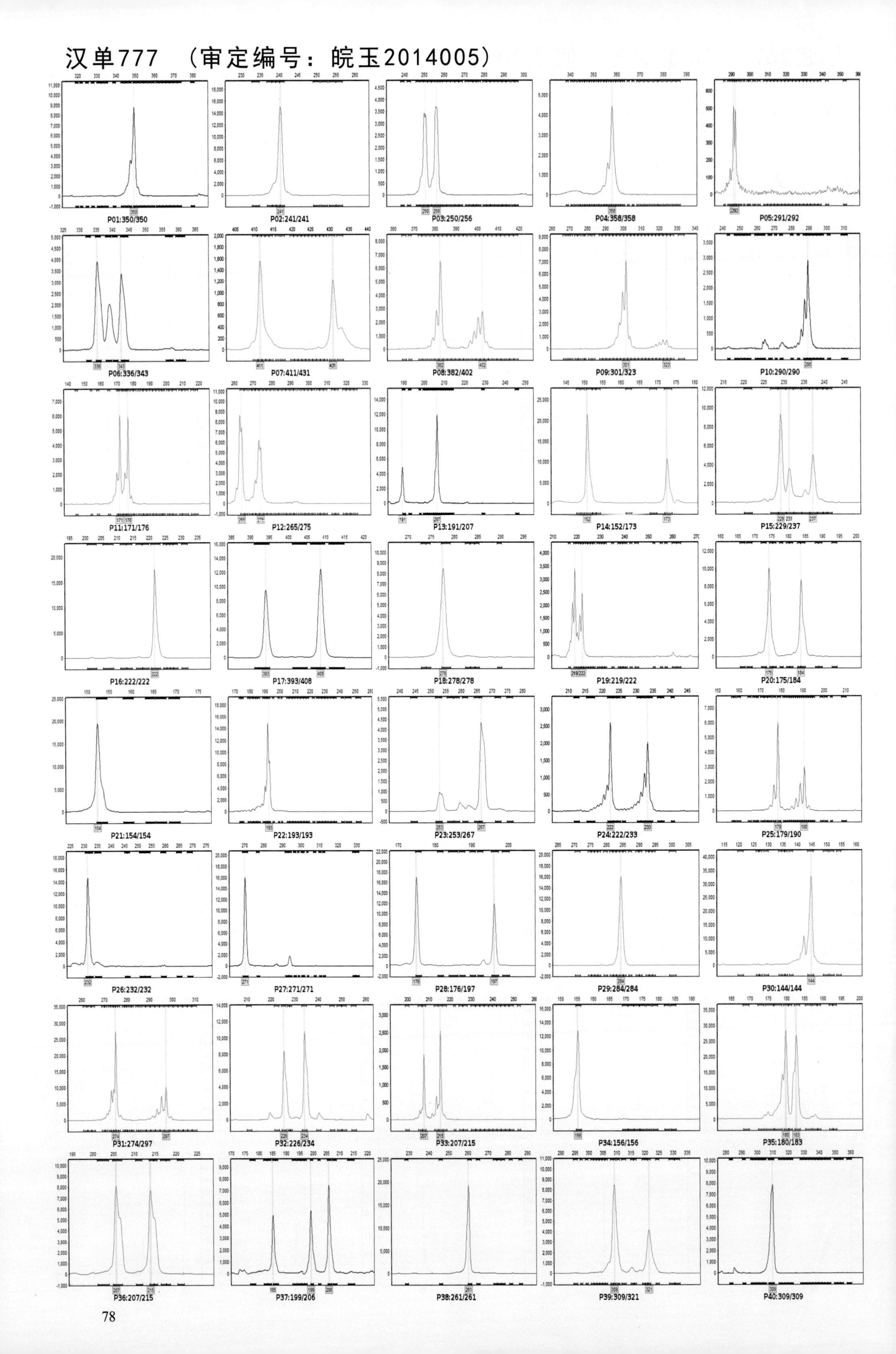
P01:350/350
P02:241/241
P03:250/256
P04:358/358
P05:291/292
P06:336/343
P07:411/431
P08:382/402
P09:301/323
P10:290/290
P11:171/176
P12:265/275
P13:191/207
P14:152/173
P15:229/237
P16:222/222
P17:393/408
P18:278/278
P19:219/222
P20:175/184
P21:154/154
P22:193/193
P23:253/267
P24:222/233
P25:179/190
P26:232/232
P27:271/271
P28:176/197
P29:284/284
P30:144/144
P31:274/297
P32:226/234
P33:207/215
P34:156/156
P35:180/183
P36:207/215
P37:199/206
P38:261/261
P39:309/321
P40:309/309

联创799 （审定编号：皖玉2014006）

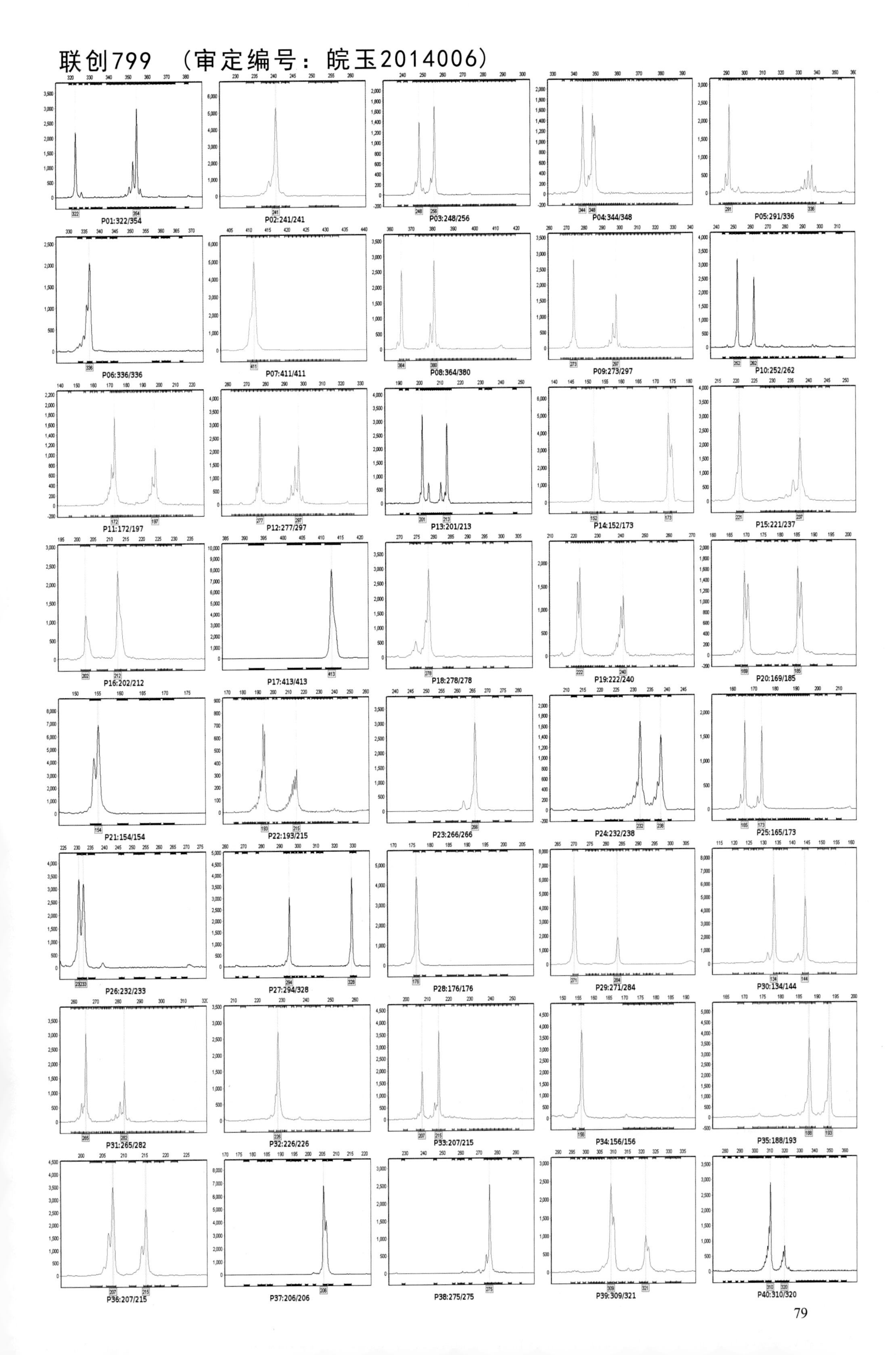

P01:322/354
P02:241/241
P03:248/256
P04:344/348
P05:291/336
P06:336/336
P07:411/411
P08:364/380
P09:273/297
P10:252/262
P11:172/197
P12:277/297
P13:201/213
P14:152/173
P15:221/237
P16:202/212
P17:413/413
P18:278/278
P19:222/240
P20:169/185
P21:154/154
P22:193/215
P23:266/266
P24:232/238
P25:165/173
P26:232/233
P27:294/328
P28:176/176
P29:271/284
P30:134/144
P31:265/282
P32:226/226
P33:207/215
P34:156/156
P35:188/193
P36:207/215
P37:206/206
P38:275/275
P39:309/321
P40:310/320

源育66 （审定编号：皖玉2014007）

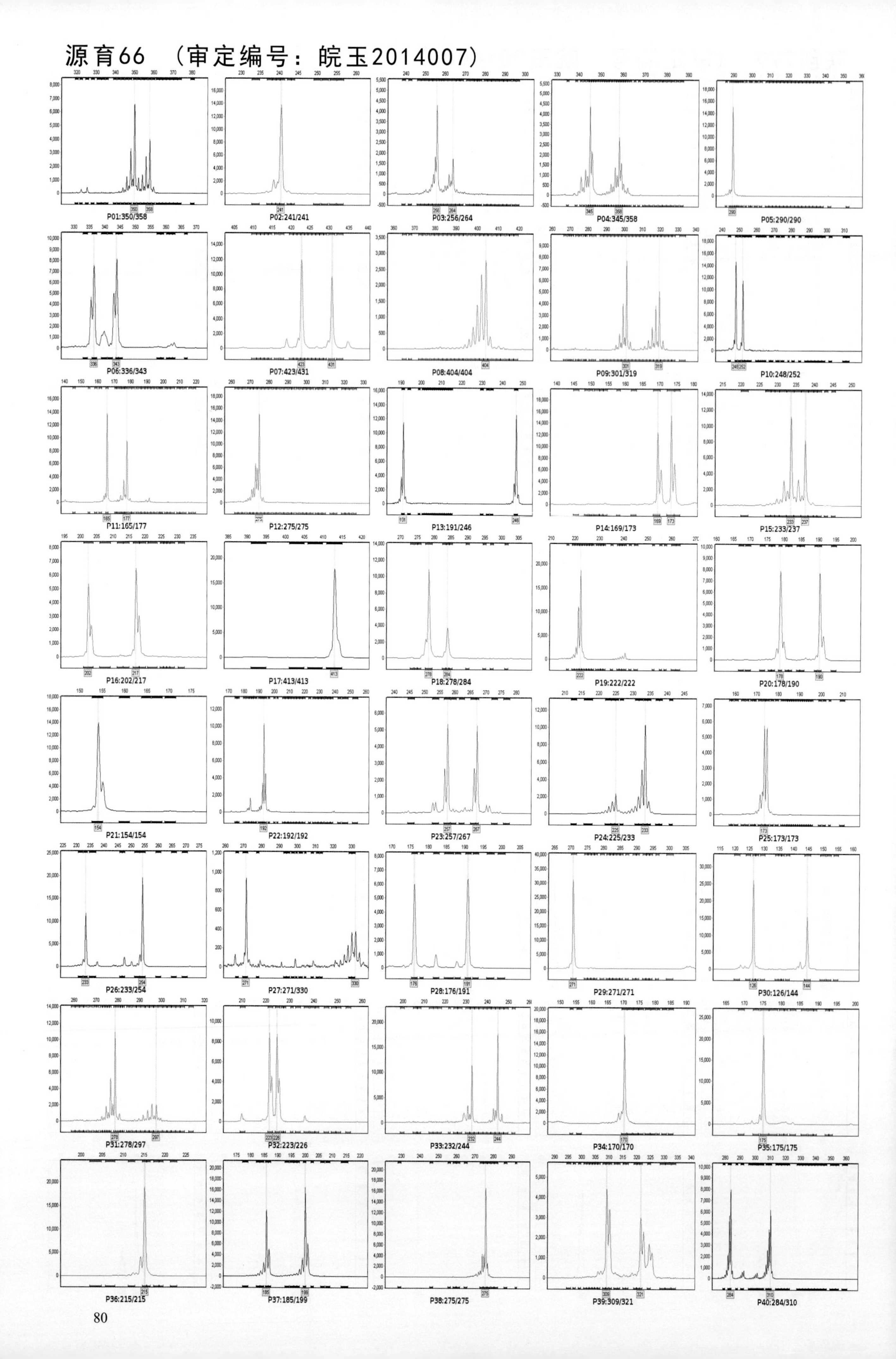

P01:350/358
P02:241/241
P03:256/264
P04:345/358
P05:290/290
P06:336/343
P07:423/431
P08:404/404
P09:301/319
P10:248/252
P11:165/177
P12:275/275
P13:191/246
P14:169/173
P15:233/237
P16:202/217
P17:413/413
P18:278/284
P19:222/222
P20:178/190
P21:154/154
P22:192/192
P23:257/267
P24:225/233
P25:173/173
P26:233/254
P27:271/330
P28:176/191
P29:271/271
P30:126/144
P31:278/297
P32:223/226
P33:232/244
P34:170/170
P35:175/175
P36:215/215
P37:185/199
P38:275/275
P39:309/321
P40:284/310

先玉048 （审定编号：皖玉2014008）

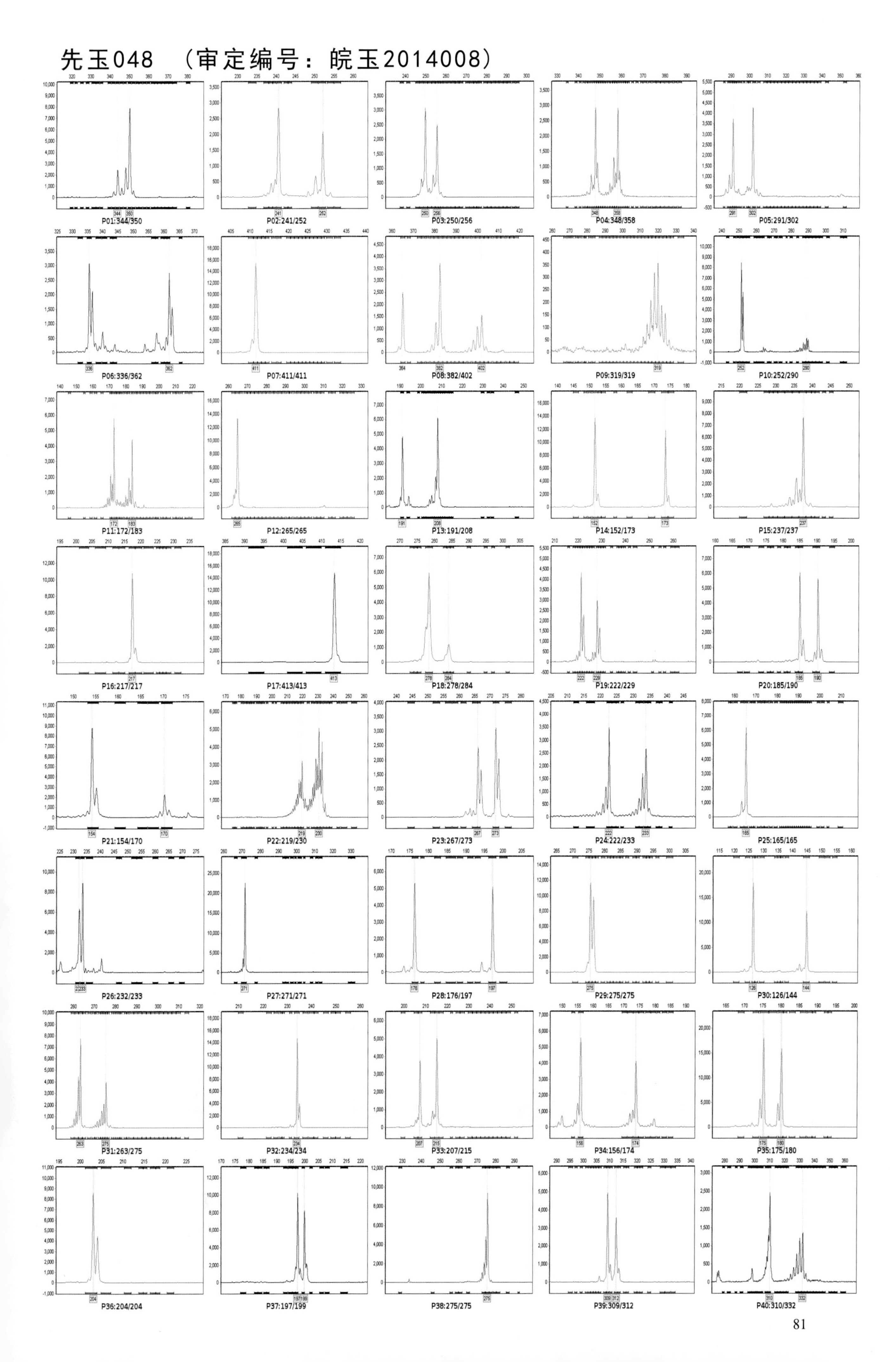

P01:344/350
P02:241/252
P03:250/256
P04:348/358
P05:291/302
P06:336/362
P07:411/411
P08:382/402
P09:319/319
P10:252/290
P11:172/183
P12:265/265
P13:191/208
P14:152/173
P15:237/237
P16:217/217
P17:413/413
P18:278/284
P19:222/229
P20:185/190
P21:154/170
P22:219/230
P23:267/273
P24:222/233
P25:165/165
P26:232/233
P27:271/271
P28:176/197
P29:275/275
P30:126/144
P31:263/275
P32:234/234
P33:207/215
P34:156/174
P35:175/180
P36:204/204
P37:197/199
P38:275/275
P39:309/312
P40:310/332

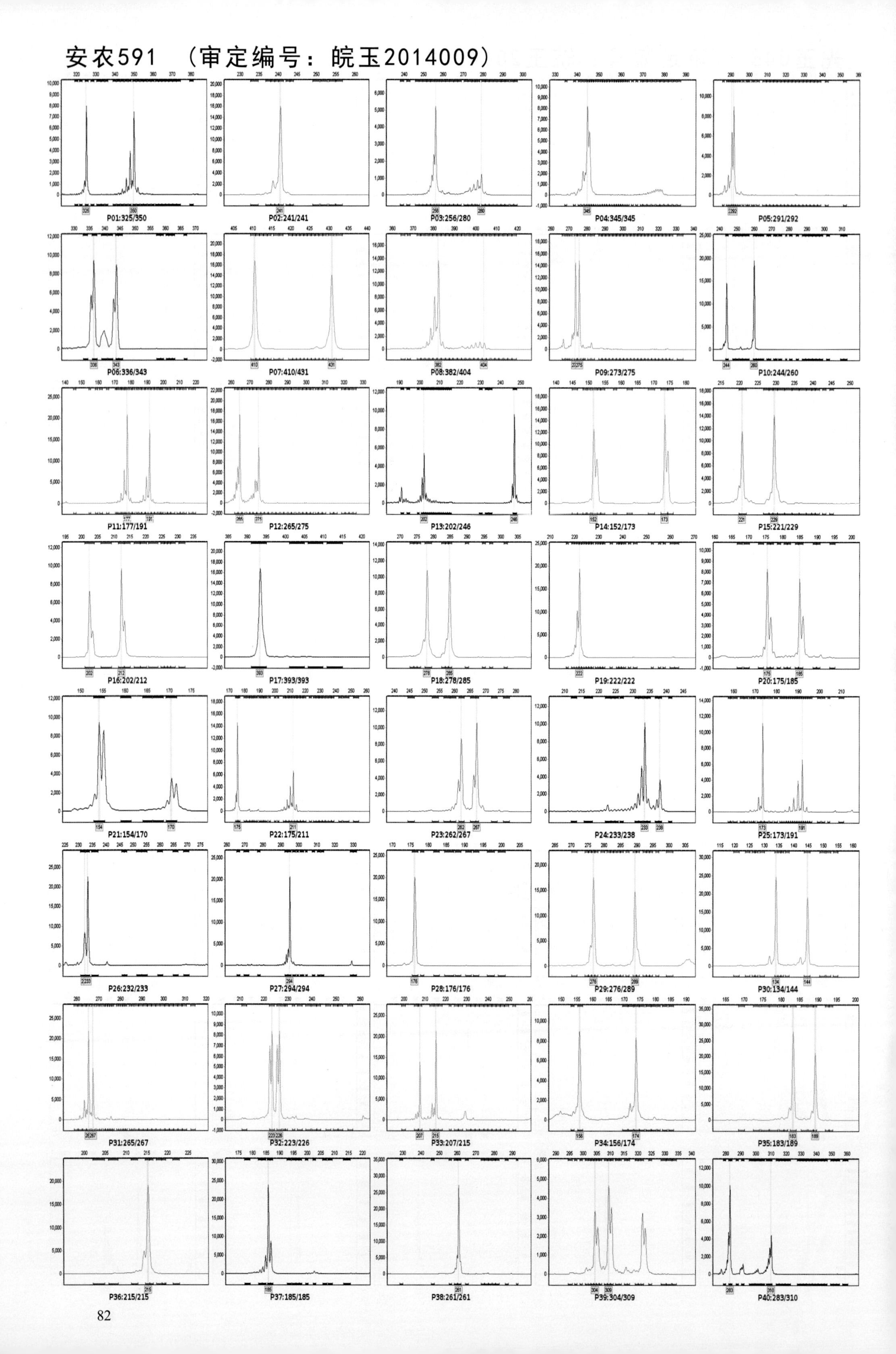
安农591 （审定编号：皖玉2014009）
P01:325/350
P02:241/241
P03:256/280
P04:345/345
P05:291/292
P06:336/343
P07:410/431
P08:382/404
P09:273/275
P10:244/260
P11:177/191
P12:265/275
P13:202/246
P14:152/173
P15:221/229
P16:202/212
P17:393/393
P18:278/285
P19:222/222
P20:175/185
P21:154/170
P22:175/211
P23:262/267
P24:233/238
P25:173/191
P26:232/233
P27:294/294
P28:176/176
P29:276/289
P30:134/144
P31:265/267
P32:223/226
P33:207/215
P34:156/174
P35:183/189
P36:215/215
P37:185/185
P38:261/261
P39:304/309
P40:283/310

豫龙凤108 （审定编号：皖玉2014010）

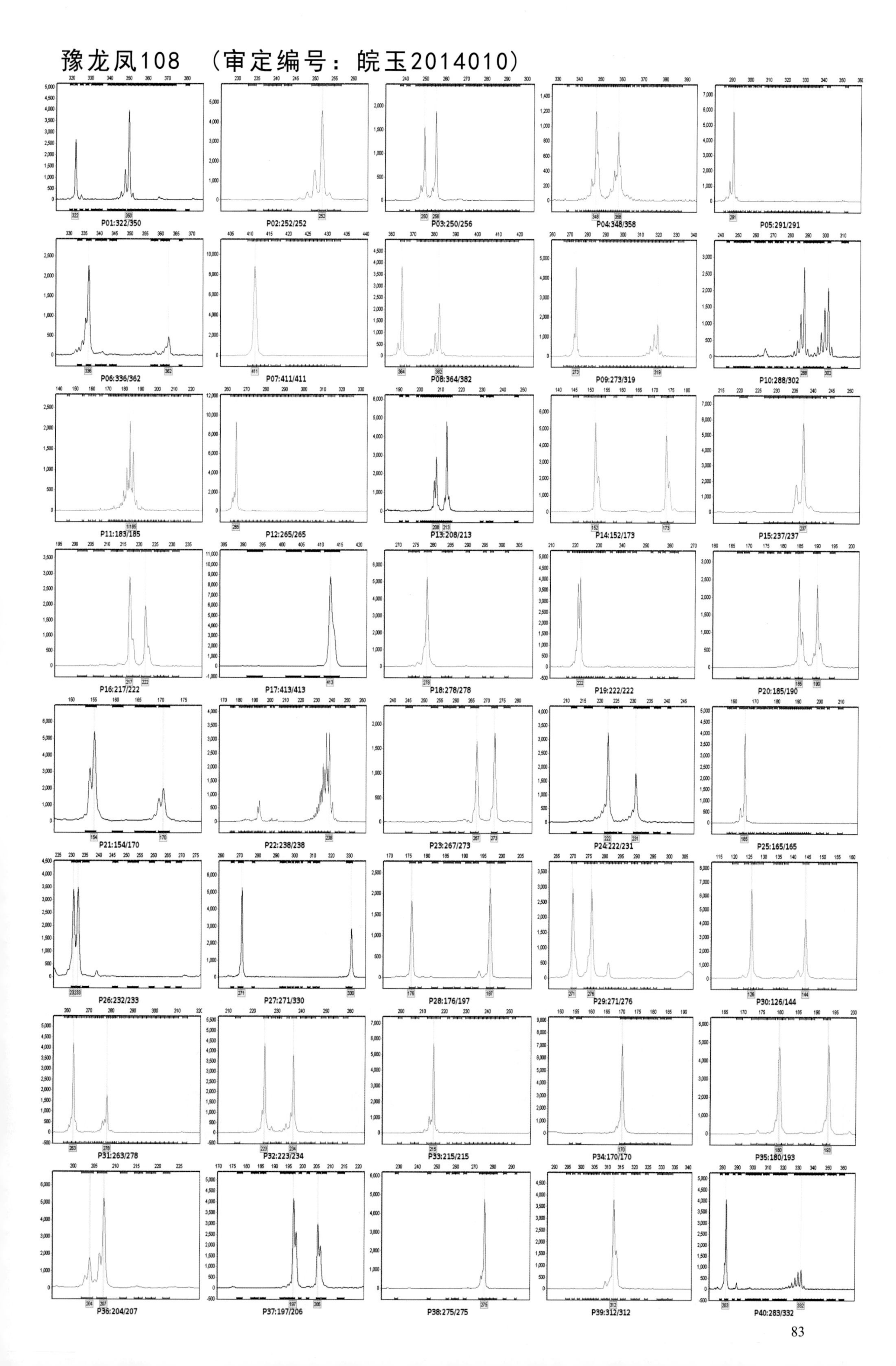

P01:322/350
P02:252/252
P03:250/256
P04:348/358
P05:291/291
P06:336/362
P07:411/411
P08:364/382
P09:273/319
P10:288/302
P11:183/185
P12:265/265
P13:208/213
P14:152/173
P15:237/237
P16:217/222
P17:413/413
P18:278/278
P19:222/222
P20:185/190
P21:154/170
P22:238/238
P23:267/273
P24:222/231
P25:165/165
P26:232/233
P27:271/330
P28:176/197
P29:271/276
P30:126/144
P31:263/278
P32:223/234
P33:215/215
P34:170/170
P35:180/193
P36:204/207
P37:197/206
P38:275/275
P39:312/312
P40:283/332

华安513 （审定编号：皖玉2014011）

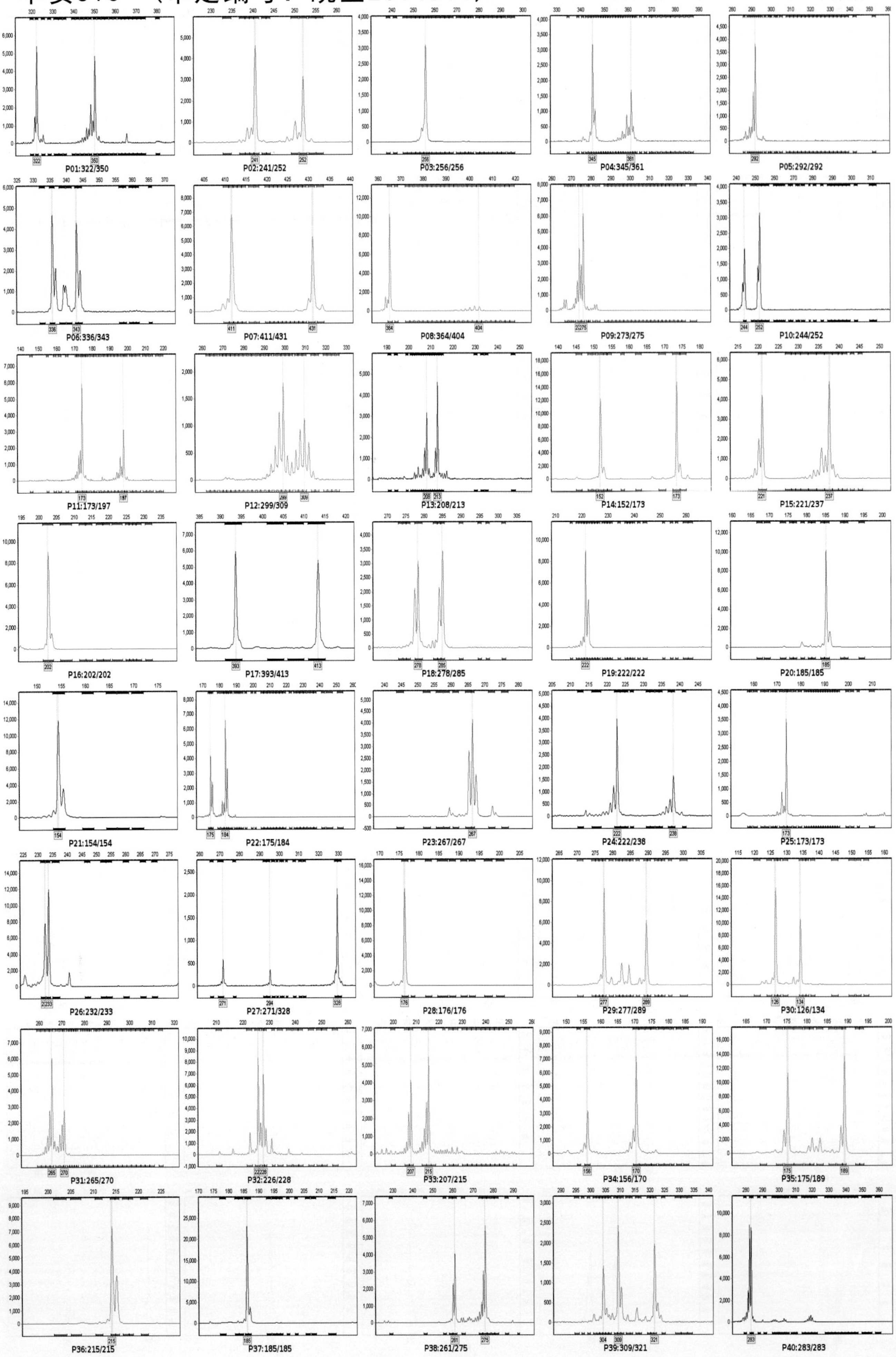

P01:322/350

P02:241/252

P03:256/256

P04:345/361

P05:292/292

P06:336/343

P07:411/431

P08:364/404

P09:273/275

P10:244/252

P11:173/197

P12:299/309

P13:208/213

P14:152/173

P15:221/237

P16:202/202

P17:393/413

P18:278/285

P19:222/222

P20:185/185

P21:154/154

P22:175/184

P23:267/267

P24:222/238

P25:173/173

P26:232/233

P27:271/328

P28:176/176

P29:277/289

P30:126/134

P31:265/270

P32:226/228

P33:207/215

P34:156/170

P35:175/189

P36:215/215

P37:185/185

P38:261/275

P39:309/321

P40:283/283

齐玉98 （审定编号：皖玉2014012）

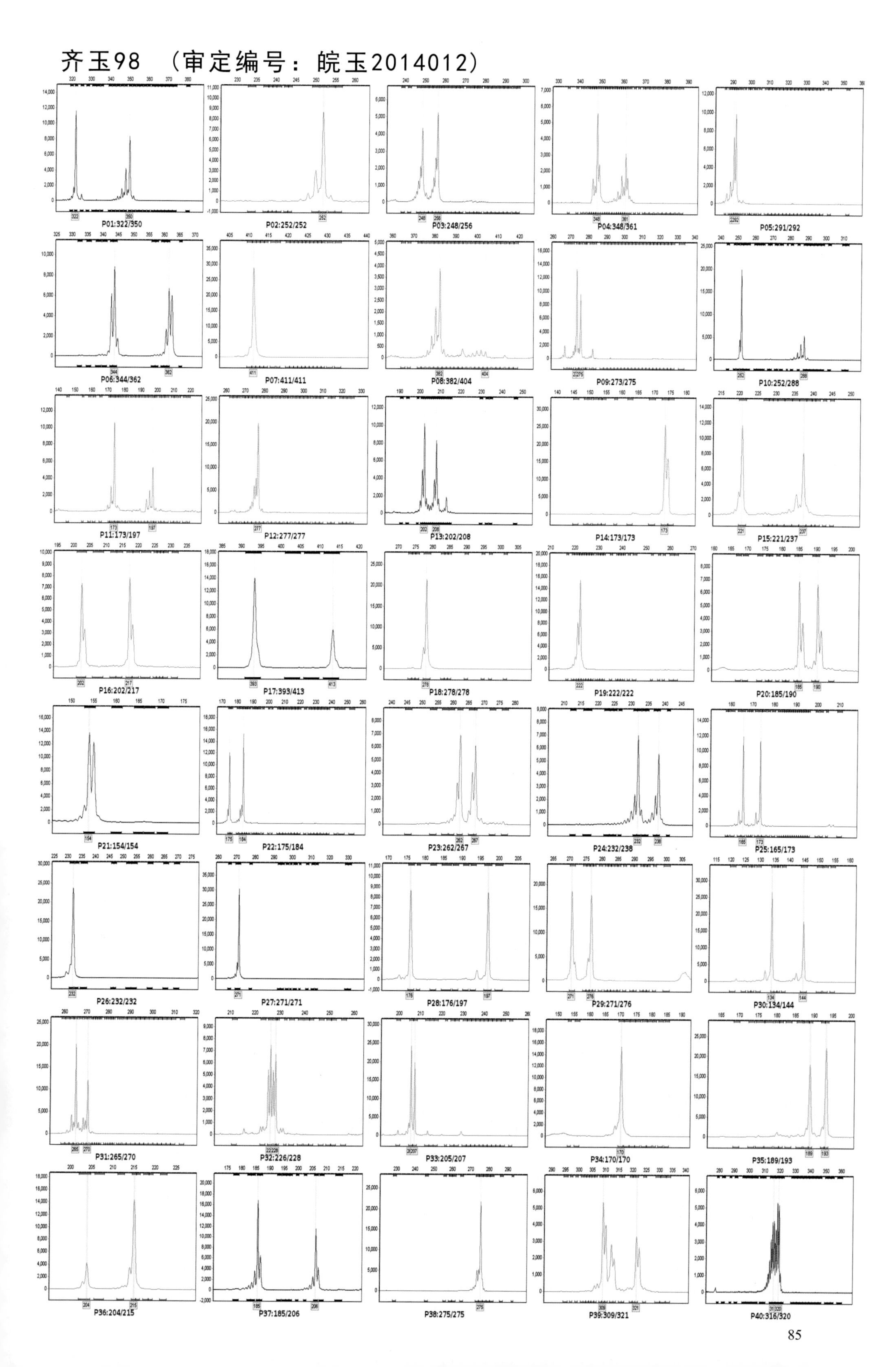
P01:322/350
P02:252/252
P03:248/256
P04:348/361
P05:291/292
P06:344/362
P07:411/411
P08:382/404
P09:273/275
P10:252/288
P11:173/197
P12:277/277
P13:202/208
P14:173/173
P15:221/237
P16:202/217
P17:393/413
P18:278/278
P19:222/222
P20:185/190
P21:154/154
P22:175/184
P23:262/267
P24:232/238
P25:165/173
P26:232/232
P27:271/271
P28:176/197
P29:271/276
P30:134/144
P31:265/270
P32:226/228
P33:205/207
P34:170/170
P35:189/193
P36:204/215
P37:185/206
P38:275/275
P39:309/321
P40:316/320

源育18 （审定编号：皖玉2014015）

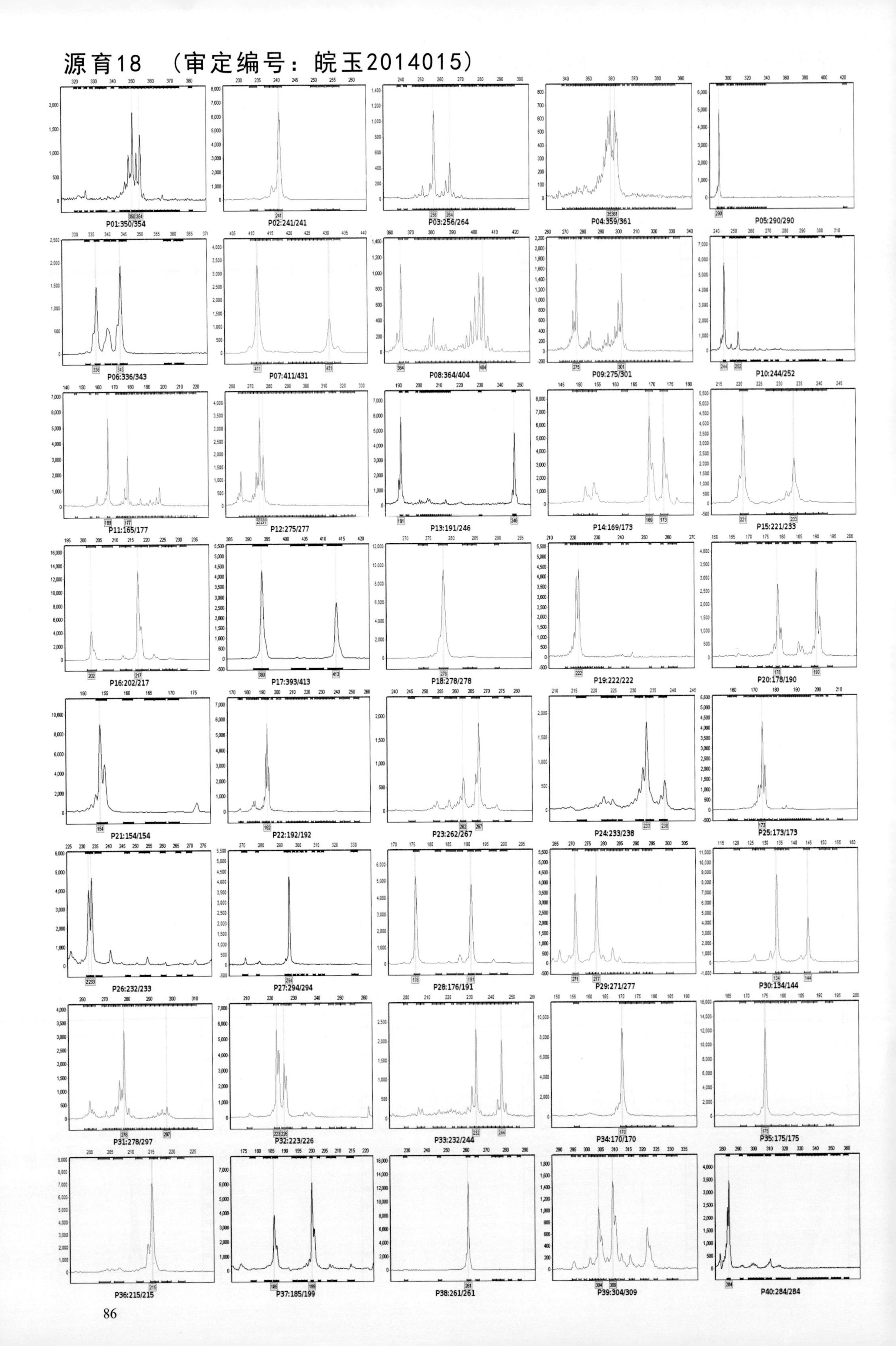
P01:350/354
P02:241/241
P03:256/264
P04:359/361
P05:290/290
P06:336/343
P07:411/431
P08:364/404
P09:275/301
P10:244/252
P11:165/177
P12:275/277
P13:191/246
P14:169/173
P15:221/233
P16:202/217
P17:393/413
P18:278/278
P19:222/222
P20:178/190
P21:154/154
P22:192/192
P23:262/267
P24:233/238
P25:173/173
P26:232/233
P27:294/294
P28:176/191
P29:271/277
P30:134/144
P31:278/297
P32:223/226
P33:232/244
P34:170/170
P35:175/175
P36:215/215
P37:185/199
P38:261/261
P39:304/309
P40:284/284

伟科631 （审定编号：皖玉2014016）

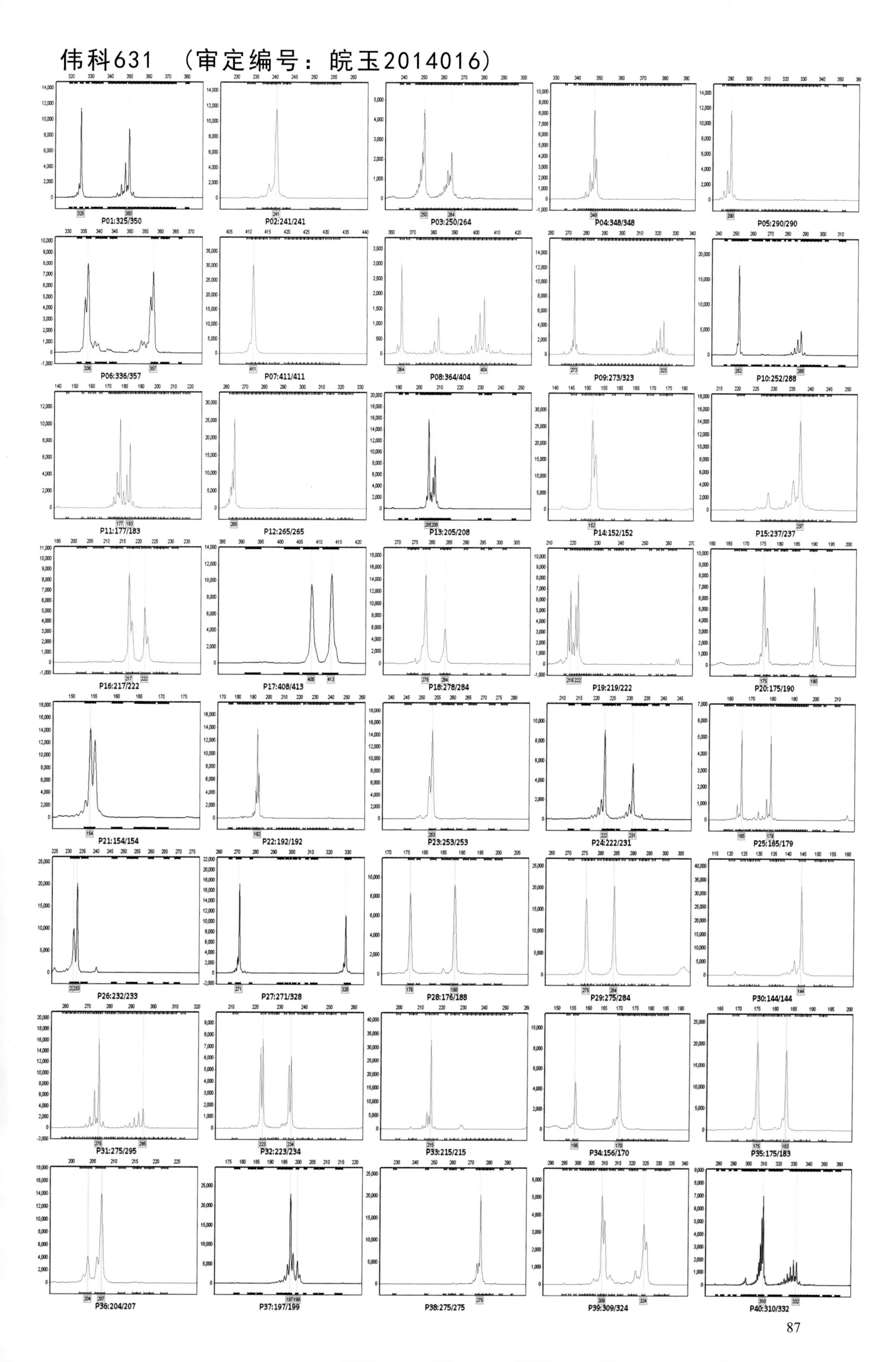

P01:325/350 P02:241/241 P03:250/264 P04:348/348 P05:290/290

P06:336/357 P07:411/411 P08:364/404 P09:273/323 P10:252/288

P11:177/183 P12:265/265 P13:205/208 P14:152/152 P15:237/237

P16:217/222 P17:408/413 P18:278/284 P19:219/222 P20:175/190

P21:154/154 P22:192/192 P23:253/253 P24:222/231 P25:165/179

P26:232/233 P27:271/328 P28:176/188 P29:275/284 P30:144/144

P31:275/295 P32:223/234 P33:215/215 P34:156/170 P35:175/183

P36:204/207 P37:197/199 P38:275/275 P39:309/324 P40:310/332

郑单1102 （审定编号：皖玉2016002）

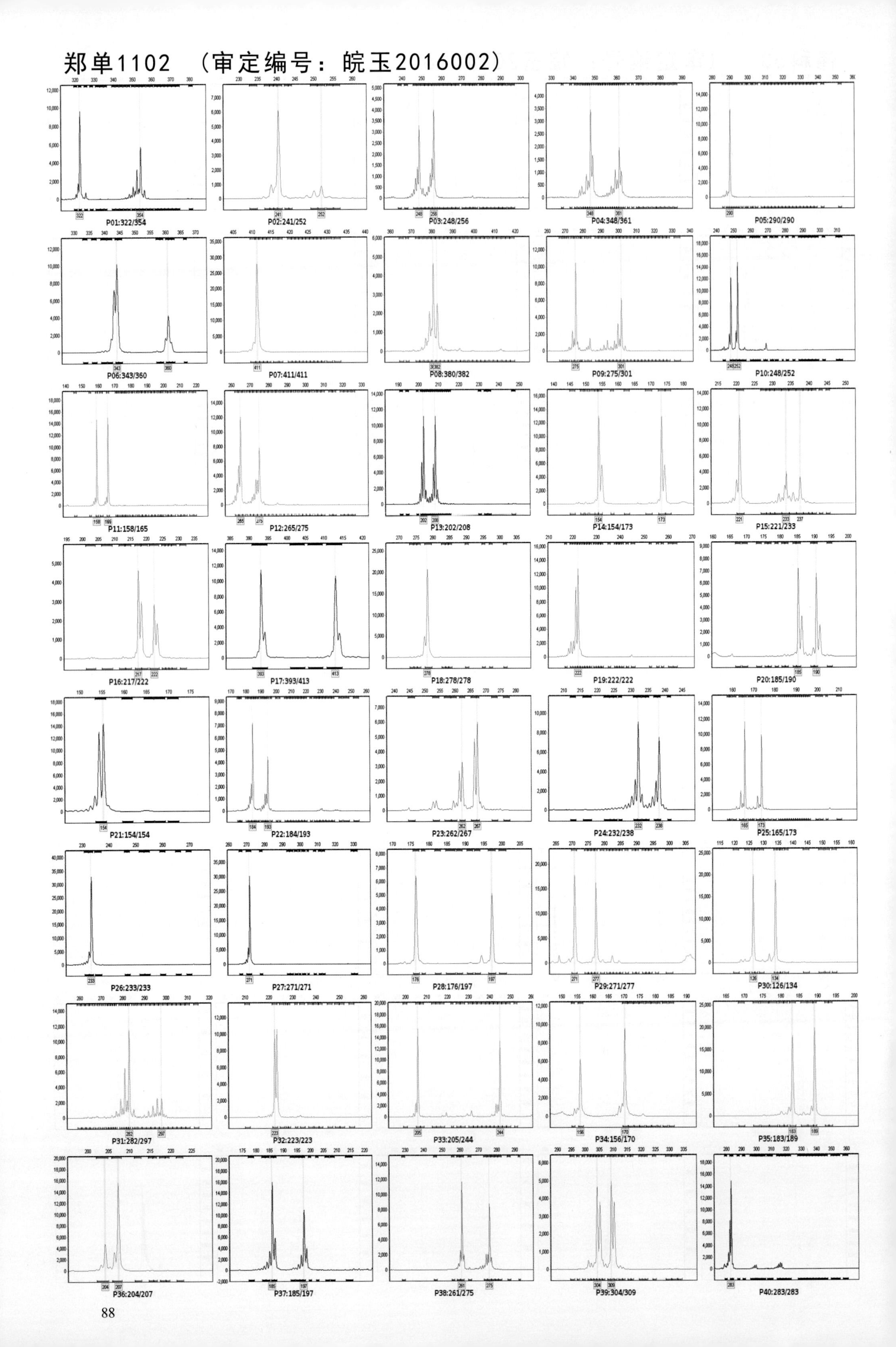

P01:322/354
P02:241/252
P03:248/256
P04:348/361
P05:290/290
P06:343/360
P07:411/411
P08:380/382
P09:275/301
P10:248/252
P11:158/165
P12:265/275
P13:202/208
P14:154/173
P15:221/233
P16:217/222
P17:393/413
P18:278/278
P19:222/222
P20:185/190
P21:154/154
P22:184/193
P23:262/267
P24:232/238
P25:165/173
P26:233/233
P27:271/271
P28:176/197
P29:271/277
P30:126/134
P31:282/297
P32:223/223
P33:205/244
P34:156/170
P35:183/189
P36:204/207
P37:185/197
P38:261/275
P39:304/309
P40:283/283

皖垦玉1号　（审定编号：皖玉2016003）

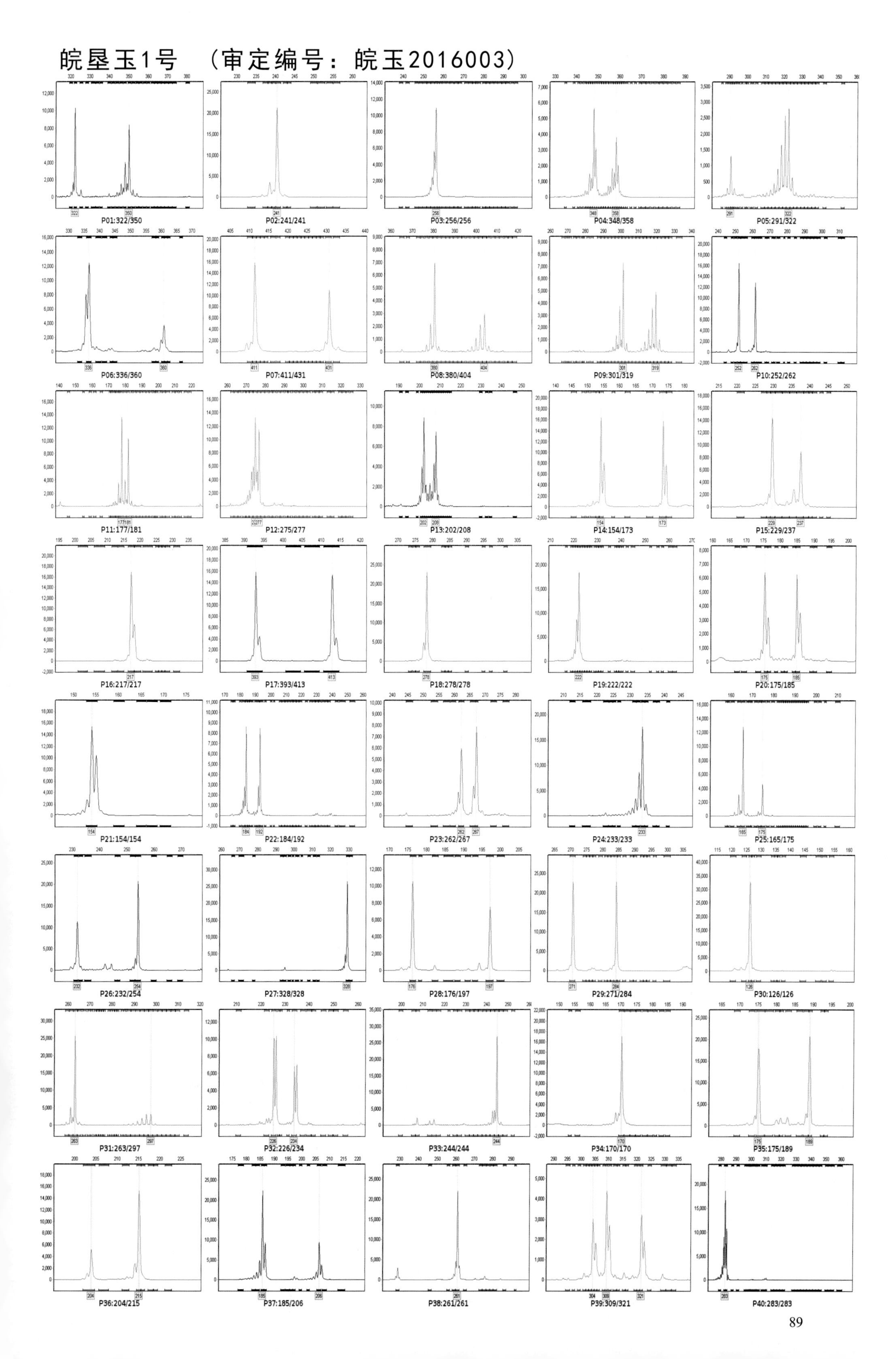
P01:322/350
P02:241/241
P03:256/256
P04:348/358
P05:291/322
P06:336/360
P07:411/431
P08:380/404
P09:301/319
P10:252/262
P11:177/181
P12:275/277
P13:202/208
P14:154/173
P15:229/237
P16:217/217
P17:393/413
P18:278/278
P19:222/222
P20:175/185
P21:154/154
P22:184/192
P23:262/267
P24:233/233
P25:165/175
P26:232/254
P27:328/328
P28:176/197
P29:271/284
P30:126/126
P31:263/297
P32:226/234
P33:244/244
P34:170/170
P35:175/189
P36:204/215
P37:185/206
P38:261/261
P39:309/321
P40:283/283

庐玉9104 （审定编号：皖玉2016004）

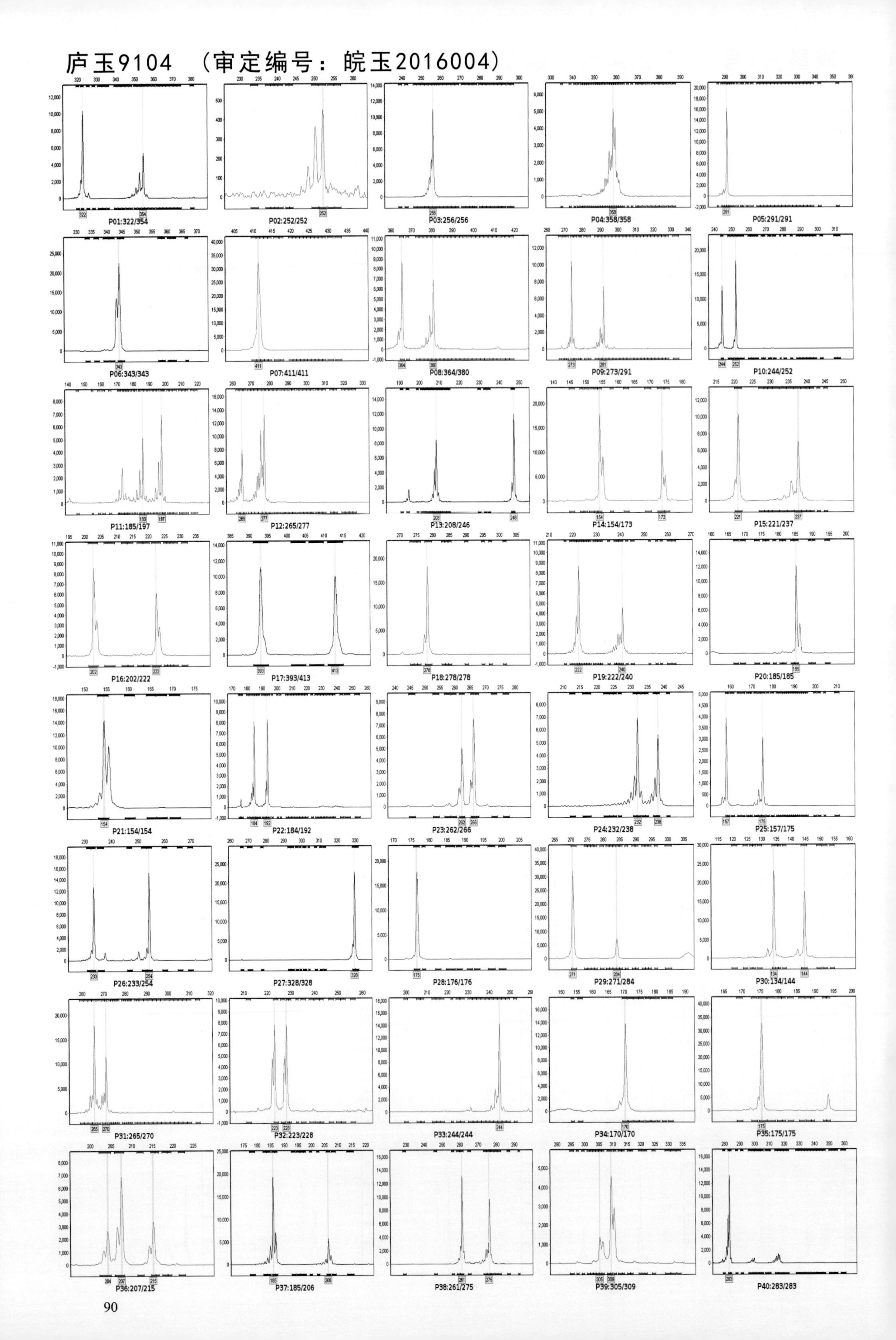

P01:322/354
P02:252/252
P03:256/256
P04:358/358
P05:291/291
P06:343/343
P07:411/411
P08:364/380
P09:273/291
P10:244/252
P11:185/197
P12:265/277
P13:208/246
P14:154/173
P15:221/237
P16:202/222
P17:393/413
P18:278/278
P19:222/240
P20:185/185
P21:154/154
P22:184/192
P23:262/266
P24:232/238
P25:157/175
P26:233/254
P27:328/328
P28:176/176
P29:271/284
P30:134/144
P31:265/270
P32:223/228
P33:244/244
P34:170/170
P35:175/175
P36:207/215
P37:185/206
P38:261/275
P39:305/309
P40:283/283

新安15号 （审定编号：皖玉2016005）

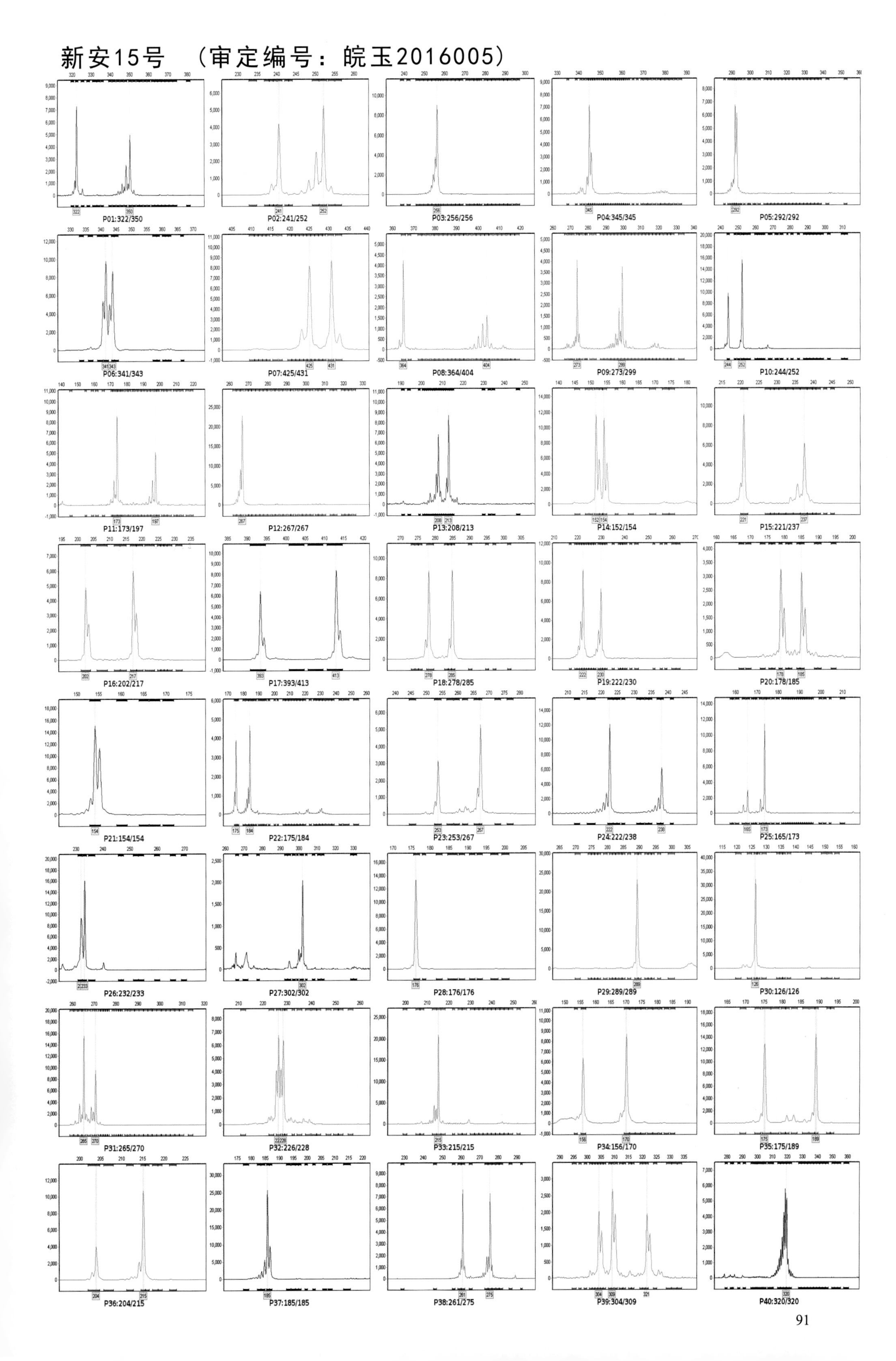

P01:322/350
P02:241/252
P03:256/256
P04:345/345
P05:292/292
P06:341/343
P07:425/431
P08:364/404
P09:273/299
P10:244/252
P11:173/197
P12:267/267
P13:208/213
P14:152/154
P15:221/237
P16:202/217
P17:393/413
P18:278/285
P19:222/230
P20:178/185
P21:154/154
P22:175/184
P23:253/267
P24:222/238
P25:165/173
P26:232/233
P27:302/302
P28:176/176
P29:289/289
P30:126/126
P31:265/270
P32:226/228
P33:215/215
P34:156/170
P35:175/189
P36:204/215
P37:185/185
P38:261/275
P39:304/309
P40:320/320

先玉1148 （审定编号：皖玉2016006）

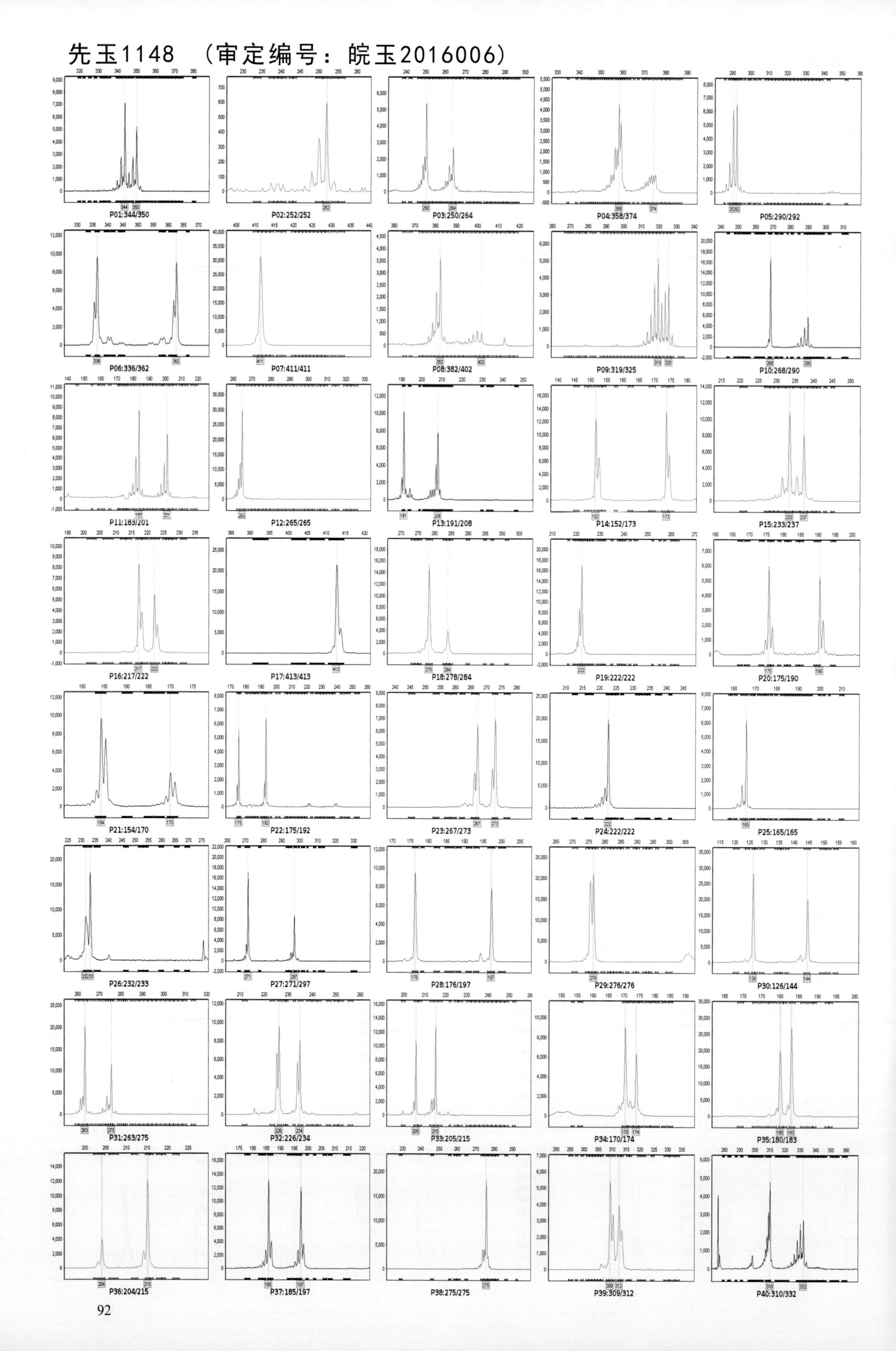
P01:344/350
P02:252/252
P03:250/264
P04:358/374
P05:290/292
P06:336/362
P07:411/411
P08:382/402
P09:319/325
P10:268/290
P11:183/201
P12:265/265
P13:191/208
P14:152/173
P15:233/237
P16:217/222
P17:413/413
P18:278/284
P19:222/222
P20:175/190
P21:154/170
P22:175/192
P23:267/273
P24:222/222
P25:165/165
P26:232/233
P27:271/297
P28:176/197
P29:276/276
P30:126/144
P31:263/275
P32:226/234
P33:205/215
P34:170/174
P35:180/183
P36:204/215
P37:185/197
P38:275/275
P39:309/312
P40:310/332

金赛38 （审定编号：皖玉2016007）

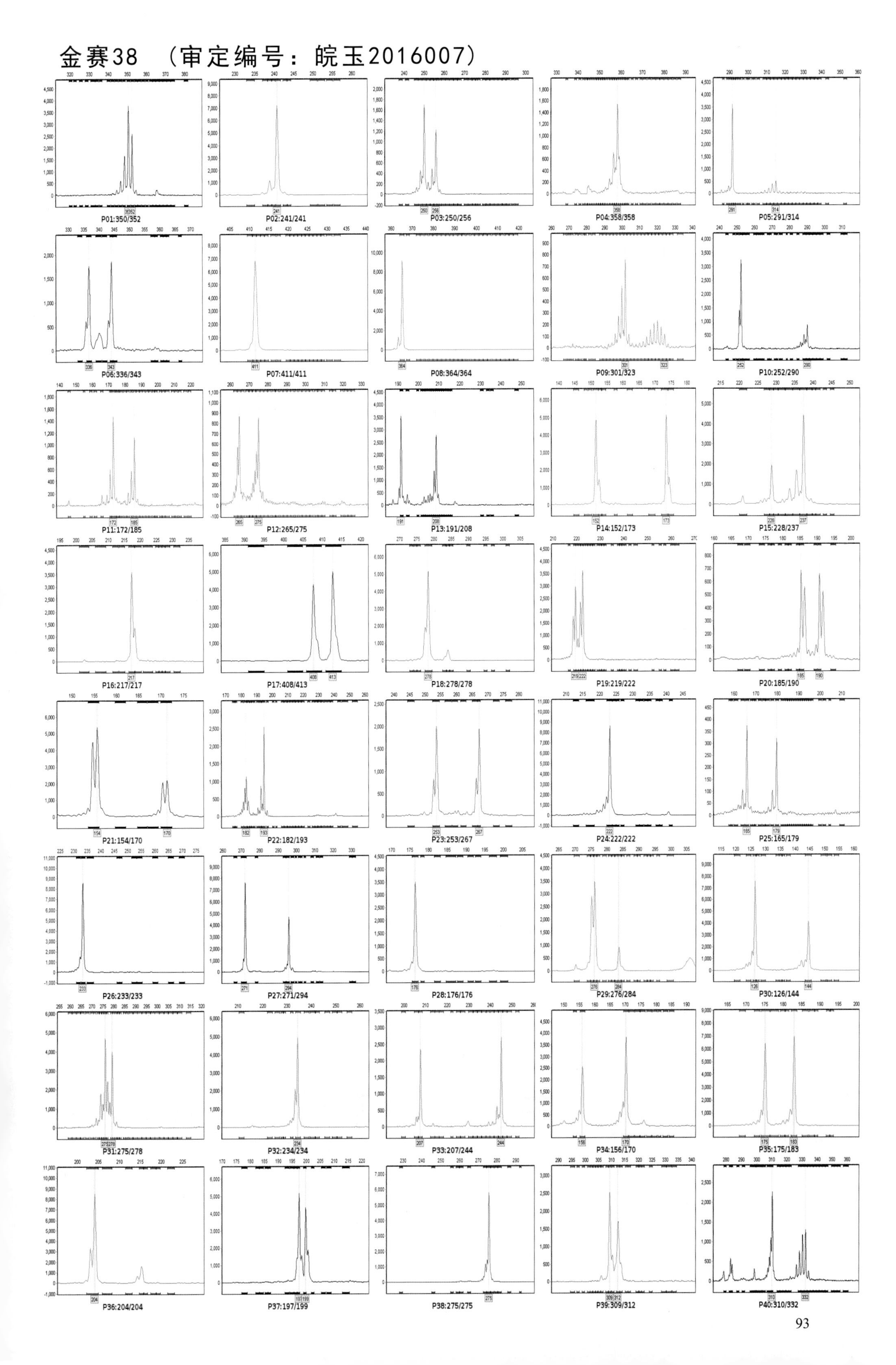

P01:350/352
P02:241/241
P03:250/256
P04:358/358
P05:291/314
P06:336/343
P07:411/411
P08:364/364
P09:301/323
P10:252/290
P11:172/185
P12:265/275
P13:191/208
P14:152/173
P15:228/237
P16:217/217
P17:408/413
P18:278/278
P19:219/222
P20:185/190
P21:154/170
P22:182/193
P23:253/267
P24:222/222
P25:165/179
P26:233/233
P27:271/294
P28:176/176
P29:276/284
P30:126/144
P31:275/278
P32:234/234
P33:207/244
P34:156/170
P35:175/183
P36:204/204
P37:197/199
P38:275/275
P39:309/312
P40:310/332

天益青7096 （审定编号：皖玉2016008）

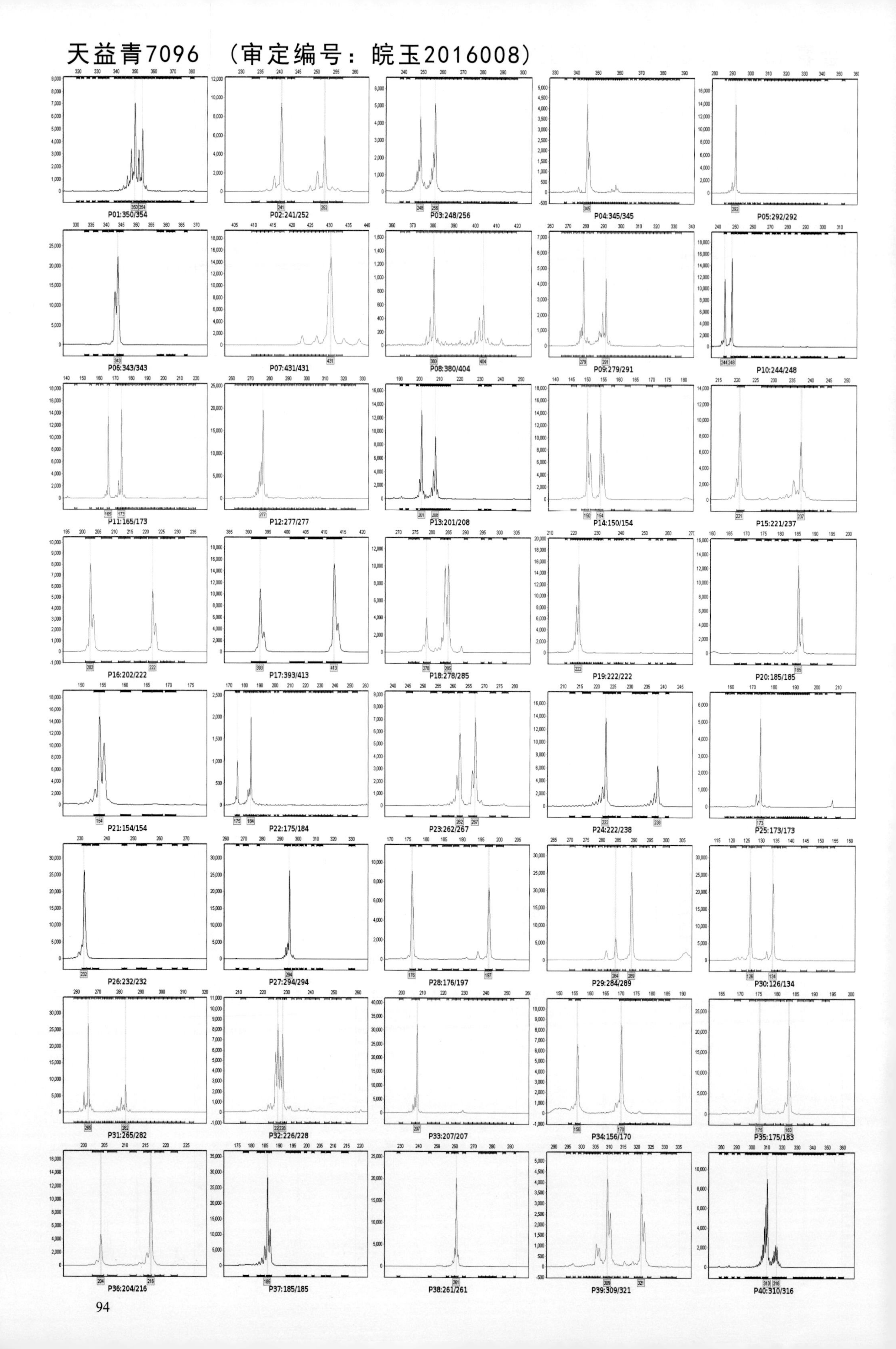
P01:350/354
P02:241/252
P03:248/256
P04:345/345
P05:292/292
P06:343/343
P07:431/431
P08:380/404
P09:279/291
P10:244/248
P11:165/173
P12:277/277
P13:201/208
P14:150/154
P15:221/237
P16:202/222
P17:393/413
P18:278/285
P19:222/222
P20:185/185
P21:154/154
P22:175/184
P23:262/267
P24:222/238
P25:173/173
P26:232/232
P27:294/294
P28:176/197
P29:284/289
P30:126/134
P31:265/282
P32:226/228
P33:207/207
P34:156/170
P35:175/183
P36:204/216
P37:185/185
P38:261/261
P39:309/321
P40:310/316

丰乐33（审定编号：皖玉2016009）

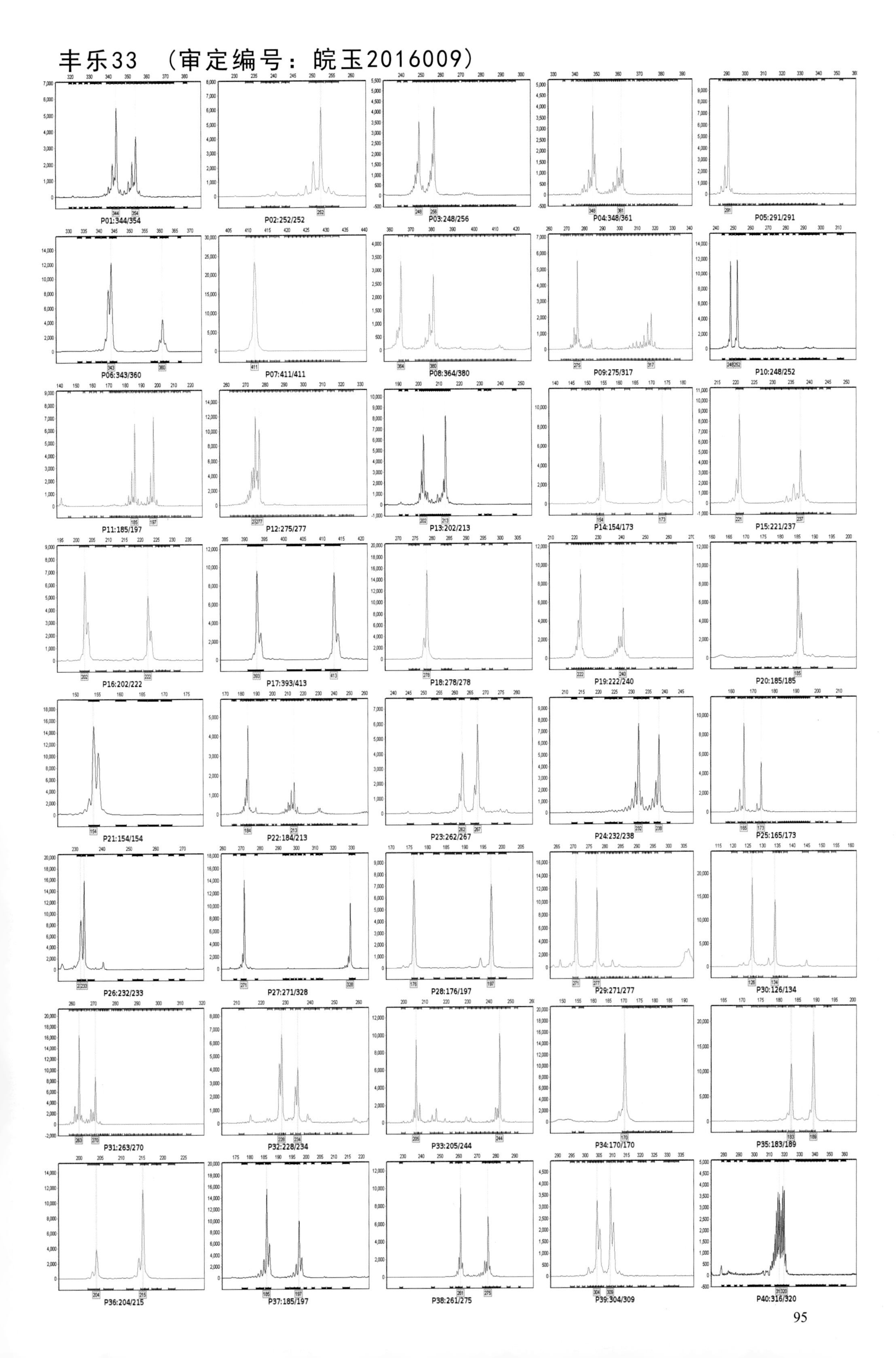

P01:344/354
P02:252/252
P03:248/256
P04:348/361
P05:291/291
P06:343/360
P07:411/411
P08:364/380
P09:275/317
P10:248/252
P11:185/197
P12:275/277
P13:202/213
P14:154/173
P15:221/237
P16:202/222
P17:393/413
P18:278/278
P19:222/240
P20:185/185
P21:154/154
P22:184/213
P23:262/267
P24:232/238
P25:165/173
P26:232/233
P27:271/328
P28:176/197
P29:271/277
P30:126/134
P31:263/270
P32:228/234
P33:205/244
P34:170/170
P35:183/189
P36:204/215
P37:185/197
P38:261/275
P39:304/309
P40:316/320

联创800 （审定编号：皖玉2016010）

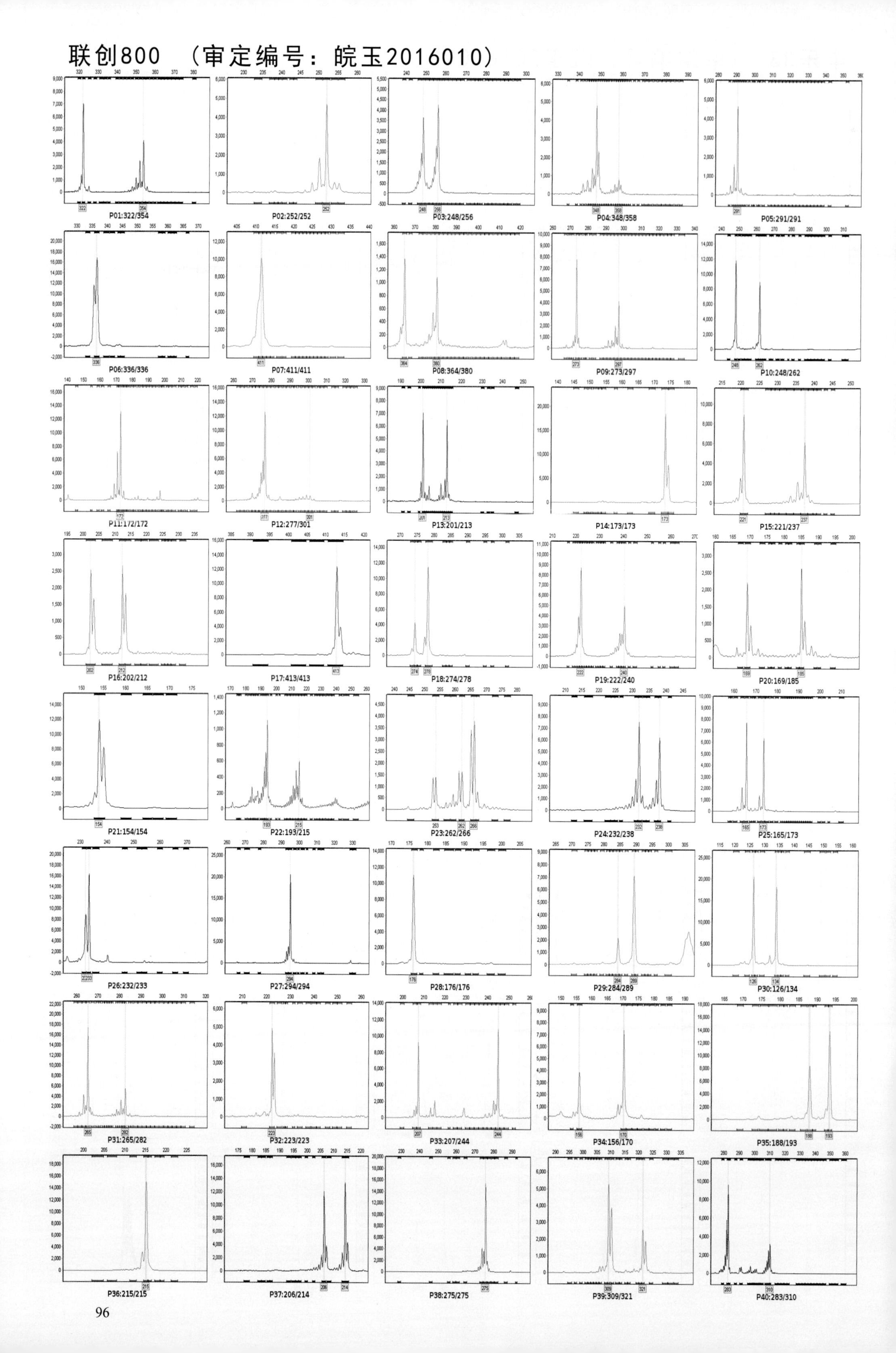

P01:322/354
P02:252/252
P03:248/256
P04:348/358
P05:291/291
P06:336/336
P07:411/411
P08:364/380
P09:273/297
P10:248/262
P11:172/172
P12:277/301
P13:201/213
P14:173/173
P15:221/237
P16:202/212
P17:413/413
P18:274/278
P19:222/240
P20:169/185
P21:154/154
P22:193/215
P23:262/266
P24:232/238
P25:165/173
P26:232/233
P27:294/294
P28:176/176
P29:284/289
P30:126/134
P31:265/282
P32:223/223
P33:207/244
P34:156/170
P35:188/193
P36:215/215
P37:206/214
P38:275/275
P39:309/321
P40:283/310

庐玉9105 （审定编号：皖玉2016011）

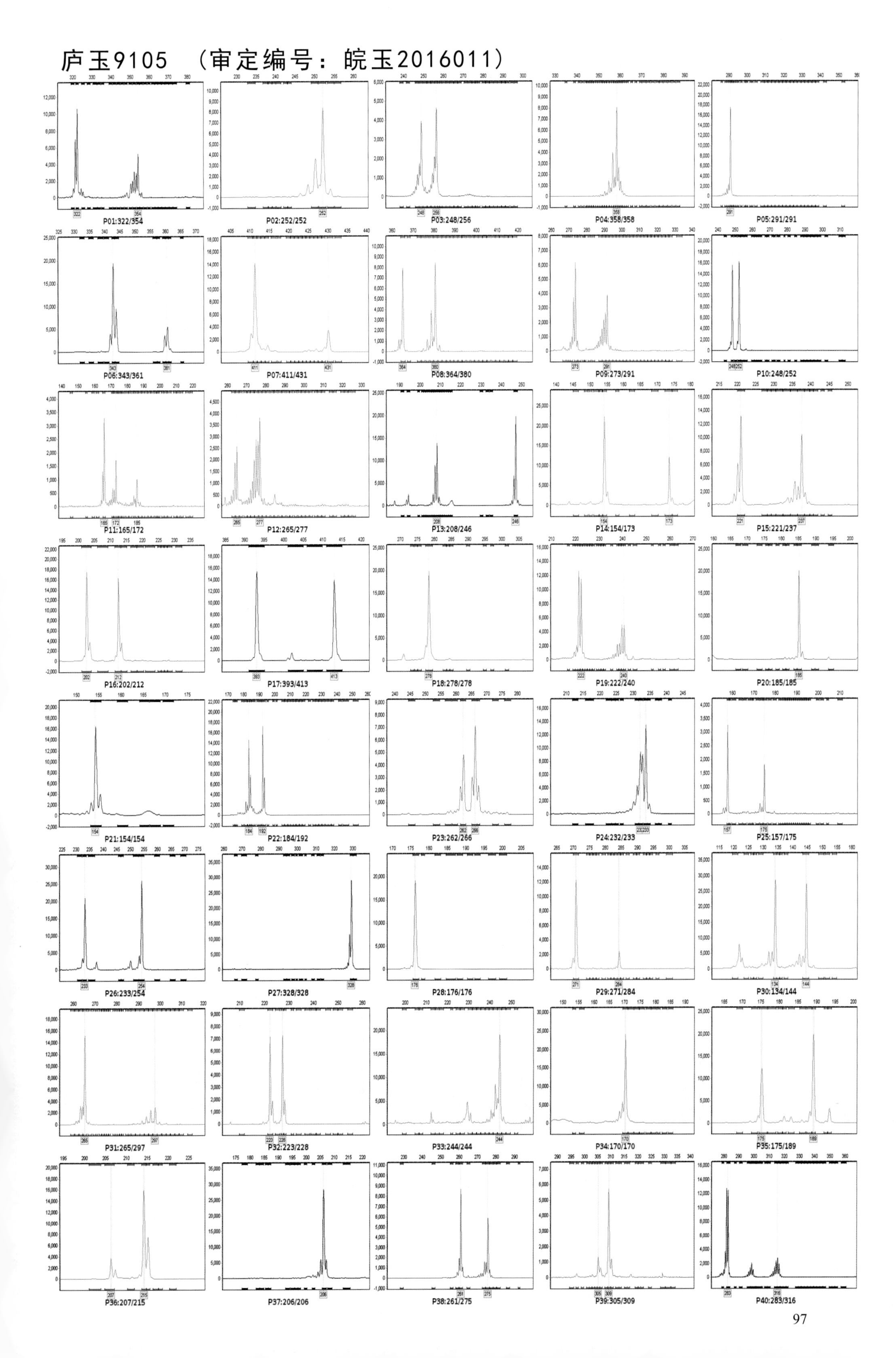
P01:322/354
P02:252/252
P03:248/256
P04:358/358
P05:291/291
P06:343/361
P07:411/431
P08:364/380
P09:273/291
P10:248/252
P11:165/172
P12:265/277
P13:208/246
P14:154/173
P15:221/237
P16:202/212
P17:393/413
P18:278/278
P19:222/240
P20:185/185
P21:154/154
P22:184/192
P23:262/266
P24:232/233
P25:157/175
P26:233/254
P27:328/328
P28:176/176
P29:271/284
P30:134/144
P31:265/297
P32:223/228
P33:244/244
P34:170/170
P35:175/189
P36:207/215
P37:206/206
P38:261/275
P39:305/309
P40:283/316

鲁单6075 （审定编号：皖玉2016013）

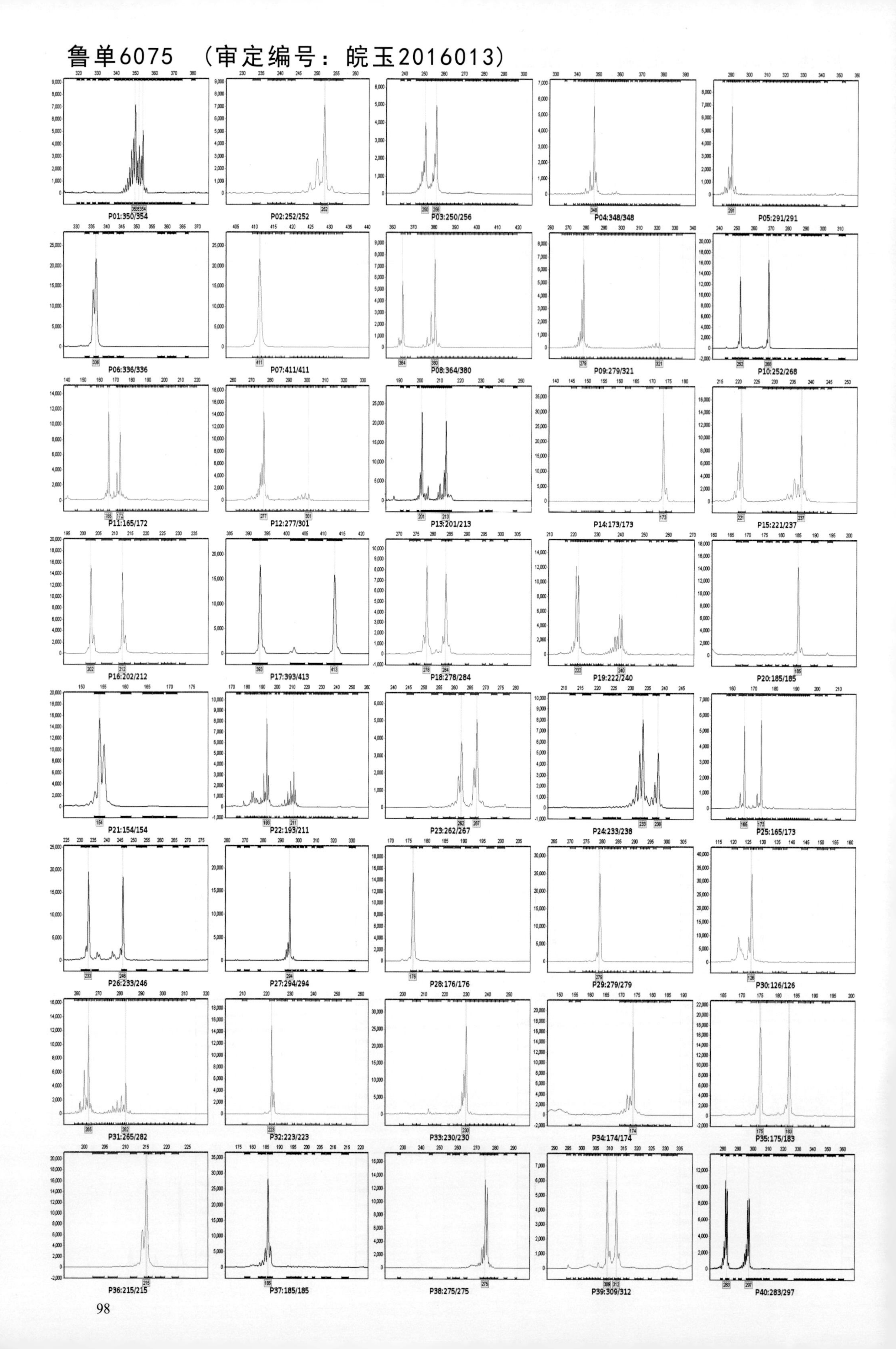

P01:350/354
P02:252/252
P03:250/256
P04:348/348
P05:291/291
P06:336/336
P07:411/411
P08:364/380
P09:279/321
P10:252/268
P11:165/172
P12:277/301
P13:201/213
P14:173/173
P15:221/237
P16:202/212
P17:393/413
P18:278/284
P19:222/240
P20:185/185
P21:154/154
P22:193/211
P23:262/267
P24:233/238
P25:165/173
P26:233/246
P27:294/294
P28:176/176
P29:279/279
P30:126/126
P31:265/282
P32:223/223
P33:230/230
P34:174/174
P35:175/183
P36:215/215
P37:185/185
P38:275/275
P39:309/312
P40:283/297

联创11号　（审定编号：皖玉2016016）

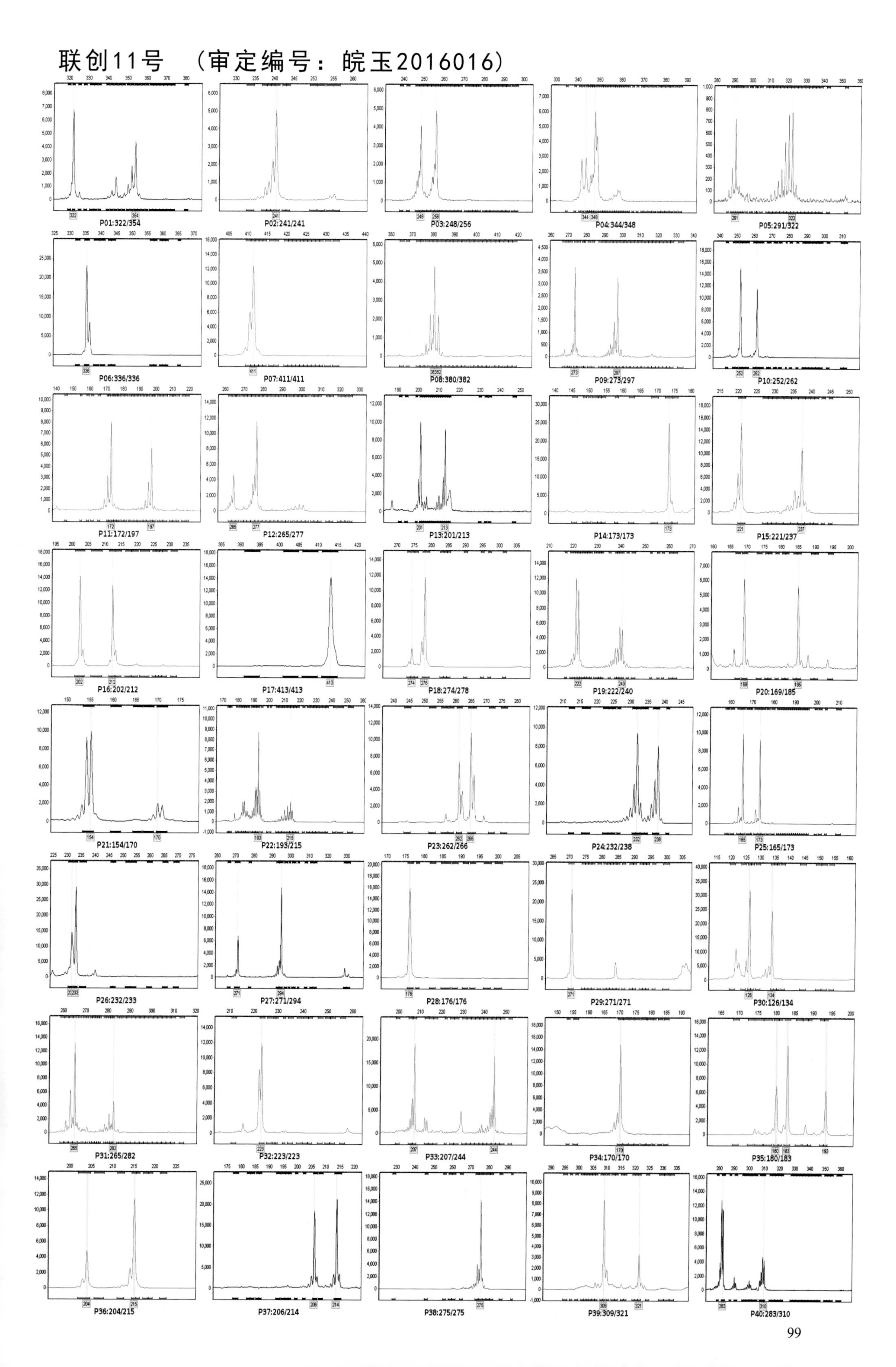
P01:322/354
P02:241/241
P03:248/256
P04:344/348
P05:291/322
P06:336/336
P07:411/411
P08:380/382
P09:273/297
P10:252/262
P11:172/197
P12:265/277
P13:201/213
P14:173/173
P15:221/237
P16:202/212
P17:413/413
P18:274/278
P19:222/240
P20:169/185
P21:154/170
P22:193/215
P23:262/266
P24:232/238
P25:165/173
P26:232/233
P27:271/294
P28:176/176
P29:271/271
P30:126/134
P31:265/282
P32:223/223
P33:207/244
P34:170/170
P35:180/183
P36:204/215
P37:206/214
P38:275/275
P39:309/321
P40:283/310

源育15 （审定编号：皖玉2016017）

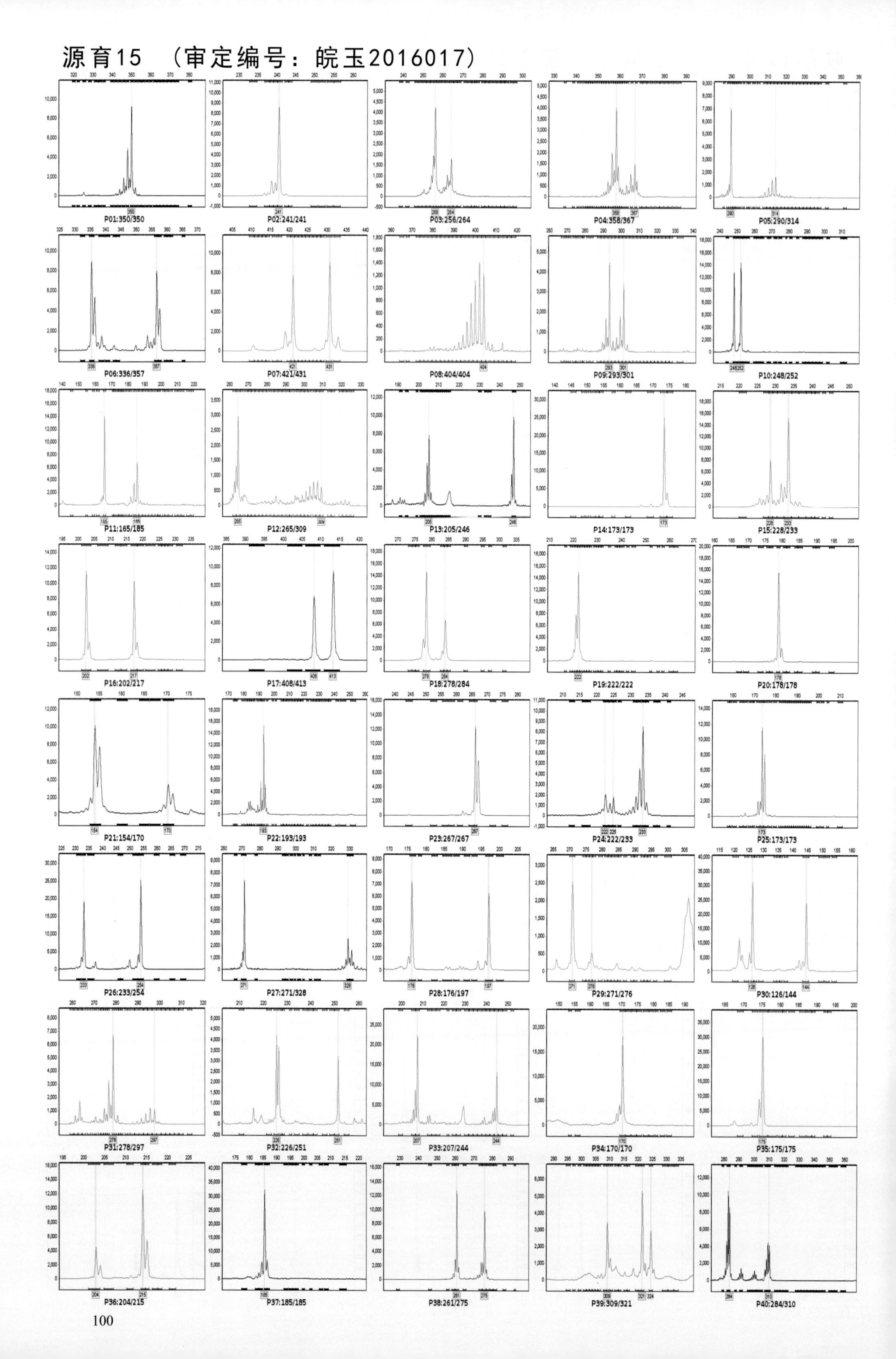

P01:350/350
P02:241/241
P03:256/264
P04:358/367
P05:290/314
P06:336/357
P07:421/431
P08:404/404
P09:293/301
P10:248/252
P11:165/185
P12:265/309
P13:205/246
P14:173/173
P15:228/233
P16:202/217
P17:408/413
P18:278/284
P19:222/222
P20:178/178
P21:154/170
P22:193/193
P23:267/267
P24:222/233
P25:173/173
P26:233/254
P27:271/328
P28:176/197
P29:271/276
P30:126/144
P31:278/297
P32:226/251
P33:207/244
P34:170/170
P35:175/175
P36:204/215
P37:185/185
P38:261/275
P39:309/321
P40:284/310

隆平292 （审定编号：皖玉2016018）

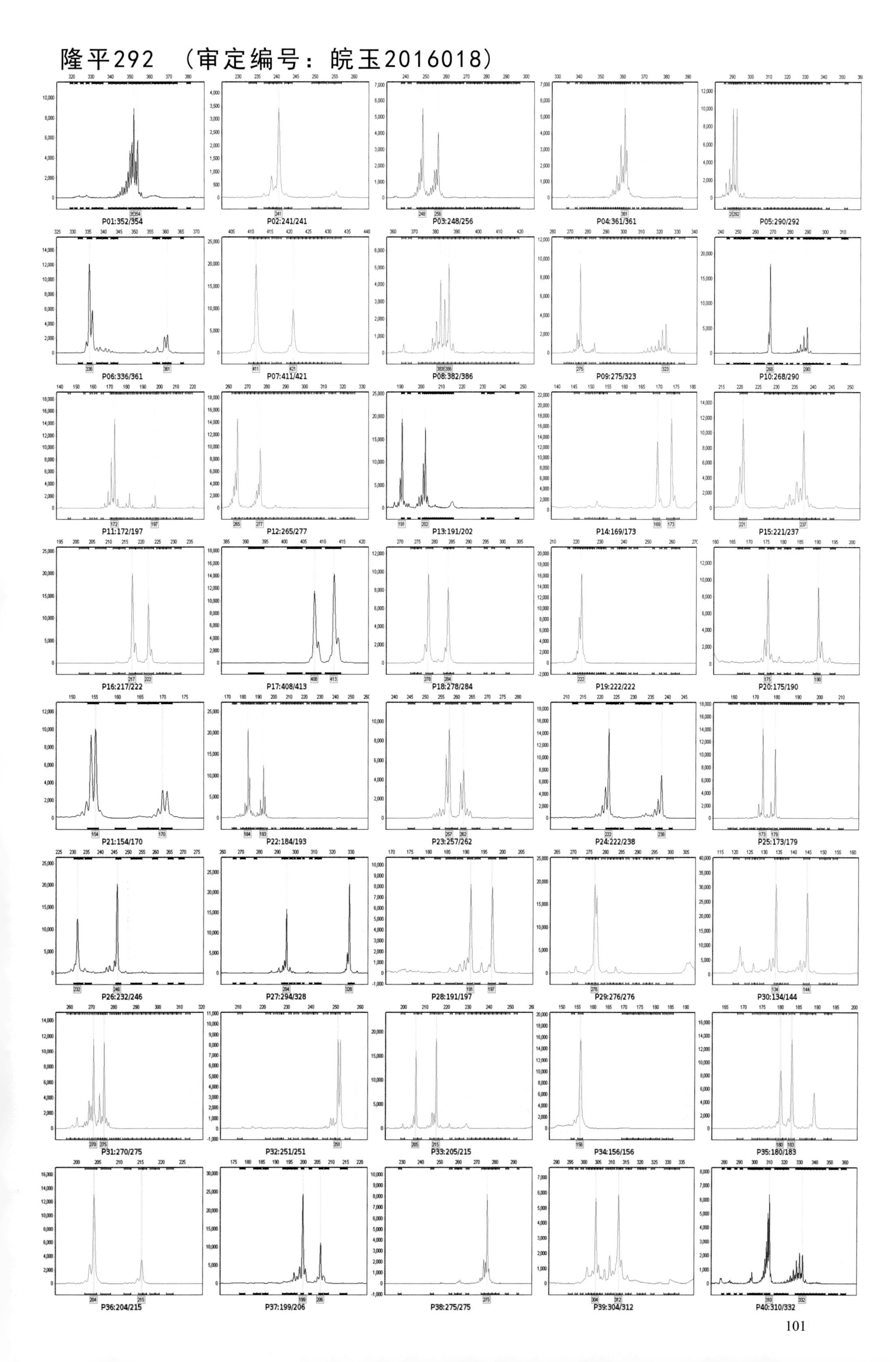

P01:352/354
P02:241/241
P03:248/256
P04:361/361
P05:290/292
P06:336/361
P07:411/421
P08:382/386
P09:275/323
P10:268/290
P11:172/197
P12:265/277
P13:191/202
P14:169/173
P15:221/237
P16:217/222
P17:408/413
P18:278/284
P19:222/222
P20:175/190
P21:154/170
P22:184/193
P23:257/262
P24:222/238
P25:173/179
P26:232/246
P27:294/328
P28:191/197
P29:276/276
P30:134/144
P31:270/275
P32:251/251
P33:205/215
P34:156/156
P35:180/183
P36:204/215
P37:199/206
P38:275/275
P39:304/312
P40:310/332

裕农6号 （审定编号：皖玉2016019）

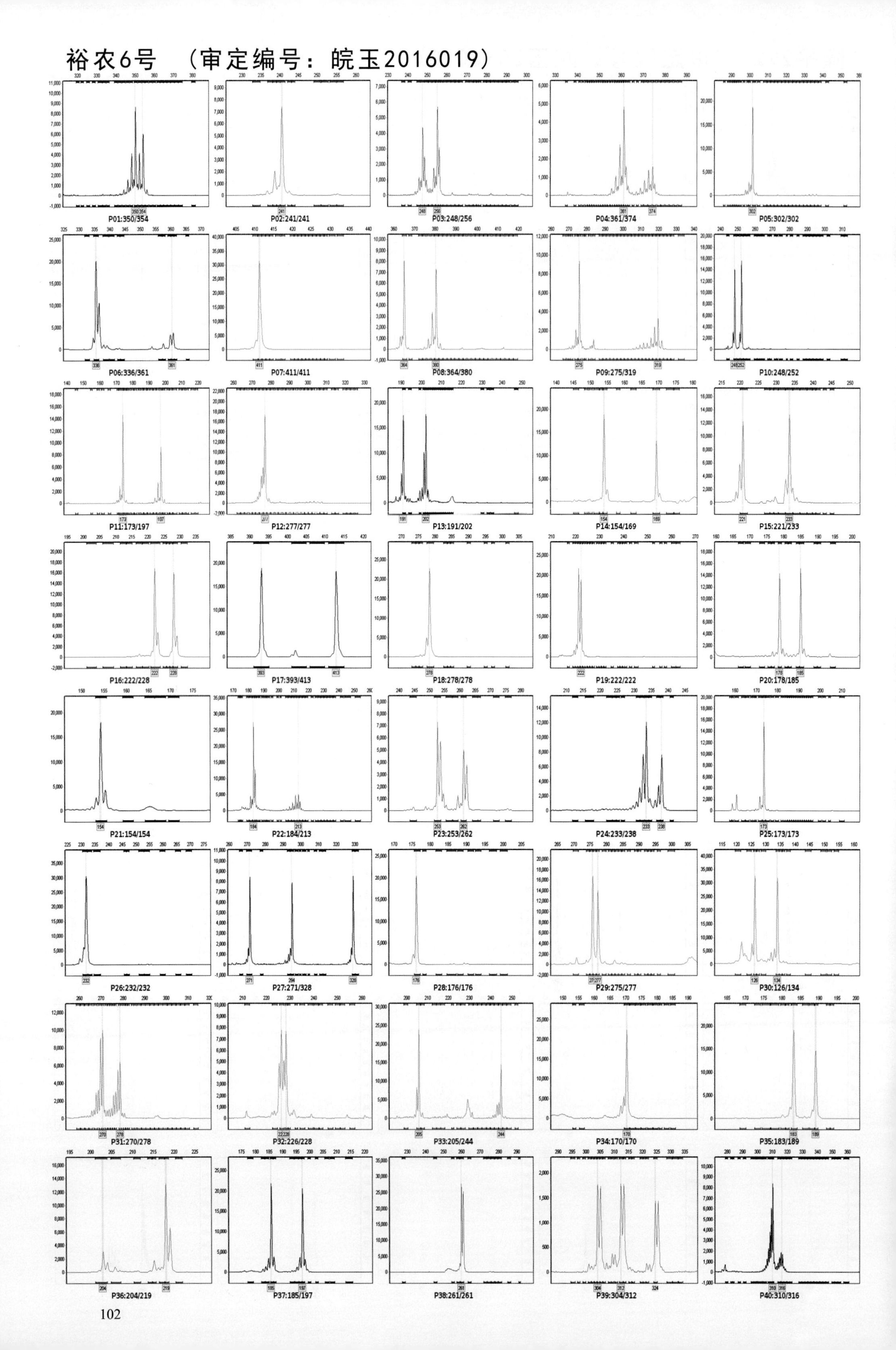
P01:350/354
P02:241/241
P03:248/256
P04:361/374
P05:302/302
P06:336/361
P07:411/411
P08:364/380
P09:275/319
P10:248/252
P11:173/197
P12:277/277
P13:191/202
P14:154/169
P15:221/233
P16:222/228
P17:393/413
P18:278/278
P19:222/222
P20:178/185
P21:154/154
P22:184/213
P23:253/262
P24:233/238
P25:173/173
P26:232/232
P27:271/328
P28:176/176
P29:275/277
P30:126/134
P31:270/278
P32:226/228
P33:205/244
P34:170/170
P35:183/189
P36:204/219
P37:185/197
P38:261/261
P39:304/312
P40:310/316

奥玉3915 （审定编号：皖玉2016020）

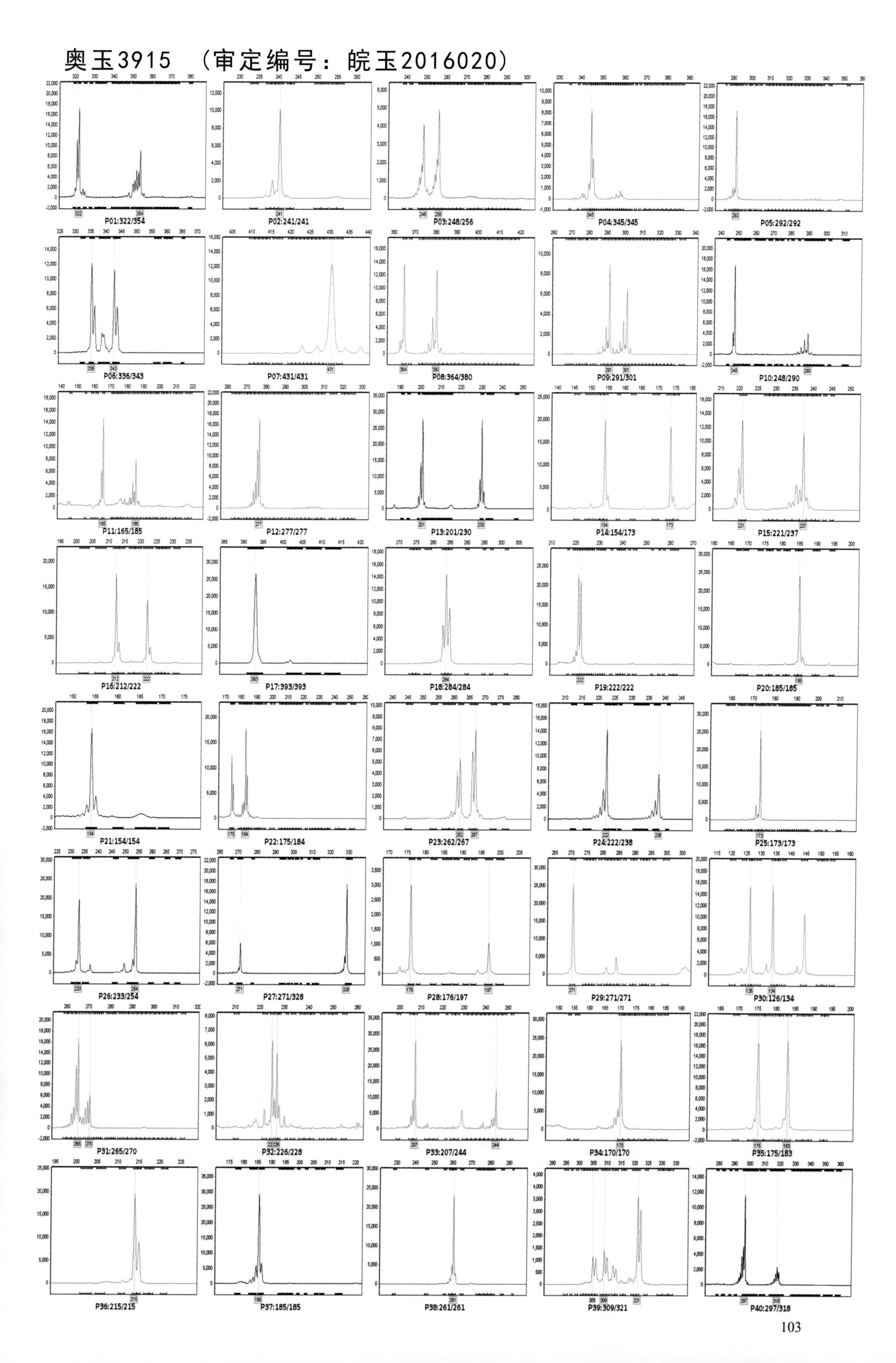
P01:322/354
P02:241/241
P03:248/256
P04:345/345
P05:292/292
P06:336/343
P07:431/431
P08:364/380
P09:291/301
P10:248/290
P11:165/185
P12:277/277
P13:201/230
P14:154/173
P15:221/237
P16:212/222
P17:393/393
P18:284/284
P19:222/222
P20:185/185
P21:154/154
P22:175/184
P23:262/267
P24:222/238
P25:173/173
P26:233/254
P27:271/328
P28:176/197
P29:271/271
P30:126/134
P31:265/270
P32:226/228
P33:207/244
P34:170/170
P35:175/183
P36:215/215
P37:185/185
P38:261/261
P39:309/321
P40:297/318

铁研358 （审定编号：皖玉2016021）

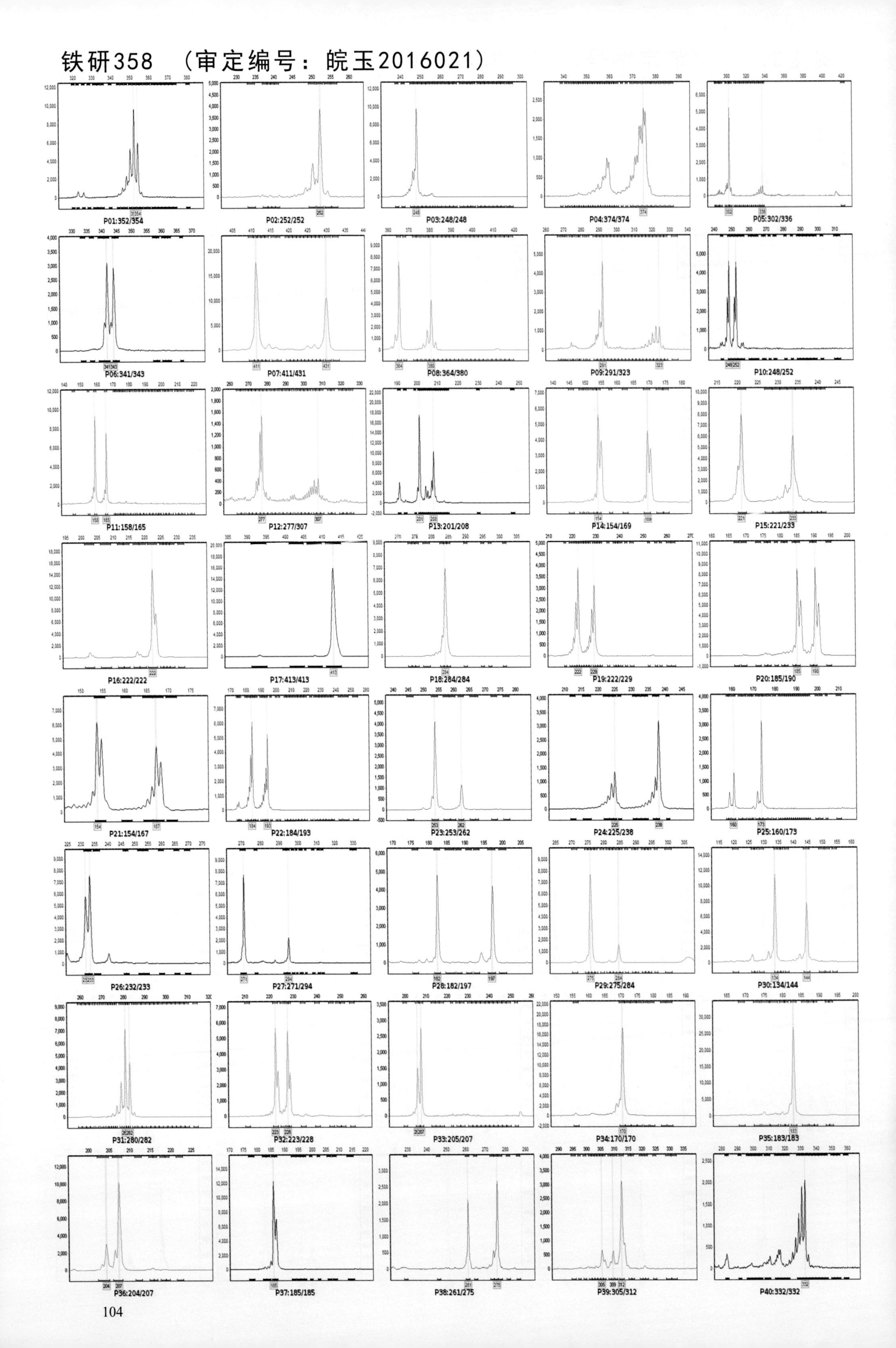

P01:352/354
P02:252/252
P03:248/248
P04:374/374
P05:302/336
P06:341/343
P07:411/431
P08:364/380
P09:291/323
P10:248/252
P11:158/165
P12:277/307
P13:201/208
P14:154/169
P15:221/233
P16:222/222
P17:413/413
P18:284/284
P19:222/229
P20:185/190
P21:154/167
P22:184/193
P23:253/262
P24:225/238
P25:160/173
P26:232/233
P27:271/294
P28:182/197
P29:275/284
P30:134/144
P31:280/282
P32:223/228
P33:205/207
P34:170/170
P35:183/183
P36:204/207
P37:185/185
P38:261/275
P39:305/312
P40:332/332

滑玉130 （审定编号：皖玉2016022）

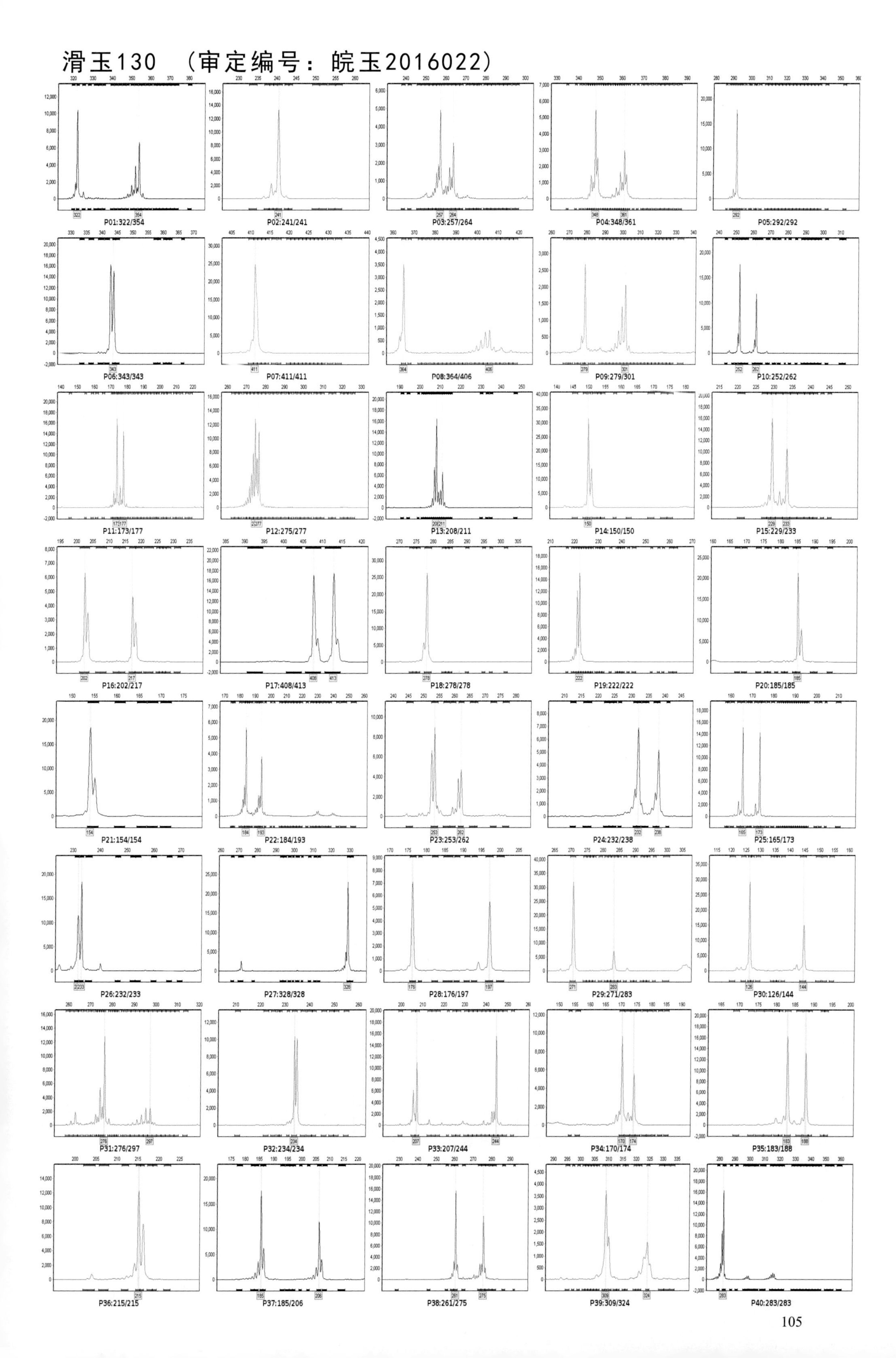
P01:322/354
P02:241/241
P03:257/264
P04:348/361
P05:292/292
P06:343/343
P07:411/411
P08:364/406
P09:279/301
P10:252/262
P11:173/177
P12:275/277
P13:208/211
P14:150/150
P15:229/233
P16:202/217
P17:408/413
P18:278/278
P19:222/222
P20:185/185
P21:154/154
P22:184/193
P23:253/262
P24:232/238
P25:165/173
P26:232/233
P27:328/328
P28:176/197
P29:271/283
P30:126/144
P31:276/297
P32:234/234
P33:207/244
P34:170/174
P35:183/188
P36:215/215
P37:185/206
P38:261/275
P39:309/324
P40:283/283

鼎玉3号 （审定编号：皖玉2016023）

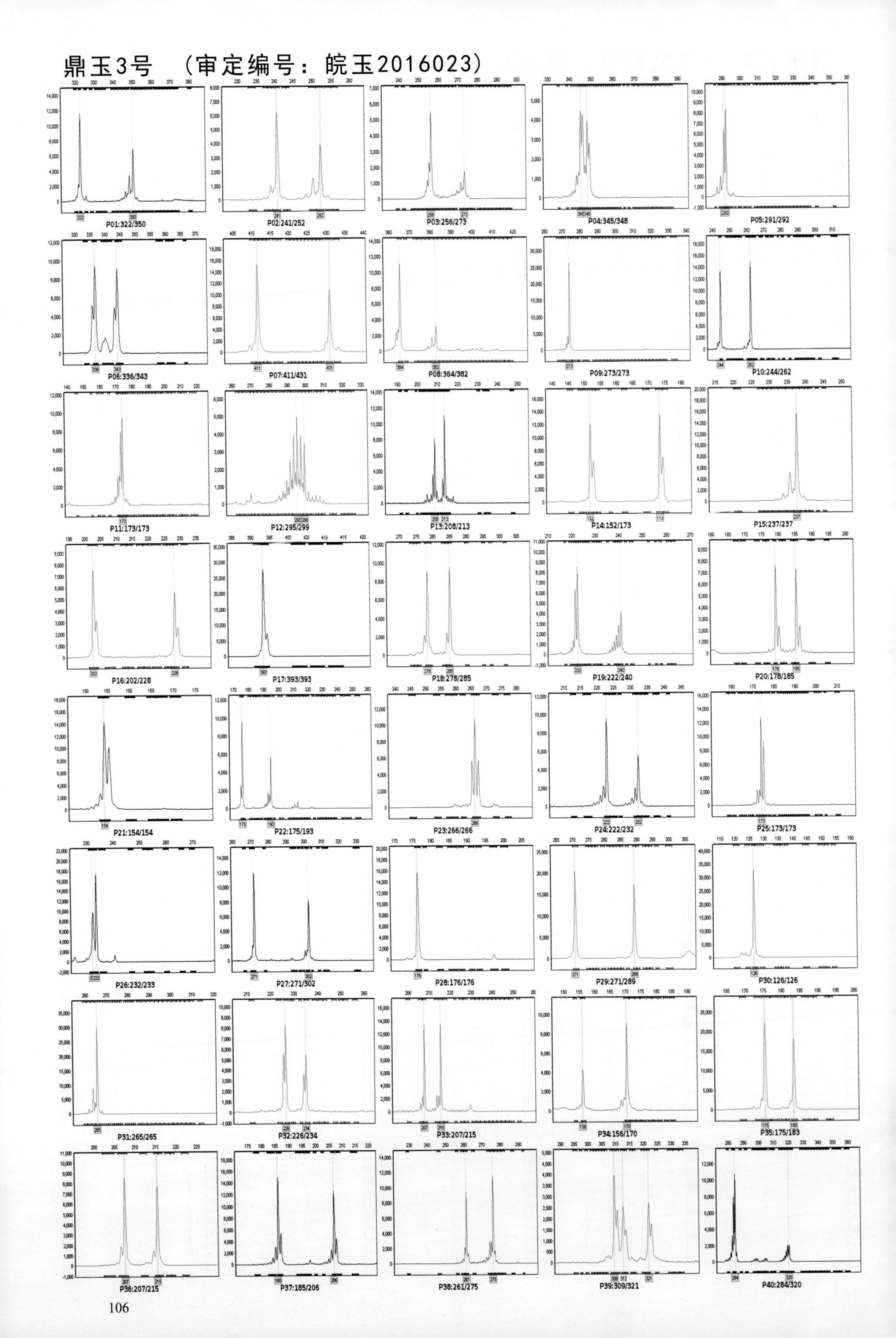
P01:322/350
P02:241/252
P03:256/273
P04:345/348
P05:291/292
P06:336/343
P07:411/431
P08:364/382
P09:273/273
P10:244/262
P11:173/173
P12:295/299
P13:208/213
P14:152/173
P15:237/237
P16:202/228
P17:393/393
P18:278/285
P19:222/240
P20:178/185
P21:154/154
P22:175/193
P23:266/266
P24:222/232
P25:173/173
P26:232/233
P27:271/302
P28:176/176
P29:271/289
P30:126/126
P31:265/265
P32:226/234
P33:207/215
P34:156/170
P35:175/183
P36:207/215
P37:185/206
P38:261/275
P39:309/321
P40:284/320

伟科118 （审定编号：皖玉2016025）

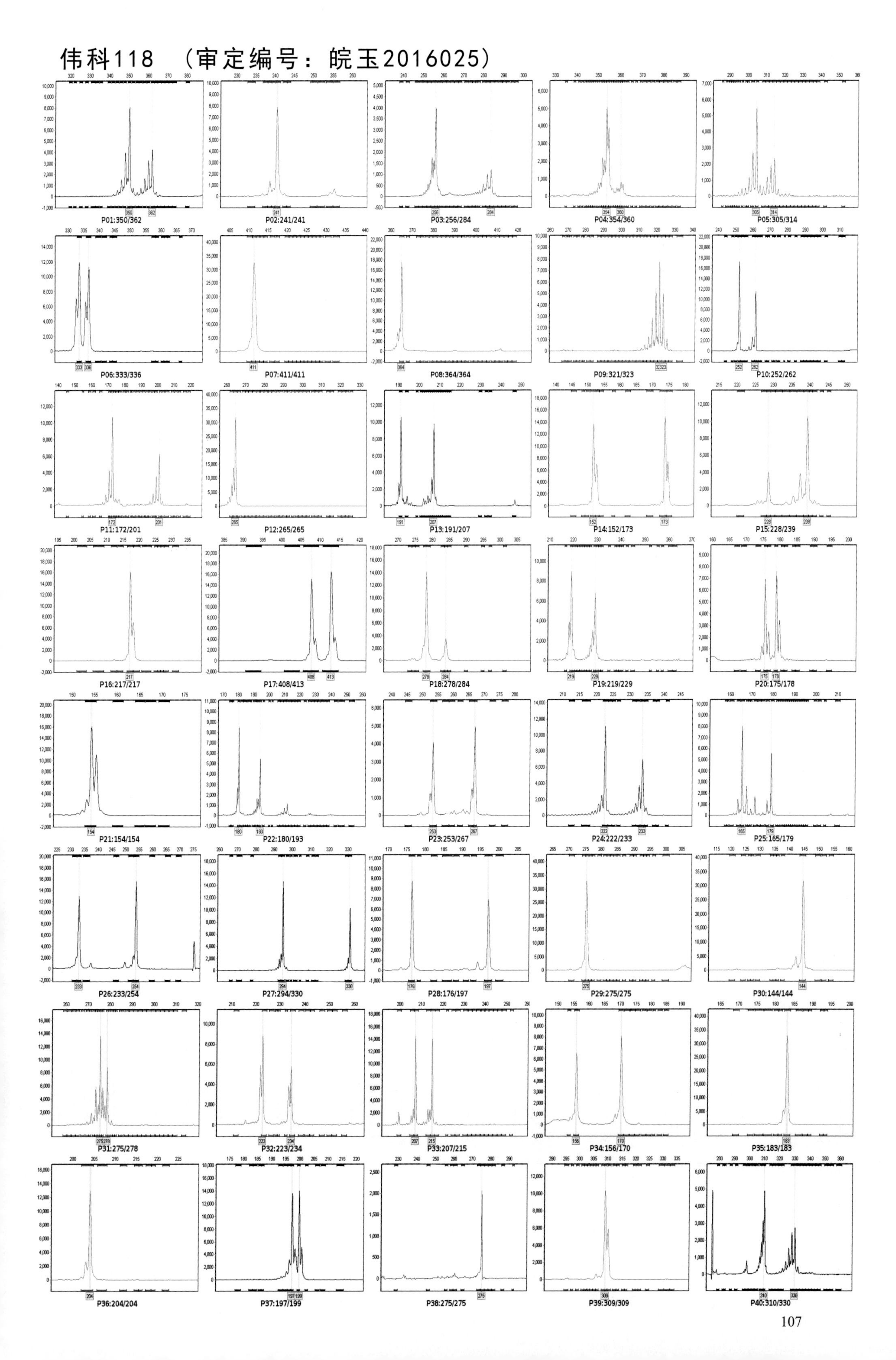

P01:350/362
P02:241/241
P03:256/284
P04:354/360
P05:305/314
P06:333/336
P07:411/411
P08:364/364
P09:321/323
P10:252/262
P11:172/201
P12:265/265
P13:191/207
P14:152/173
P15:228/239
P16:217/217
P17:408/413
P18:278/284
P19:219/229
P20:175/178
P21:154/154
P22:180/193
P23:253/267
P24:222/233
P25:165/179
P26:233/254
P27:294/330
P28:176/197
P29:275/275
P30:144/144
P31:275/278
P32:223/234
P33:207/215
P34:156/170
P35:183/183
P36:204/204
P37:197/199
P38:275/275
P39:309/309
P40:310/330

禾博士126 （审定编号：皖玉2016026）

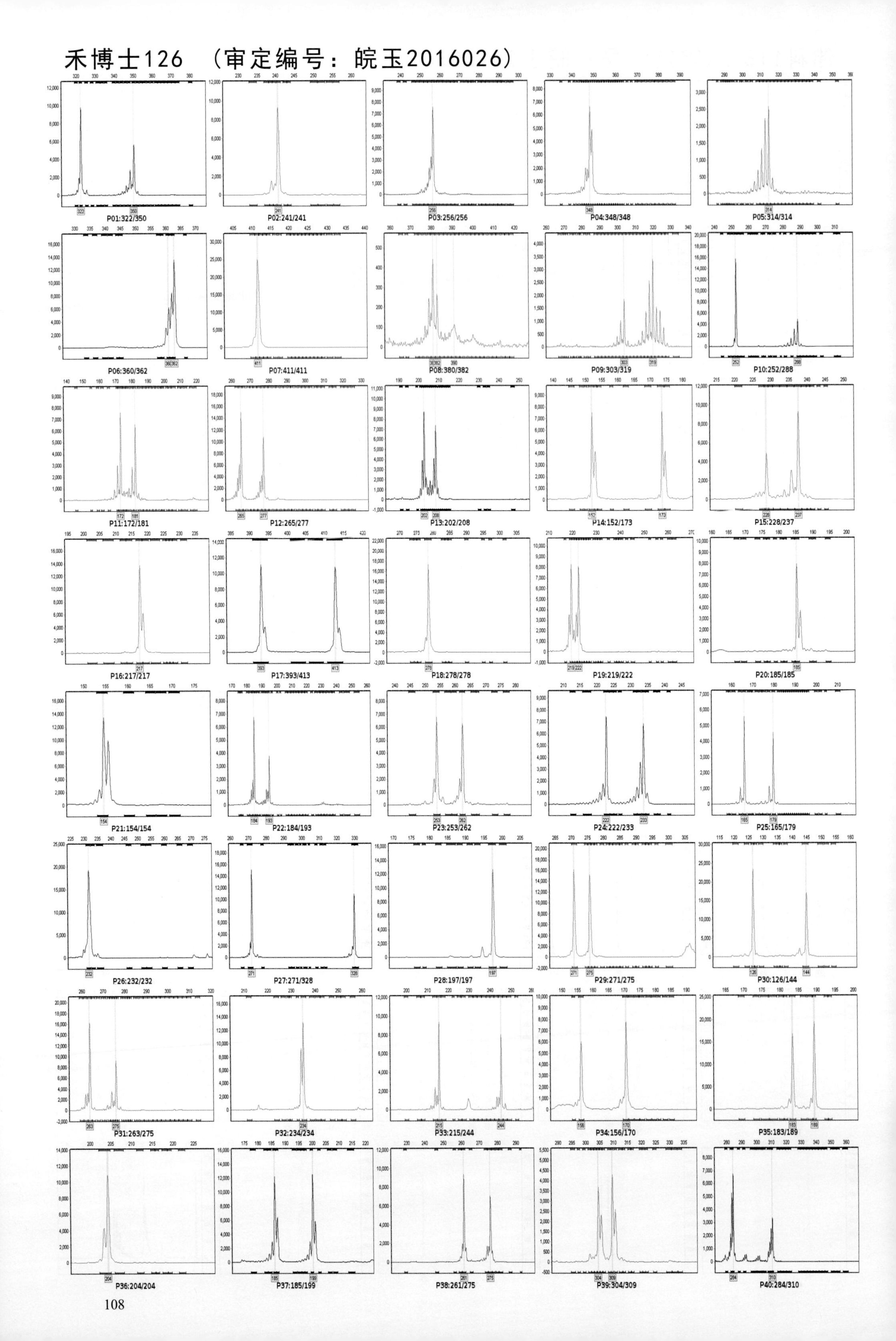
P01:322/350
P02:241/241
P03:256/256
P04:348/348
P05:314/314
P06:360/362
P07:411/411
P08:380/382
P09:303/319
P10:252/288
P11:172/181
P12:265/277
P13:202/208
P14:152/173
P15:228/237
P16:217/217
P17:393/413
P18:278/278
P19:219/222
P20:185/185
P21:154/154
P22:184/193
P23:253/262
P24:222/233
P25:165/179
P26:232/232
P27:271/328
P28:197/197
P29:271/275
P30:126/144
P31:263/275
P32:234/234
P33:215/244
P34:156/170
P35:183/189
P36:204/204
P37:185/199
P38:261/275
P39:304/309
P40:284/310

江玉877 （审定编号：皖玉2016027）

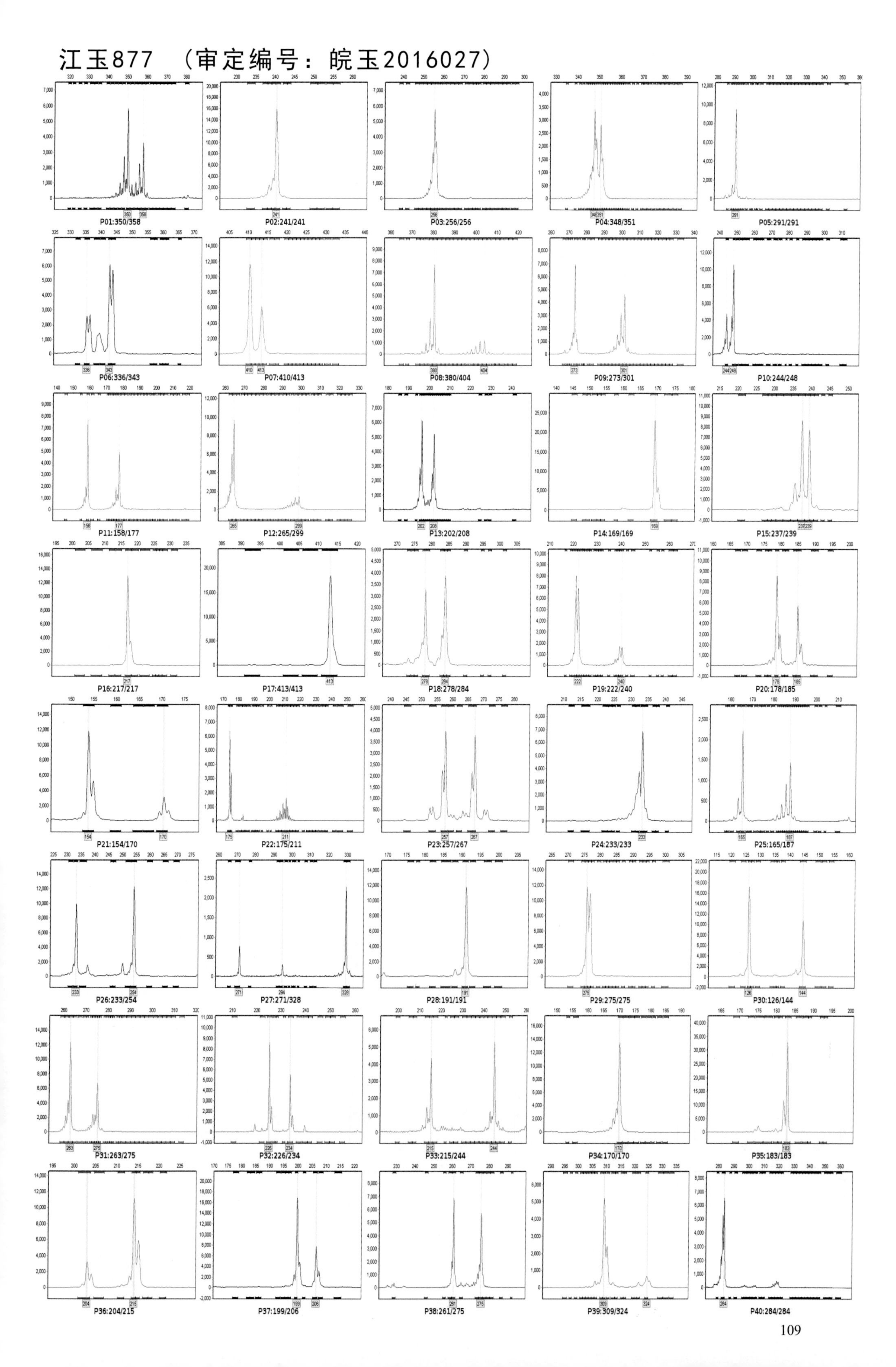

P01:350/358
P02:241/241
P03:256/256
P04:348/351
P05:291/291
P06:336/343
P07:410/413
P08:380/404
P09:273/301
P10:244/248
P11:158/177
P12:265/299
P13:202/208
P14:169/169
P15:237/239
P16:217/217
P17:413/413
P18:278/284
P19:222/240
P20:178/185
P21:154/170
P22:175/211
P23:257/267
P24:233/233
P25:165/187
P26:233/254
P27:271/328
P28:191/191
P29:275/275
P30:126/144
P31:263/275
P32:226/234
P33:215/244
P34:170/170
P35:183/183
P36:204/215
P37:199/206
P38:261/275
P39:309/324
P40:284/284

中禾107 （审定编号：皖玉2016028）

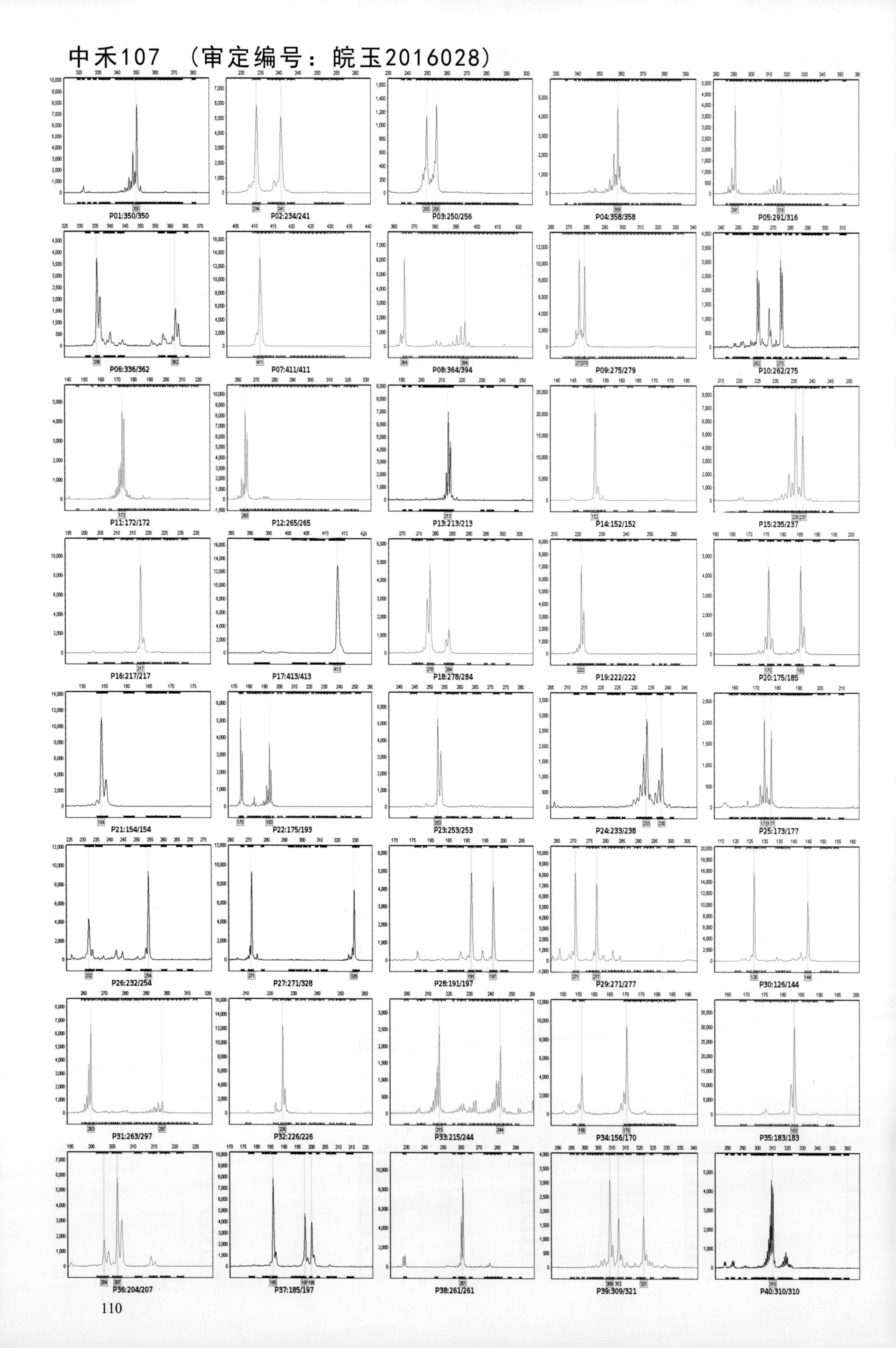

P01:350/350
P02:234/241
P03:250/256
P04:358/358
P05:291/316
P06:336/362
P07:411/411
P08:364/394
P09:275/279
P10:262/275
P11:172/172
P12:265/265
P13:213/213
P14:152/152
P15:235/237
P16:217/217
P17:413/413
P18:278/284
P19:222/222
P20:175/185
P21:154/154
P22:175/193
P23:253/253
P24:233/238
P25:173/177
P26:232/254
P27:271/328
P28:191/197
P29:271/277
P30:126/144
P31:263/297
P32:226/226
P33:215/244
P34:156/170
P35:183/183
P36:204/207
P37:185/197
P38:261/261
P39:309/321
P40:310/310

先玉1263 （审定编号：皖玉2016029）

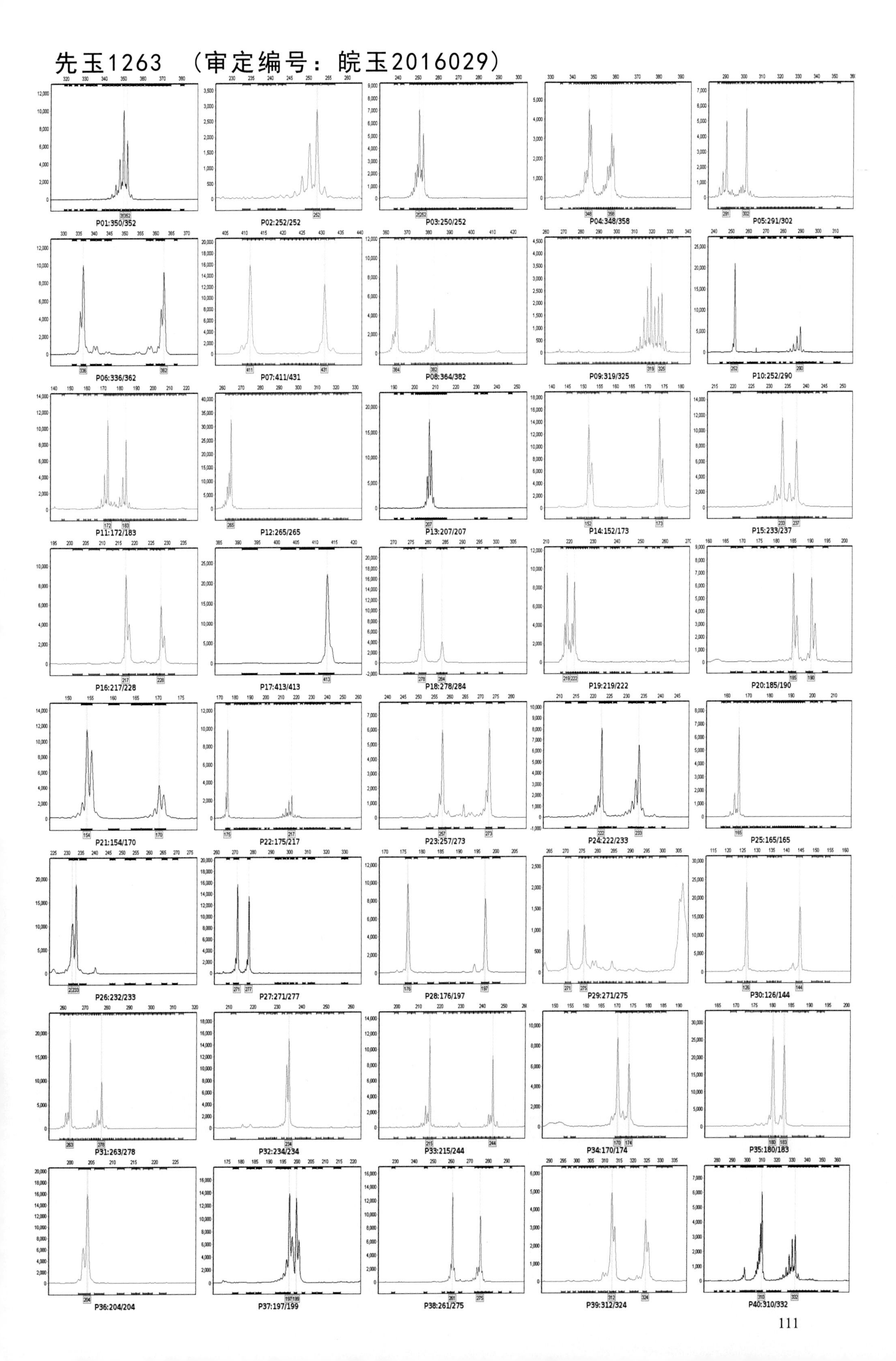
P01:350/352
P02:252/252
P03:250/252
P04:348/358
P05:291/302
P06:336/362
P07:411/431
P08:364/382
P09:319/325
P10:252/290
P11:172/183
P12:265/265
P13:207/207
P14:152/173
P15:233/237
P16:217/228
P17:413/413
P18:278/284
P19:219/222
P20:185/190
P21:154/170
P22:175/217
P23:257/273
P24:222/233
P25:165/165
P26:232/233
P27:271/277
P28:176/197
P29:271/275
P30:126/144
P31:263/278
P32:234/234
P33:215/244
P34:170/174
P35:180/183
P36:204/204
P37:197/199
P38:261/275
P39:312/324
P40:310/332

华玉901 （审定编号：皖玉2016030）

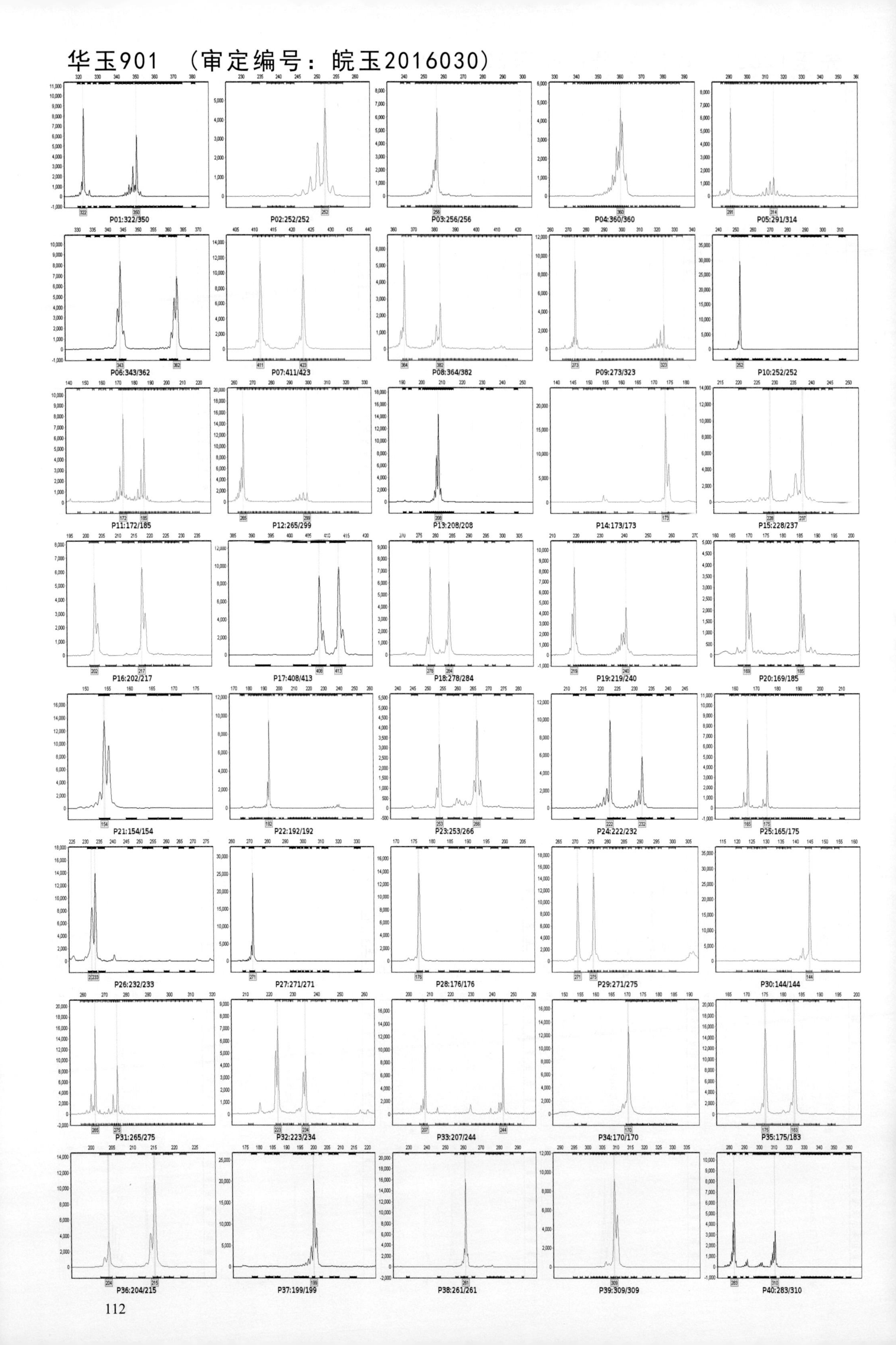

P01:322/350
P02:252/252
P03:256/256
P04:360/360
P05:291/314
P06:343/362
P07:411/423
P08:364/382
P09:273/323
P10:252/252
P11:172/185
P12:265/299
P13:208/208
P14:173/173
P15:228/237
P16:202/217
P17:408/413
P18:278/284
P19:219/240
P20:169/185
P21:154/154
P22:192/192
P23:253/266
P24:222/232
P25:165/175
P26:232/233
P27:271/271
P28:176/176
P29:271/275
P30:144/144
P31:265/275
P32:223/234
P33:207/244
P34:170/170
P35:175/183
P36:204/215
P37:199/199
P38:261/261
P39:309/309
P40:283/310

德单123 （审定编号：皖玉2016031）

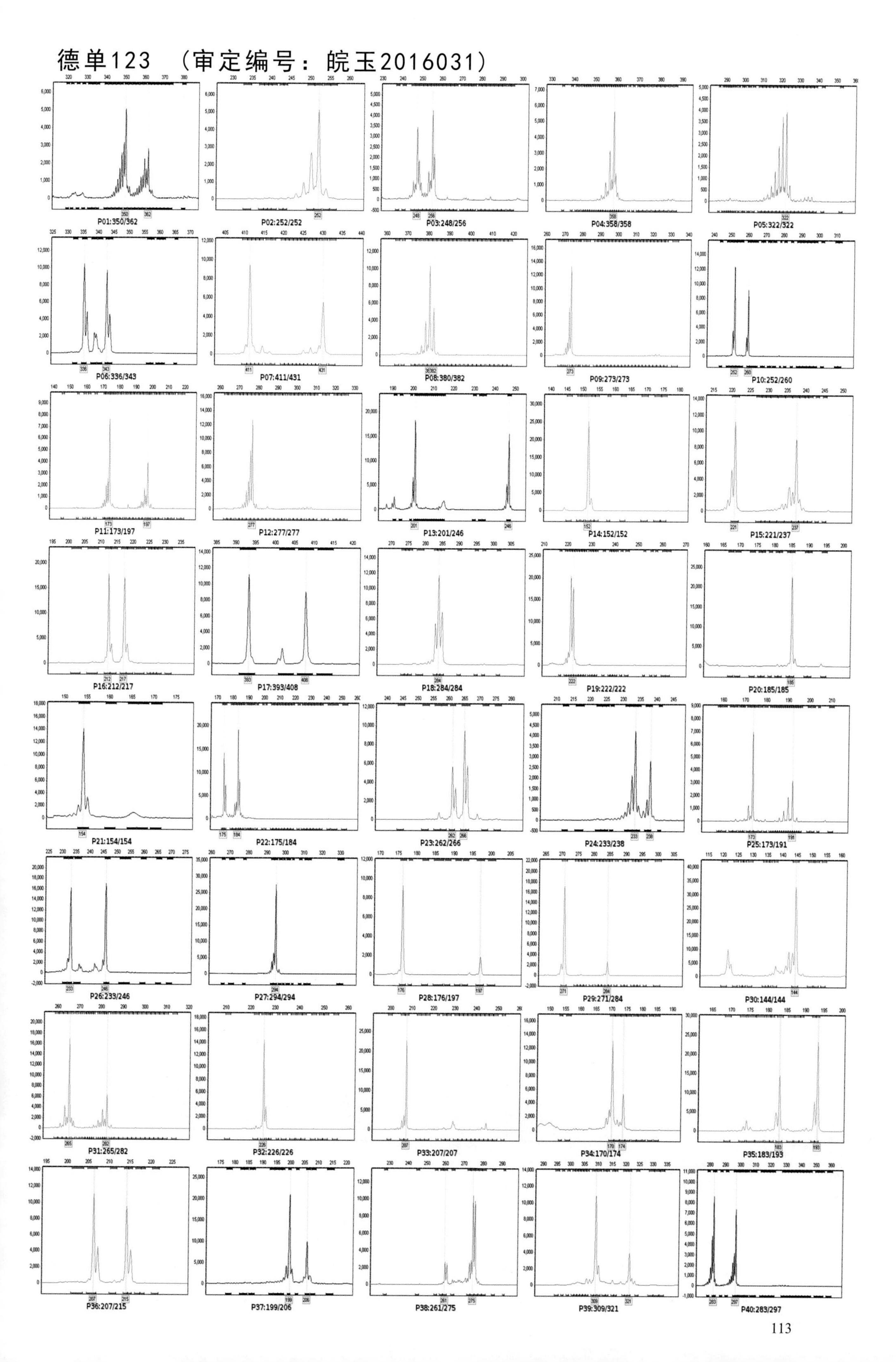
P01:350/362
P02:252/252
P03:248/256
P04:358/358
P05:322/322
P06:336/343
P07:411/431
P08:380/382
P09:273/273
P10:252/260
P11:173/197
P12:277/277
P13:201/246
P14:152/152
P15:221/237
P16:212/217
P17:393/408
P18:284/284
P19:222/222
P20:185/185
P21:154/154
P22:175/184
P23:262/266
P24:233/238
P25:173/191
P26:233/246
P27:294/294
P28:176/197
P29:271/284
P30:144/144
P31:265/282
P32:226/226
P33:207/207
P34:170/174
P35:183/193
P36:207/215
P37:199/206
P38:261/275
P39:309/321
P40:283/297

新安20 （审定编号：皖玉2016033）

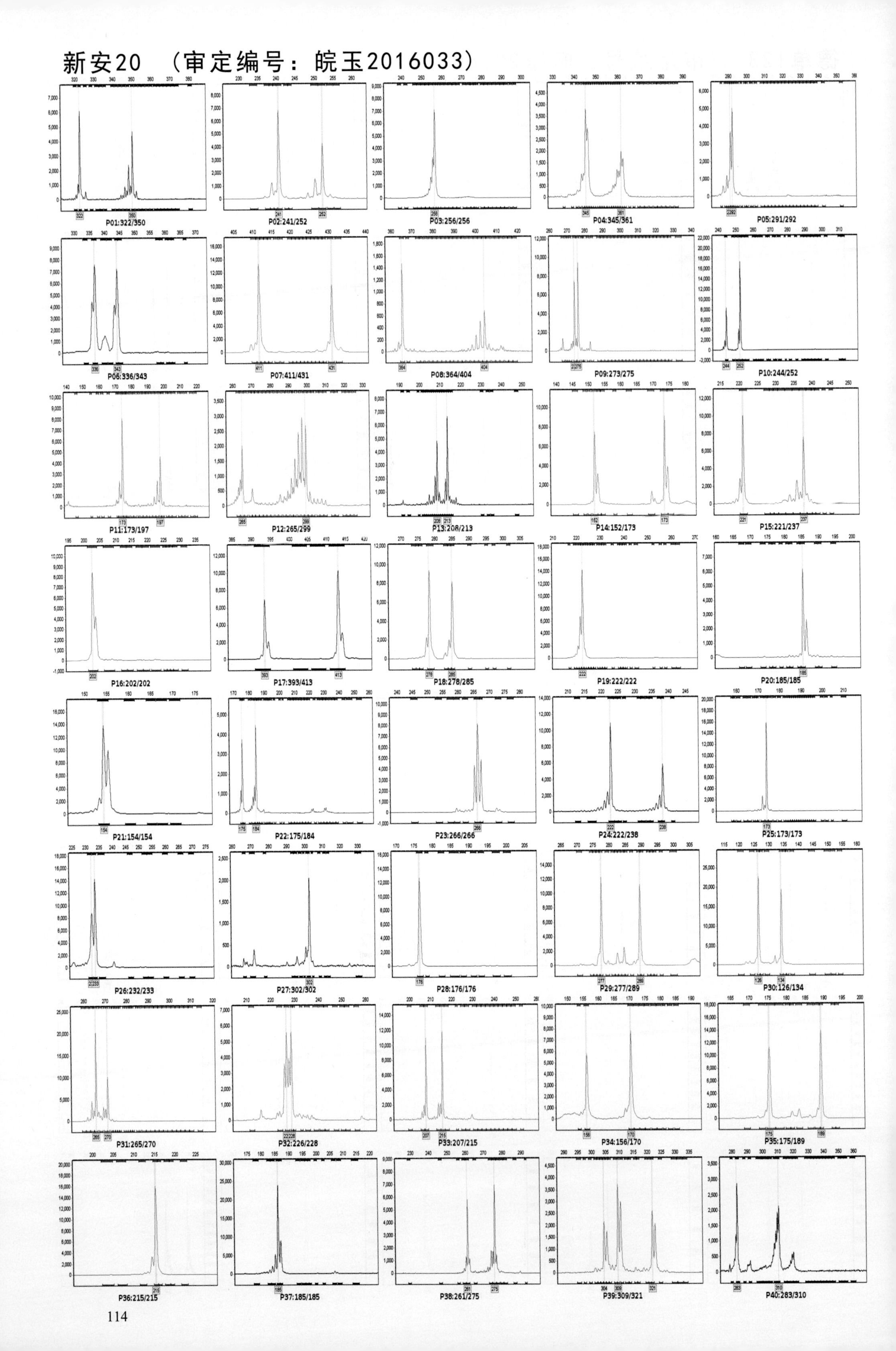
P01:322/350
P02:241/252
P03:256/256
P04:345/361
P05:291/292
P06:336/343
P07:411/431
P08:364/404
P09:273/275
P10:244/252
P11:173/197
P12:265/299
P13:208/213
P14:152/173
P15:221/237
P16:202/202
P17:393/413
P18:278/285
P19:222/222
P20:185/185
P21:154/154
P22:175/184
P23:266/266
P24:222/238
P25:173/173
P26:232/233
P27:302/302
P28:176/176
P29:277/289
P30:126/134
P31:265/270
P32:226/228
P33:207/215
P34:156/170
P35:175/189
P36:215/215
P37:185/185
P38:261/275
P39:309/321
P40:283/310

荃玉10 （审定编号：皖玉2016034）

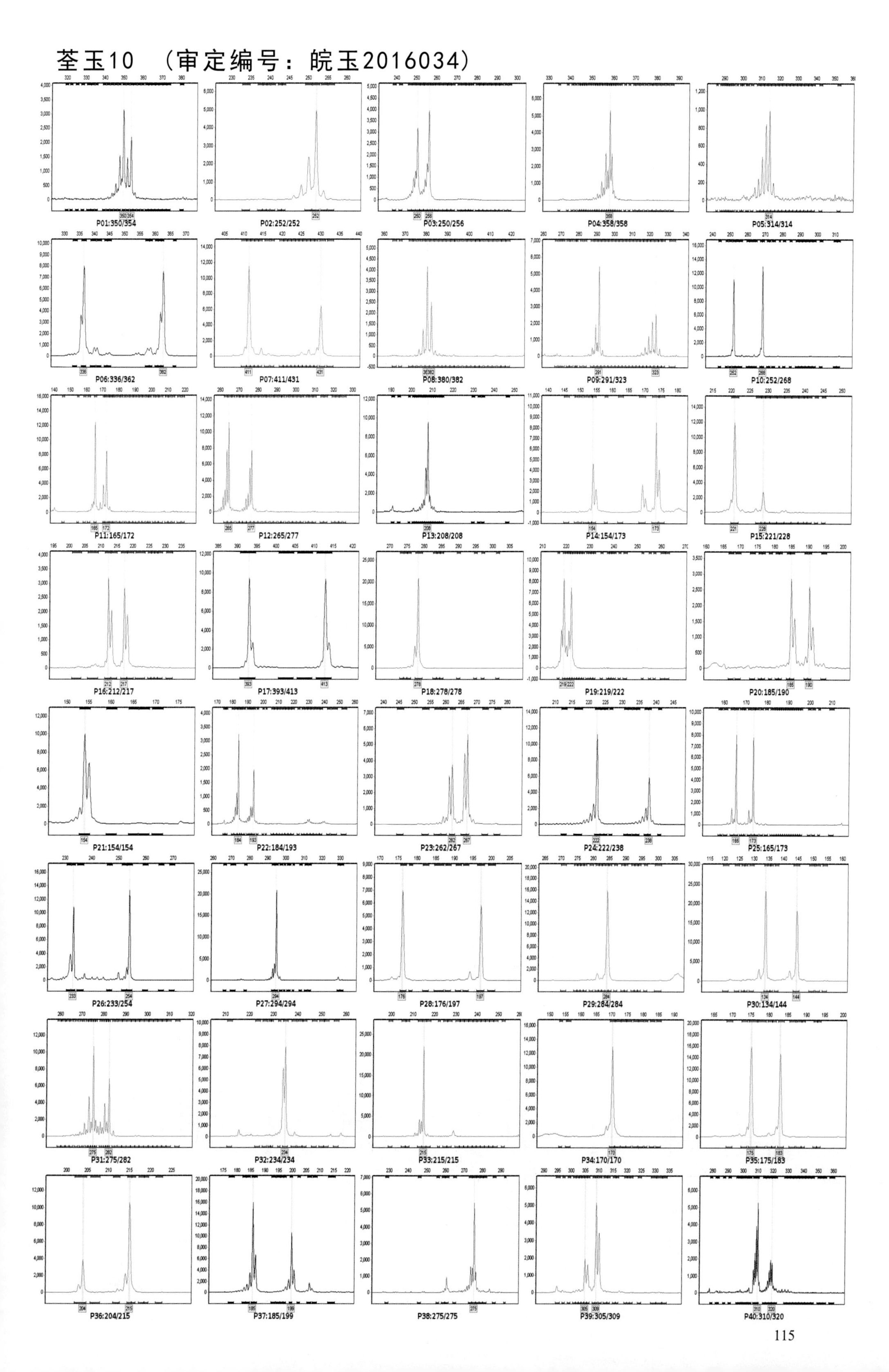
P01:350/354
P02:252/252
P03:250/256
P04:358/358
P05:314/314
P06:336/362
P07:411/431
P08:380/382
P09:291/323
P10:252/268
P11:165/172
P12:265/277
P13:208/208
P14:154/173
P15:221/228
P16:212/217
P17:393/413
P18:278/278
P19:219/222
P20:185/190
P21:154/154
P22:184/193
P23:262/267
P24:222/238
P25:165/173
P26:233/254
P27:294/294
P28:176/197
P29:284/284
P30:134/144
P31:275/282
P32:234/234
P33:215/215
P34:170/170
P35:175/183
P36:204/215
P37:185/199
P38:275/275
P39:305/309
P40:310/320

金秋119 （审定编号：皖玉2016035）

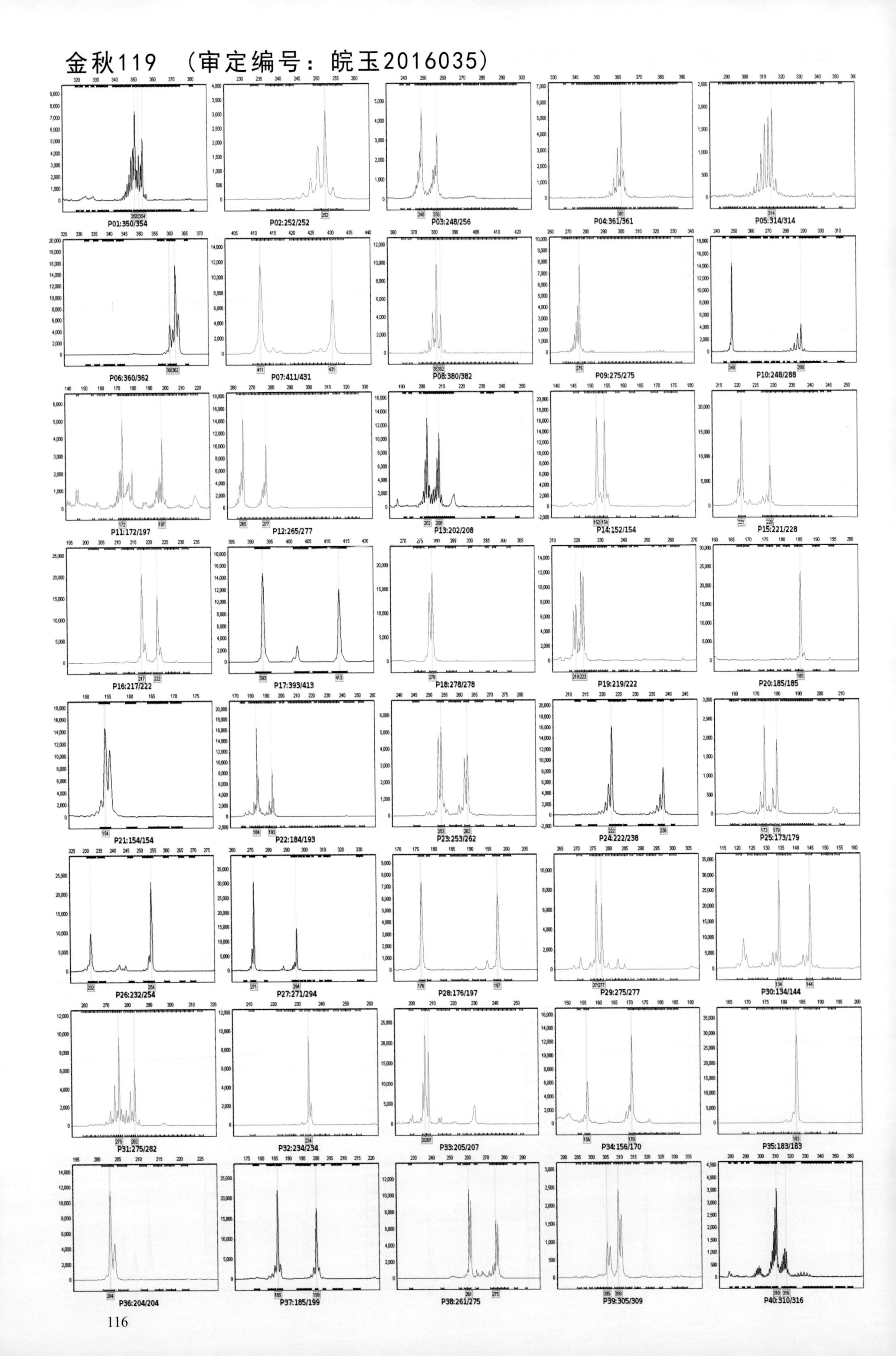

P01:350/354
P02:252/252
P03:248/256
P04:361/361
P05:314/314
P06:360/362
P07:411/431
P08:380/382
P09:275/275
P10:248/288
P11:172/197
P12:265/277
P13:202/208
P14:152/154
P15:221/228
P16:217/222
P17:393/413
P18:278/278
P19:219/222
P20:185/185
P21:154/154
P22:184/193
P23:253/262
P24:222/238
P25:173/179
P26:232/254
P27:271/294
P28:176/197
P29:275/277
P30:134/144
P31:275/282
P32:234/234
P33:205/207
P34:156/170
P35:183/183
P36:204/204
P37:185/199
P38:261/275
P39:305/309
P40:310/316

中杂598 （审定编号：皖玉2016036）

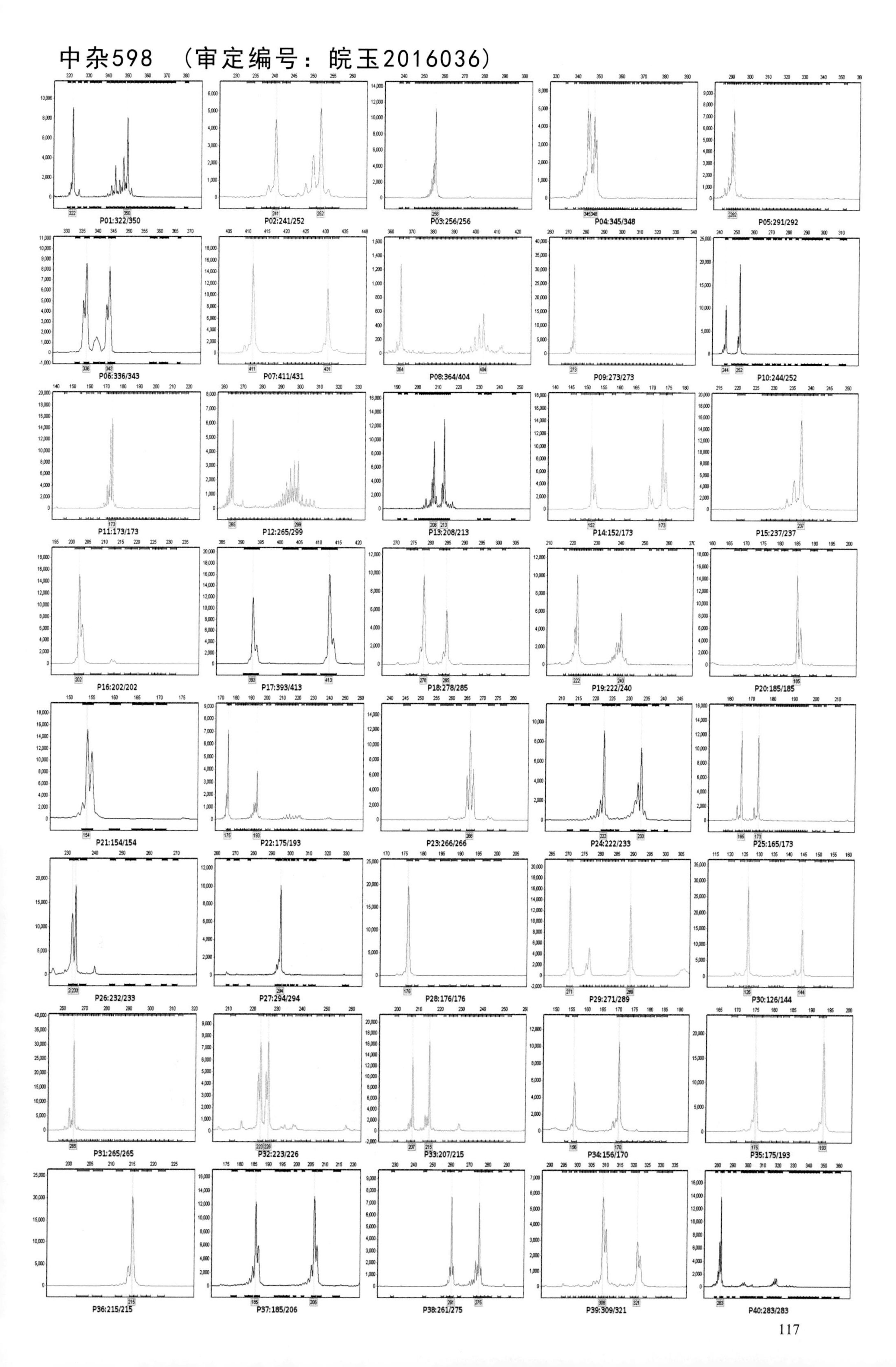
P01:322/350
P02:241/252
P03:256/256
P04:345/348
P05:291/292
P06:336/343
P07:411/431
P08:364/404
P09:273/273
P10:244/252
P11:173/173
P12:265/299
P13:208/213
P14:152/173
P15:237/237
P16:202/202
P17:393/413
P18:278/285
P19:222/240
P20:185/185
P21:154/154
P22:175/193
P23:266/266
P24:222/233
P25:165/173
P26:232/233
P27:294/294
P28:176/176
P29:271/289
P30:126/144
P31:265/265
P32:223/226
P33:207/215
P34:156/170
P35:175/193
P36:215/215
P37:185/206
P38:261/275
P39:309/321
P40:283/283

界单3号 （审定编号：皖玉2016037）

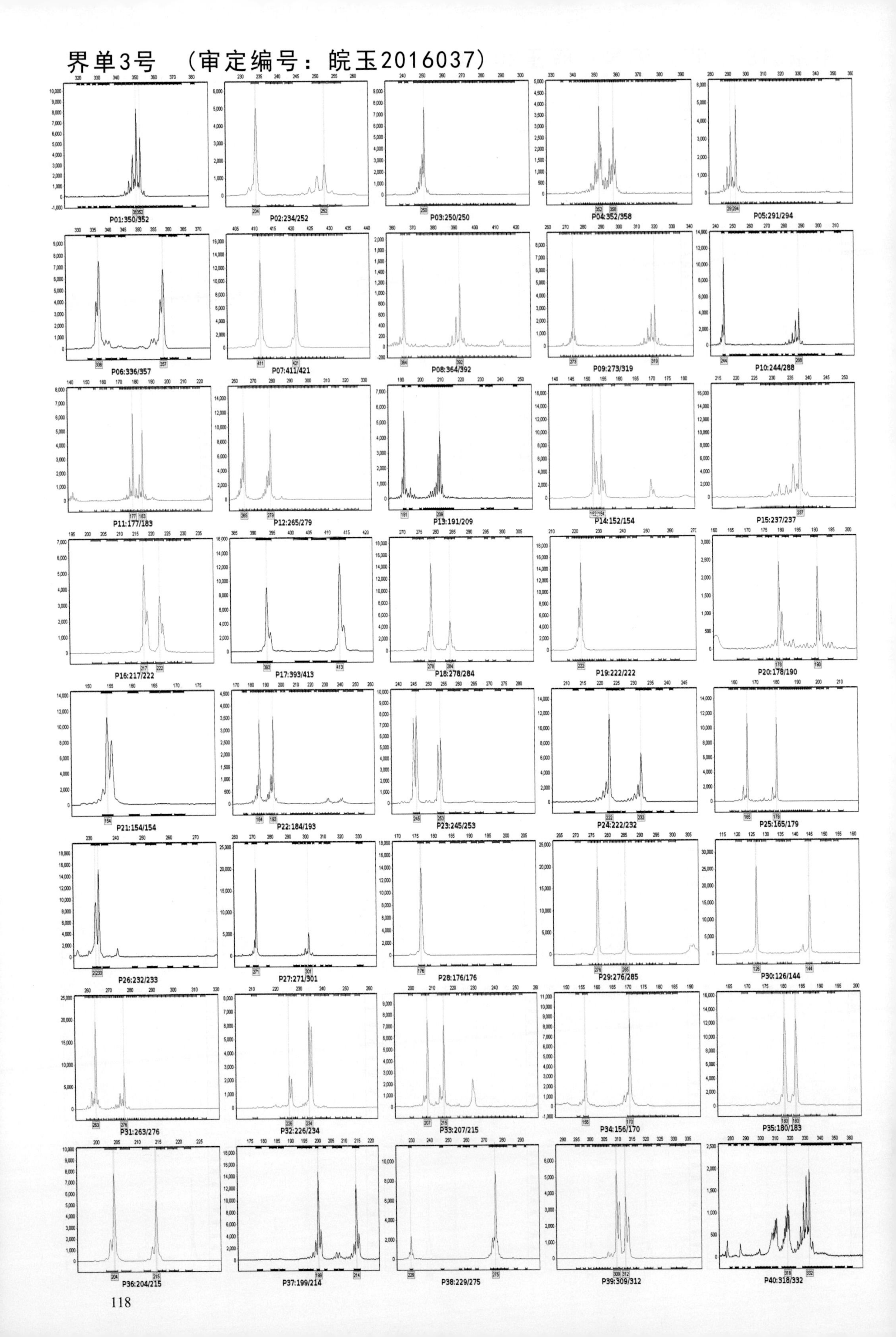

P01:350/352
P02:234/252
P03:250/250
P04:352/358
P05:291/294
P06:336/357
P07:411/421
P08:364/392
P09:273/319
P10:244/288
P11:177/183
P12:265/279
P13:191/209
P14:152/154
P15:237/237
P16:217/222
P17:393/413
P18:278/284
P19:222/222
P20:178/190
P21:154/154
P22:184/193
P23:245/253
P24:222/232
P25:165/179
P26:232/233
P27:271/301
P28:176/176
P29:276/285
P30:126/144
P31:263/276
P32:226/234
P33:207/215
P34:156/170
P35:180/183
P36:204/215
P37:199/214
P38:229/275
P39:309/312
P40:318/332

SY1102 （审定编号：皖玉2016038）

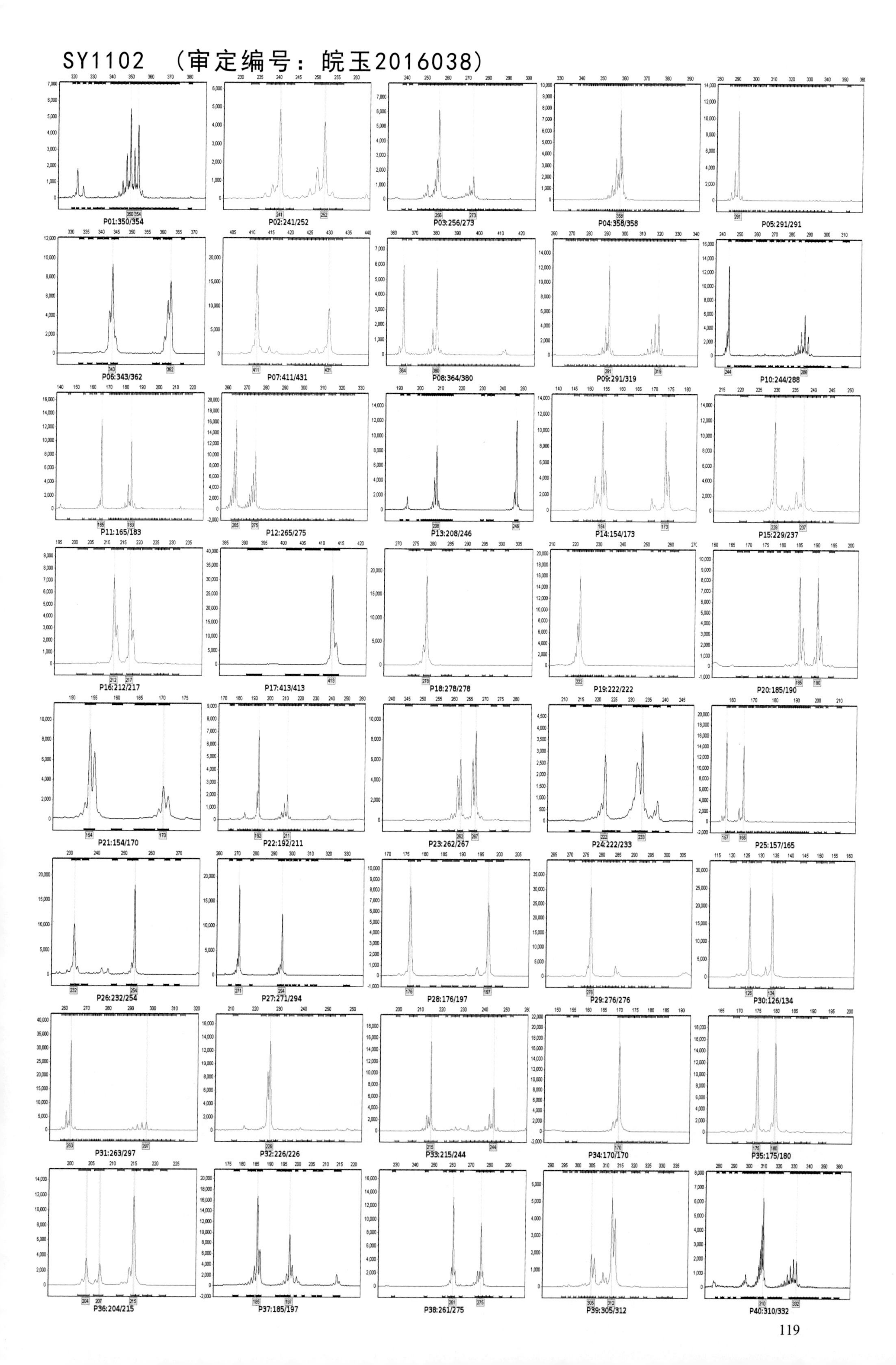
P01:350/354
P02:241/252
P03:256/273
P04:358/358
P05:291/291
P06:343/362
P07:411/431
P08:364/380
P09:291/319
P10:244/288
P11:165/183
P12:265/275
P13:208/246
P14:154/173
P15:229/237
P16:212/217
P17:413/413
P18:278/278
P19:222/222
P20:185/190
P21:154/170
P22:192/211
P23:262/267
P24:222/233
P25:157/165
P26:232/254
P27:271/294
P28:176/197
P29:276/276
P30:126/134
P31:263/297
P32:226/226
P33:215/244
P34:170/170
P35:175/180
P36:204/215
P37:185/197
P38:261/275
P39:305/312
P40:310/332

绿玉6号 （审定编号：皖玉2016040）

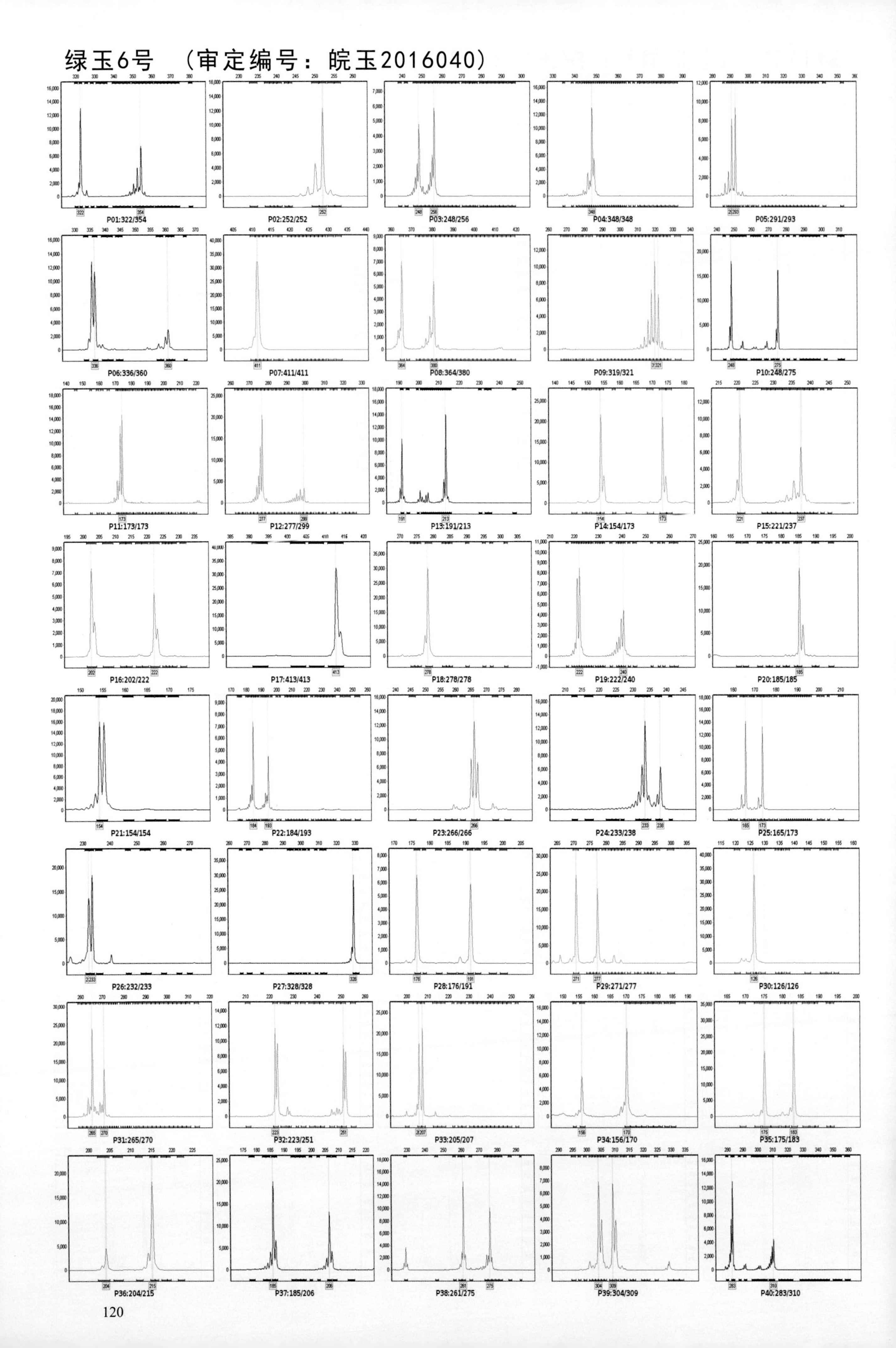

P01:322/354
P02:252/252
P03:248/256
P04:348/348
P05:291/293
P06:336/360
P07:411/411
P08:364/380
P09:319/321
P10:248/275
P11:173/173
P12:277/299
P13:191/213
P14:154/173
P15:221/237
P16:202/222
P17:413/413
P18:278/278
P19:222/240
P20:185/185
P21:154/154
P22:184/193
P23:266/266
P24:233/238
P25:165/173
P26:232/233
P27:328/328
P28:176/191
P29:271/277
P30:126/126
P31:265/270
P32:223/251
P33:205/207
P34:156/170
P35:175/183
P36:204/215
P37:185/206
P38:261/275
P39:304/309
P40:283/310

农科玉368 （审定编号：皖玉2016046）

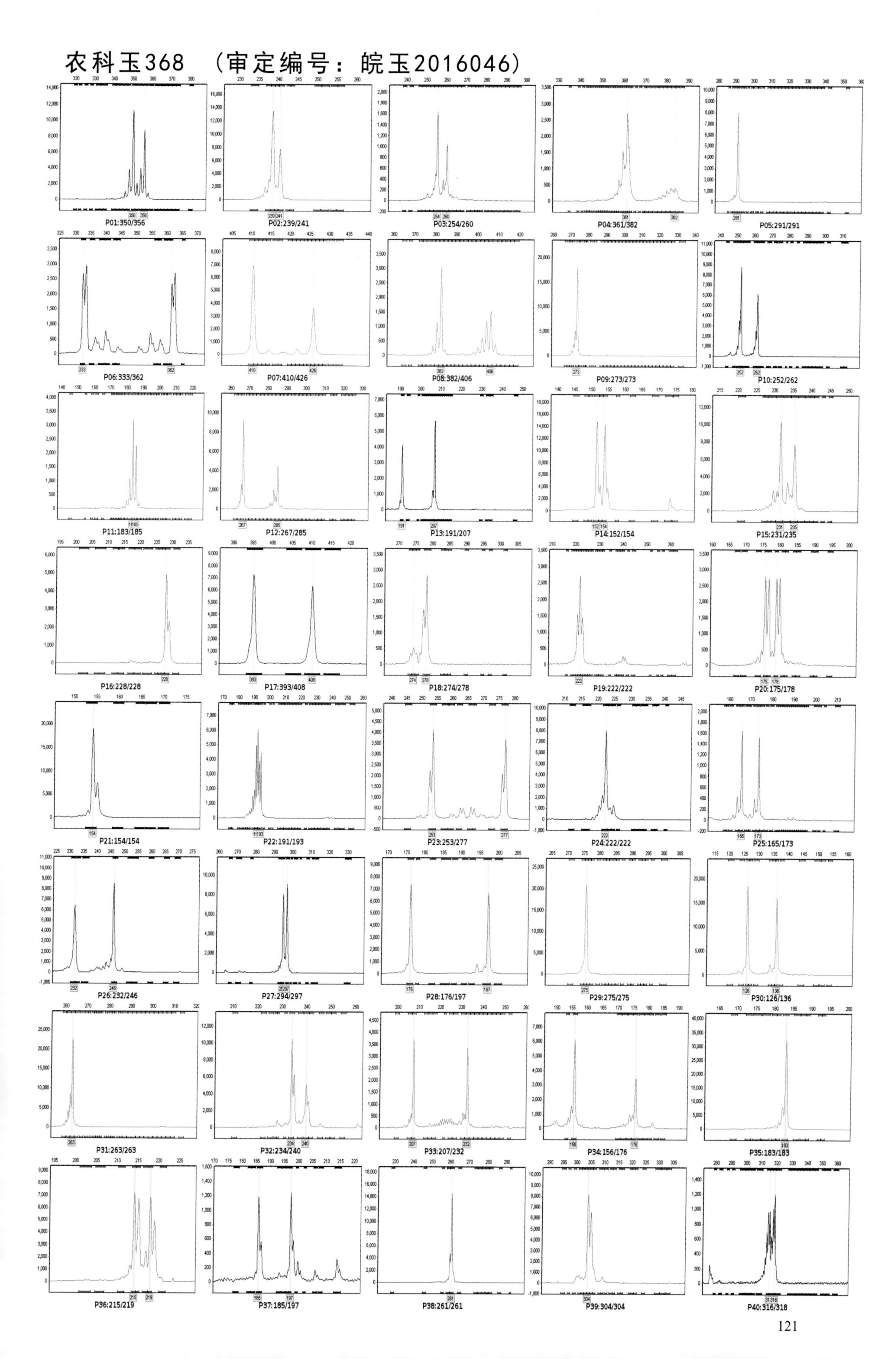
P01:350/356
P02:239/241
P03:254/260
P04:361/382
P05:291/291
P06:333/362
P07:410/426
P08:382/406
P09:273/273
P10:252/262
P11:183/185
P12:267/285
P13:191/207
P14:152/154
P15:231/235
P16:228/228
P17:393/408
P18:274/278
P19:222/222
P20:175/178
P21:154/154
P22:191/193
P23:253/277
P24:222/222
P25:165/173
P26:232/246
P27:294/297
P28:176/197
P29:275/275
P30:126/136
P31:263/263
P32:234/240
P33:207/232
P34:156/176
P35:183/183
P36:215/219
P37:185/197
P38:261/261
P39:304/304
P40:316/318

第二部分　品种审定公告

天禾3号

审定编号：02050351

选育单位：安徽天禾农业科技股份有限公司

品种来源：97N×A1202

特征特性：该品种夏播全生育期98天，株型紧凑。株高220cm，穗位90cm，穗长18cm，穗粗5.0cm，穗行数多为14～16行，行粒数35粒左右，千粒重320g。籽粒黄色、半硬粒型，穗轴红色；结实性好，秃尖度小，较抗小斑病、青枯病。

产量表现：经1999年、2000年省区试和生产试验，两年区试产量分别比对照掖单19增产6.82%、7.1%，生产试验比对照掖单19增产14.5%。一般亩产450kg。

栽培技术要点：夏播一般6月上、中旬播种为宜，亩留苗密度3500～4000株。

适宜种植地区：适于安徽省作春、夏播玉米种植。

天禾5号

审定编号：02050352

选育单位：安徽天禾农业科技股份有限公司

品种来源：A9438×A7242

特征特性：该品种夏播全生育期98天，株型紧凑。株高260cm，穗位100cm，穗长20cm，穗粗4.9cm，穗行数多为14行，行粒数35粒左右，千粒重340g。籽粒黄色、硬粒型，穗轴浅红色。保绿度好，较抗小斑病、黑穗病。

产量表现：2000年省中晚熟组区试比对照掖单19增产9.45%，2001年省中晚熟组区试比对照农大108减产0.9%；2001年省生产试验比对照掖单19增产5.5%。一般亩产480kg。

栽培技术要点：夏播一般6月上、中旬播种为宜，亩留苗密度3500株。

适宜种植地区：适于安徽省玉米产区种植。

皖玉 9 号

审定编号：02020353

选育单位：太和县高科农业技术信息服务站

品种来源：T07×T08

特征特性：该品种夏播全生育期 96 天，较早熟。株高 250cm，穗位 95cm，穗长 20cm，穗粗 5.0cm，穗行数多为 14 行，行粒数 35 粒，千粒重 370g 左右。籽粒纯黄色、硬粒型，穗轴红色。较抗小斑病、黑穗病。

产量表现：2000 年、2001 年参加省中早熟组区试，平均亩产分别为 461.9kg、559.7kg，分别比对照增产 23.6%、12.5%；2001 年省生产试验平均亩产 500.9kg，比对照掖单 19 增产 7.2%。一般亩产 500kg。

栽培技术要点：夏播一般 6 月上、中旬播种为宜，亩留苗密度 3500 株。

适宜种植地区：适于安徽省玉米产区作春、夏玉米种植。

豫玉 32

审定编号：02020354

选育单位：河南省农业科学院粮食作物研究所

品种来源：H01×H02

特征特性：该品种夏播全生育期 100 天，株高 260cm，穗位 100cm，穗长 20cm，穗粗 5cm，穗行数多为 16 行。幼苗叶尖椭圆形，叶鞘浅紫红色；雄穗分枝 13～15 个，花药浅粉红色；籽粒黄色、半马齿，穗轴浅红色。中晚熟、半紧凑，抗病性较强，高产稳产。

产量表现：2000 年、2001 年两年参加省区试中晚熟组，2000 年比对照掖单 19 增产 21.2%，2001 年比对照农大 108 增产 8.9%，2001 年省生产试验比对照掖单 19 增产 12.8%。一般亩产 500kg。

栽培技术要点：夏播一般 6 月上、中旬播种为宜；密度每亩 3000～3500 株为宜。大田生产中应防倒伏。

适宜种植地区：适宜在安徽省淮北和江淮玉米产区种植。

皖玉 10 号

审定编号：02020355

选育单位：安徽农业大学生命科学院

品种来源：安甜 616×安甜 688

特征特性：该品种株高 235cm，穗位高 75cm，穗长 20cm 左右，穗粗 5.4cm 左右，穗行数 18 行，果穗筒型，籽粒浅黄色。比对照苏甜 8 号甜度高，甜味正，口感较好，皮较厚，皮渣稍多，抗叶斑病，保绿度好。

产量表现：一般亩产鲜穗 900kg 左右。

栽培技术要点：一般早春播种气温在 10℃以上，亩留苗密度 3500～4000 株。需隔离种植，空间隔离 400m，时间隔离要求花期间隔 20 天以上。

适宜种植地区：适于安徽省作鲜食玉米种植。

高优 8 号

审定编号：03050360

选育单位：丰乐三高种业有限责任公司

品种来源：639×01

特征特性：该品种夏播全生育期 100 天，株高 280cm，穗位 100cm，穗长 20cm，穗粗 5.4cm。穗行数多为 l8 行，行粒数 34 粒左右，千粒重 340g 左右，出籽率 85%左右。籽粒黄色、马齿型。抗大斑病、小斑病、丝黑穗病、茎腐病，抗倒性稍差。

产量表现：经 2001 年、2002 年省区试和生产试验，两年省区试平均亩产分别为 542.8kg、553.4kg，比对照农大 108 分别增产 7.0%、6.75%；2002 年生产试验平均亩产 58l.4kg，比对照农大 108 增产 9.1%，一般亩产 550kg。

栽培技术要点：夏播一般 6 月上、中旬播种为宜，亩留苗 3000 株左右。

适宜种植地区：适宜安徽省春夏播种植。

中科 1 号

审定编号：03050361

选育单位：北京中科华泰科技有限公司等

品种来源：CT01×CT201

特征特性：该品种夏播全生育 100 天，株型紧凑。株高 240cm，穗位 100cm，穗长 17.0cm、穗粗 5.2cm，穗行数多为 14 行，行粒数 36 粒左右，千粒重 320g，出籽率 88%。幼苗叶尖椭圆形，叶鞘浅紫红色；籽粒黄色、马齿型，轴白色。抗大斑病、小斑病，轻感黑穗病，抗倒性稍差。

产量表现：经 2001 年、2002 年省区试和生产试验，2001 年区试平均亩产 570.9kg，比对照掖单 19 增产 14.7%；2002 年区试平均亩产 536.6kg，比对照农大 108 增产 3.78%；2002 年生产试验平均亩产 565kg，比对照掖单 19 和农大 108 分别增产 11.5%、6.0%。一般亩产 550kg 左右。

栽培技术要点：夏播一般 6 月上、中旬播种为宜，亩留苗 3500 株为宜。

适宜种植地区：适于安徽省玉米产区种植。

DH3687

审定编号：03050362

选育单位：山东登海种业股份有限公司

品种来源：DH13×P79

特征特性：该品种夏播全生育期 100 天，株高 240cm，穗位 90cm，幼苗叶鞘浅紫色，花药黄色，花丝浅粉色，果穗筒型。穗长 18cm，穗粗 4.8cm，穗行数多为 14 行，行粒数 40 粒，千粒重 300g。籽粒黄色，马齿型，穗轴红色。较抗大斑病、小斑病，不抗茎腐病，抗倒伏强。

产量表现：经 2001 年、2002 年省区试和生产试验，两年区试平均亩产分别为 536kg、530kg，分别比对照农大 108 增产 5.6%、2.6%；2002 年省生产试验平均亩产 561.4kg，比对照农大 108 增产 5.3%。一般亩产 500kg。

栽培技术要点：夏播一般 6 月上、中旬播种为宜，亩留苗 3800～4000 株。

适宜种植地区：适于安徽省种植。

豫玉 34

审定编号：03858363

选育单位：河南农业大学郑州国家玉米改良分中心

品种来源：豫 79×豫 25

特征特性：该品种夏播生育期 95 天，株型紧凑。株高 240cm，穗位 90cm，穗长 17cm，穗粗 4.5cm，穗行数多为 14 行，平均行粒数 33 粒，千粒重 320g 左右，出籽率 84%。籽粒浅黄色，半硬粒型，轴白色。籽粒淀粉含量高。抗大斑病、小斑病，轻感黑穗病，抗倒性一般。

产量表现：经 2000 年、2001 年省区试和生产试验，两年区试平均比对照掖单 19 增产 7.62%，2002 年省生产试验平均比对照增产 4.3%。一般亩产 450kg 左右。

栽培技术要点：夏播一般 6 月上、中旬播种为宜，每亩留苗度中低产地块 3500～3800 株，高水肥地块 3800～4500 株。

适宜种植地区：适宜在安徽省玉米产区种植。

正大 12 号

审定编号：04050431

选育单位：襄樊正大农业开发有限公司

品种来源：CT34×CTL16

特征特性：2004 年 3 月 1 日安徽省农作物品种审定委员会审定通过。该品种夏播全生育期 100 天左右，株型半紧凑。株高 260cm，穗位高 110cm，果穗长筒型，穗长 18cm，穗粗 5.3cm，表现少量秃尖。穗行数平均 16.2 行，行粒数 32.9 粒，出籽率 84.6%，千粒重 350g，轴红色，硬粒型，纯黄色，商品性好。抗病性较强，抗倒性稍差。

产量表现：参加 2002 年、2003 年省区试（B 组），两年平均亩产为 578.9kg、380.8kg，分别比对照农大 108 增产 10.14%、9.93%；2003 年同步进行生产试验，比对照农大 108 平均增产 15.2%。一般亩产 500kg。

栽培技术要点：夏播一般 6 月上、中旬播种为宜，亩留苗密度 3500 株。大田生产中应注意防止倒伏。

适宜种植地区：适宜安徽省种植。

皖玉 11 号

审定编号：04050432

选育单位：安徽省淮河种业有限责任公司

品种来源：宿 6256×H97-2

特征特性：2004 年 3 月 1 日安徽省农作物品种审定委员会审定通过。该品种夏播全生育期 100 天左右，株型半紧凑。株高 270cm，穗位高 110cm，果穗长筒型，穗长 18cm，穗粗 5.3cm，穗行数 14～16 行，行粒数 35 粒。出籽率 85.4%左右，千粒重 330g，红轴，籽粒纯黄色，半马齿型。较抗倒伏，轻感大斑病、小斑病。

产量表现：参加 2002 年、2003 年省区试（A 组），两年平均亩产为 546.7kg、363.7kg，分别比对照农大 108 增产 5.46%、9.54%；2003 年同步进行生产试验，比对照农大 108 平均增产 0.7%。一般亩产 500kg。

栽培技术要点：夏播一般 6 月上、中旬播种为宜，亩留苗密度 3000 株。

适宜种植地区：适宜安徽省种植。

金农 118

审定编号：04050433

选育单位：北京金农科种业有限公司

品种来源：CN93-129×92793

特征特性：该品种夏播全生育期 103 天，株型较松散。株高 230cm，穗位高 90cm，叶片宽大、长势旺盛，穗长 17cm，穗粗 5cm 左右，秃尖较少，穗行数 14～16 行，行粒数 35 粒，出籽率 86%左右，千粒重 310g。较抗倒伏，抗大斑病、小斑病，轻感茎腐病。

产量表现：参加 2002 年、2003 年省区试（C 组），两年平均亩产分别为 557.3kg、334.9kg，分别比对照农大 108 增产 7.98%、4.72%。2003 年同步进行生产试验，比对照农大 108 平均增产 18.2%。一般亩产 500kg。

栽培技术要点：夏播一般 6 月上、中旬播种为宜，亩留苗密度 3500 株。

适宜种植地区：适宜安徽省种植。

皖玉 12 号

审定编号：04050434

选育单位：阜阳丰乐种业有限公司

品种来源：D621×齐 319

特征特性：2004 年 3 月 1 日安徽省农作物品种审定委员会审定通过。该品种夏播全生育期 105 天左右，株型紧凑。株高 250cm，穗位 95cm，穗长 18cm，穗粗 5cm，籽粒半硬粒型，红轴，千粒重 380g。抗大斑病、小斑病。抗倒伏能力稍差。

产量表现：2001 年、2002 年参加省区试，2001 年平均亩产 516.4kg，比对照掖单 19 增产 3.8%，2002 年平均亩产 550.6kg,比对照农大 108 增产 4.76%；2003 年参加生产试验，比对照农大 108 平均增产 14.0%。一般亩产 500kg。

栽培技术要点：夏播一般 6 月上、中旬播种为宜，亩留苗密度 3500 株。大田生产中应注意防止倒伏。

适宜种植地区：适宜安徽省种植。

东单 60

审定编号：04050435

选育单位：辽宁东亚种业有限公司

品种来源：A801×C101

特征特性：该品种夏播全生育期 100 天左右。株型紧凑，活棵成熟。叶鞘紫色，叶色深绿，叶片宽大而上冲，全株叶片数 20 片；雄穗护颖绿色，花药黄色，花丝红色；株高 250cm，穗位高 100cm；果穗筒型，穗长 18cm，穗粗 5.5cm 左右；籽粒黄色，马齿型，红轴，穗行数 16～18 行，行粒数 32 粒，出籽率 85%左右，千粒重 300g 左右。高抗大斑病，抗灰斑病，抗弯孢菌叶斑病，高感纹枯病，感丝黑穗病。

产量表现：参加 2002 年、2003 年省区试（A 组），两年平均亩产分别为 560.0kg、361.2kg，分别比对照农大 108 增产 8.02%、8.78%；2003 年同步进行生产试验，比对照农大 108 平均增产 7.10%。一般亩产 500kg。

栽培技术要点：夏播一般 6 月上、中旬播种为宜，亩留苗密度 3000 株。

适宜种植地区：适合安徽省稀植区和套种区推广。

中科4号

审定编号：04050436

选育单位：河南省中科华泰玉米研究所

品种来源：CT019×9801

特征特性：该品种全生育期100天，植株半紧凑，株高260cm，穗位高100cm。穗长平均19cm，穗粗5.1cm中等，穗行数12～14行，行粒数35粒，出籽率85.0%，千粒重达370g。田间表现空秆率较低。籽粒纯黄色，白轴。抗病性较强，抗倒伏能力稍差，大田栽培应注意防倒。

产量表现：参加2002年、2003年省区试（B组），两年平均亩产分别为573.4kg、366.4kg，分别比对照农大108增产9.09%、5.78%；2003年同步进行生产试验，比对照农大108平均减产0.4%。一般亩产500kg。

栽培技术要点：夏播一般6月上、中旬播种为宜，亩留苗密度3500株。

适宜种植地区：适宜安徽省种植。

汇元20

审定编号：04050437

选育单位：山东洲元种业公司

品种来源：H025×H034

特征特性：该品种夏播全生育期103天，株型紧凑。株高260cm，穗位高100cm，抗逆性较强，穗长19cm，穗粗5.2cm，年际间较稳定，穗行数14～16行，行粒数33粒，出籽率85%左右，千粒重323g。高抗茎腐病，抗大斑病、小斑病、锈病、青枯病。

产量表现：参加2002年、2003年省区试（C组），两年平均亩产分别为556.7kg、347.6kg，分别比对照农大108增产7.87%、8.7%；2003年同步进行生产试验，比对照农大108减产4.3%，（因宿州试点涝灾较重减产26.7%所致）。一般亩产500kg。

栽培技术要点：夏播一般6月上、中旬播种为宜，亩留苗密度3500株。

适宜种植地区：适宜安徽省种植。

蠡玉 13 号

审定编号：04050438

选育单位：河北蠡县玉米所

品种来源：5812×H598

特征特性：该品种夏播全生育期 100 天左右。株型紧凑，活棵成熟。叶鞘紫色，叶色深绿；株高 240cm，穗位高 90cm；果穗筒型，籽粒纯黄色，半马齿型，白轴，穗长 17cm，穗粗 5cm 左右。穗行数 16～18 行，行粒数 32 粒，出籽率 88%左右，千粒重 320g 左右。抗倒性强。

产量表现：参加 2002 年、2003 年省区试（B 组），两年平均亩产分别为 561.7kg、380.5kg，分别比对照农大 108 增产 6.78%、9.83%。2003 年同步进行生产试验，比对照农大 108 平均减产 3.3%。一般亩产 500kg。

栽培技术要点：夏播一般 6 月上、中旬播种为宜，亩留苗密度 3500 株。

适宜种植地区：适宜安徽省种植。

户单 2000

审定编号：04050439

选育单位：陕西省户县秦龙玉米研究所

品种来源：Q763×L6

特征特性：该品种夏播全生育期 100 天左右。株型紧凑，活棵成熟。幼苗叶片宽大，叶鞘紫色，叶色深绿，雄穗发达，花药淡紫色，花丝淡红色；株高 240cm，穗位高 90cm；穗长 17cm，穗粗 5cm 左右。果穗筒型，籽粒纯黄色，半马齿型，白轴，穗行数 16～18 行，行粒数 32 粒，出籽率 88%左右，千粒重 320g 左右。抗倒性强。

产量表现：参加 2002 年、2003 年省区试，平均亩产 546.1kg、322.4kg，分别比对照农大 108 增产 5.81%、0.80%；2003 年同步生产试验，比对照农大 108 增产 15.1%，一般亩产 500kg。

栽培技术要点：夏播一般 6 月上、中旬播种为宜，亩留苗密度 3300 株。

适宜种植地区：适宜安徽省淮北地区种植。

皖玉 13 号

审定编号：04050440

选育单位：安徽技术师范学院玉米所

品种来源：衡白 522×糯 14

特征特性：该组合出苗至采收 78 天，株型半紧凑。株高 192cm，穗位高 79cm，穗长 17.3cm，穗粗 4.1cm，穗筒型，穗行数 12.6 行，行粒数 31.8 粒，白粒，白轴，鲜百粒重 28g。支链淀粉占总淀粉的 99.45%。田间表现：抗大斑病、小斑病，黑粉病轻。

产量表现：2003 年由省安排 6 个试点，平均鲜果穗亩产 555.7kg，比对照苏玉糯 1 号增产 8.7%。专家组现场品质品尝，品质评分 87 分，为二级。一般鲜果穗亩产 700kg。

栽培技术要点：夏播一般 6 月上、中旬播种为宜，亩留苗密度 3500 株。为防止互相串粉，影响品质，应采取隔离种植。

适宜种植地区：适宜安徽省作鲜食玉米种植。

皖玉 14 号

审定编号：04050441

选育单位：安徽农业大学

品种来源：安农 65×安沈 521

特征特性：该组合出苗至采收 80 天，株型半紧凑，株高 210cm，穗位高 70cm；果穗筒型，穗长 18cm，穗粗 5.0cm，穗行数 15.2 行，行粒数 36 粒；黄粒，白轴，鲜百粒重 36g，出籽率 70.3%。田间表现：抗大斑病、小斑病，黑粉病轻。鲜籽粒含糖量 16.5%。

产量表现：2003 年由省安排 6 个试点，平均鲜果穗亩产 620.3kg，比对照苏玉糯 1 号增产 21.3%。专家组现场品质品尝，品质评分 87 分，为二级。

栽培技术要点：夏播一般 6 月上、中旬播种为宜，亩留苗密度 4000 株。为防止互相串粉，影响品质，应采取隔离种植。

适宜种植地区：适宜安徽省作鲜食玉米种植。

皖玉 15 号

审定编号：04050442

选育单位：安徽农业大学

品种来源：安农 615×安沈 1

特征特性：该组合出苗至采收 80 天，株型半紧凑，株高 210cm，穗位高 70cm；果穗筒型，穗长 18cm，穗粗 4.6cm，穗行数 17.5 行，行粒数 32 粒；黄粒，白轴，鲜百粒重 30g；鲜籽粒含糖量 16.3%。田间表现：抗大斑病、小斑病，黑粉病轻。

产量表现：2003 年由省安排 6 个试点，平均鲜果穗亩产 629.0kg，比对照苏玉糯 1 号增产 23.0%。专家组现场品质品尝，品质评分 83 分，为二级。

栽培技术要点：夏播一般 6 月上、中旬播种为宜，亩留苗密度 4000 株。为防止互相串粉，影响品质，应采取隔离种植。

适宜种植地区：适宜安徽省作鲜食玉米种植。

蠡玉 16

审定编号：皖品审 05050487

选育单位：石家庄蠡玉科技开发有限公司

品种来源：953×91158

特征特性：该品种夏播全生育期约 96 天，株型半紧凑，株高约 240cm，穗位 100cm，花药黄色、花丝青色，果穗筒型，穗长 17cm，穗粗 5.2cm，穗行数多为 18 行，行粒数 30 粒，出籽率 88.0%，千粒重 300g，籽粒纯黄，半硬粒型，白轴。河北省农林科学院植物保护研究所接种抗性鉴定：高抗瘤黑粉病、矮花叶病，抗小斑病、茎腐病，中抗大斑病、弯孢菌叶斑病。

产量表现：2003 年、2004 年参加两年省区试，平均亩产分别为 376.8kg、521.0kg，比对照农大 108 分别增产 8.79%、7.97%；2004 年生产试验，平均亩产 528.7kg，比对照农大 108 增产 10.0%。一般亩产 500kg。

栽培技术要点：夏玉米一般 6 月中、下旬播种为宜；亩留苗密度 3500 株。

适宜种植地区：适宜安徽省种植。

正大 188

审定编号：皖品审 05050488

选育单位：正大生物科学(武汉)研究院

品种来源：CTLl1×CTL85

特征特性：该品种夏播全生育期约 96 天，株型紧凑，株高 240cm，穗位 100cm，花药黄色，花丝红色。穗行数多为 16 行，行粒数 33 粒，出籽率 88.2%，籽粒纯黄，硬粒型，白轴，千粒重 267g。河北省农林科学院植物保护研究所接种抗性鉴定结果：高抗矮花叶病，抗大斑病、瘤黑粉病，中抗小斑病、弯孢菌叶斑病，高感茎腐病和玉米螟。

产量表现：2003 年、2004 年参加两年省区试，平均亩产分别为 367.7kg、495.0kg，比对照农大 108 分别增产 6.15%、2.59%；2004 年生产试验，平均亩产 486.8kg，比对照农大 108 增产 1.29%。一般亩产 480kg。

栽培技术要点：夏玉米一般 6 月中、下旬播种为宜；亩留苗密度 3500 株。注意防治茎腐病和玉米螟。

适宜种植地区：适宜安徽省种植。

正糯 8 号

审定编号：皖品审 05050489

选育单位：正大生物科学(武汉)研究院

品种来源：Z188×Z226

特征特性：该组合夏播出苗至采收 69 天，和对照生育期相当。株型半紧凑，株高 240cm，穗位高 110cm。穗长 16cm，穗粗 4.4cm，果穗筒型，穗行数多为 14 行，行粒数 30 粒，粒色白色，轴白色，鲜百粒重 28.8g，出籽率 68.7%，田间病害记载结果，抗大斑病、小斑病，玉米螟为害轻。

产量表现：2003 年、2004 年参加两年省鲜食玉米区试，鲜果穗平均亩产分别为 506.2kg、636.4kg，比对照苏玉糯 1 号分别为增产 4.0%、16.0%。品质品尝评分为 82.8 分，品质评价为二级。一般鲜果穗亩产 600kg。

栽培技术要点：夏玉米一般 6 月上、中旬播种为宜；亩留苗密度 4000 株；为防止互相串粉影响品质，应采取隔离种植；大喇叭口期用生物农药及时防治玉米螟。

适宜种植地区：适宜安徽省作鲜食玉米种植。

西星黄糯 8 号

审定编号：皖品审 05050490

选育单位：山东登海种业西由种子分公司

品种来源：HNKl2-1-1×HN8972-2-2

特征特性：该组合夏播出苗至采收 68 天，比对照早一天。株型紧凑，株高 240cm，穗位高 95cm，穗长 20cm，穗粗 4.7cm，果穗筒型，穗行数 16.9 行，行粒数 32 粒，粒色黄色，轴红色，鲜百粒重 26.1g，出籽率 55.9%，田间病害记载结果显示，抗大斑病、小斑病，黑粉病轻，玉米螟为害中等。

产量表现：2003 年、2004 年参加两年省鲜食玉米区试，鲜果穗平均亩产分别为 614.3kg、740.7kg，比对照苏玉糯 1 号分别增产 16.4%、35.0%。品质品尝评分为 77.4 分，品质评价为二级。一般鲜果穗亩产 700kg。

栽培技术要点：夏玉米一般 6 月上、中旬播种为宜；亩留苗密度 4000 株，如稀播，可提高双穗率，超过 4200 株/亩，要预防倒伏；为防止互相串粉影响品质，应采取隔离种植；大喇叭口期用生物农药及时防治玉米螟。

适宜种植地区：适宜安徽省作鲜食玉米种植。

皖玉 16

审定编号：皖品审 05050491

选育单位：安徽省淮河种业有限公司

品种来源：HNl2.5×HN951

特征特性：该组合夏播出苗至采收 69 天，和对照生育期相当。株型紧凑，株高 210cm，穗位高 100cm。穗长 17cm，穗粗 4.2cm，果穗筒型，穗行数多为 14 行，行粒数 32 粒，粒色紫色，轴白色，鲜百粒重 27.5g，出籽率 65.1%，田间病害记载结果显示，抗大斑病、小斑病，玉米螟为害中等。

产量表现：2003 年、2004 年参加两年省鲜食玉米区试，鲜果穗平均亩产分别为 557.0kg、658.2kg，比对照苏玉糯 1 号增产 4.8%、20.0%，两年平均亩产 607.6kg，比对照增产 14.7%。品质品尝评分 81.3 分，品质评价为二级。一般鲜果穗亩产 600kg。

栽培技术要点：夏玉米一般 6 月上、中旬播种为宜；亩留苗密度 4000 株。为防止互相串粉影响品质，应采取隔离种植；大喇叭口期用生物农药及时防治玉米螟。

适宜种植地区：适宜安徽省作鲜食玉米种植。

郑 035

审定编号：皖品审 06050544

选育单位：河南省农业科学院

品种来源：H05×五黄桂

特征特性：夏播全生育期 100 天左右，比农大 108 晚熟 2 天；幼苗叶尖椭圆形，苗期长势旺盛，芽鞘紫红色；株型较松散，株高 250cm，穗位高 100cm。雄穗分枝 15 个左右，花药红色，花丝红色；全株约 20 片叶，叶片宽大下披，活棵成熟，抗倒伏能力较强。果穗筒型，穗长 18.0cm，穗粗 5.0cm 左右，穗行数 14～16 行，行粒数约 32 粒，出籽率 86%，千粒重 340g，穗轴红色，籽粒马齿型，纯黄色。河北省农林科学院植物保护研究所抗病虫接种鉴定结果：高抗小斑病、茎腐病和玉米螟，抗大斑病、弯孢菌叶斑病和矮花叶病，中抗瘤黑粉病。

产量表现：该品种参加 2004 年、2005 年两年安徽省稀植组区域试验，平均亩产分别为 502.8kg 和 446.1kg，比对照农大 108 分别增产 6.46%和 10.08%；两年区试 14 点次，13 点增产，1 点减产，平均亩产 474.5kg，比对照平均增产 8.14%；2005 年同步生产试验，5 点全部增产，平均亩产 508.8kg，比对照农大 108 增产 6.78%。

栽培技术要点：夏播种植应尽量提早播种，每亩留苗 3000～3500 株，可采用宽窄行种植，一般宽行 83cm，窄行 50cm，株距 30cm。播种前做好种子处理，提高播种质量；控制氮肥施用量，增施磷钾肥，高产田增施锌肥；加强田间管理，水肥管理上注意前控后促。

适宜种植地区：适宜在安徽省种植。

金海 2106

审定编号：皖品审 06050545

选育单位：山东省莱州市金海作物研究所

品种来源：JH3009×齐 319-5

特征特性：该品种夏播生育期 97 天，苗期芽鞘浅紫色，长势一般，株高 250cm，穗位高 95cm，株型紧凑，花药绿色，花丝青色，雄穗分枝 11 个左右，全株约 19 片叶，部分试点倒伏较重，空秆较多，茎腐病较重。果穗长筒型，半硬粒，籽粒纯黄，穗长 18.7cm，穗粗 4.9cm，秃尖较少，穗行数平均 16 行，且年季间较稳定，行粒数 32 粒，出籽率 87%，千粒重 320g 左右。河北省农林科学院植物保护研究所抗病虫接种鉴定结果：高抗大斑病、小斑病、矮花叶病，抗弯孢菌叶斑病、茎腐病和玉米螟，感瘤黑粉病。

产量表现：该品种参加2004年、2005年两年安徽省稀植组区域试验，2004年区试平均亩产499.4kg，比对照农大108增产3.51%，达极显著水平；2005年区试平均亩产423.3kg，较对照增产4.45%达极显著水平；两年区试15点次，12点增产，3点减产，平均亩产443.9kg，比对照增产3.94%。2005年同步生产试验，5点全部增产，平均亩产493.5kg，比对照农大108增产3.57%。

栽培技术要点：夏播种植一般在6月中旬播种，每亩留苗3000～3500株，麦田套种、清种或间作均可，一播全苗，施好基肥，重施穗肥，酌施粒肥，浇好开花至灌浆期的丰产水，注意氮磷钾肥的配合使用。生产中注意防治瘤黑粉病。

适宜种植地区：适宜在安徽省种植。

鲁宁202

审定编号：皖品审06050546

选育单位：山东省济宁市农业科学院

品种来源：Lx9801×N13

特征特性：该品种全生育期和郑单958相同，株型较紧凑，苗期长势较弱，芽鞘紫红色，花药护颖绿色，花丝粉红色，雄穗分枝10～14个，全株约20片叶，上部叶片下披松散，较抗倒伏，病害轻，活棵成熟。株高240cm，穗位高90cm。果穗长筒型，白轴，硬粒型，籽粒黄白色，穗长17cm，穗粗5cm，穗行数14.0行，行粒数32粒，出籽率86%，千粒重349g较高。河北省农林科学院植物保护研究所抗病虫接种鉴定结果：抗大斑病、茎腐病、矮花叶病，中抗小斑病、弯孢菌叶斑病，感瘤黑粉病、玉米螟。

产量表现：该品种参加2004年、2005年两年安徽省密植组区域试验，2004年区试，平均亩产534.3kg，比对照郑单958增产5.89%，达极显著水平；2005年区试平均亩产429.9kg，比对照增产5.99%，达极显著水平；两年区试14点次，12点增产，2点减产，平均亩产482.1kg，比对照增产5.93%。2005年同步生产试验，5点全部增产，亩产503.8kg，比对照郑单958增产10.19%。

栽培技术要点：夏播种植一般在6月20日以前播种为宜，每亩留苗3500～4000株，麦田套种、清种均可。注意前中后期均衡施肥。生产中注意防治瘤黑粉病。

适宜种植地区：适宜在安徽省种植。

金来玉 5 号

审定编号：皖品审 06050547

选育单位：山东莱州金莱种业有限公司

品种来源：JL4148×JL045

特征特性：夏播全生育期 96 天，株型紧凑，苗期长势旺，芽鞘紫红色，全株 19 片叶，穗上部叶片上冲，雄穗分枝 10 个左右较少，花药护颖绿色，花丝粉红色；株高 240cm，穗位高 90cm，较抗倒伏，田间病害发生轻，保绿度高，活棵成熟，成熟期外观长相良好。果穗筒型，穗长 18cm，穗粗 4.9cm，有少量秃尖，穗行数 14 行，行粒数 36 粒，白轴，硬粒形，籽粒纯黄，外观品质良好。出籽率 86.8%左右，千粒重 320g。河北省农林科学院植物保护研究所抗病虫接种鉴定结果：该品种高抗小斑病、弯孢菌叶斑病、茎腐病，抗大斑病、矮花叶病，感瘤黑粉病，高感玉米螟。

产量表现：该品种参加 2004 年、2005 年两年安徽省密植组区域试验，2004 年区试平均亩产 522.0kg，较对照郑单 958 增产 3.45%，达显著水平；2005 年区试平均亩产 430.8kg，较对照郑单 958 增产 6.21%，达极显著水平；两年区试 14 点次，11 点增产，3 点减产，平均亩产 476.4kg，比对照增产 4.68%。2005 年同步生产试验，5 点全部增产，平均亩产 479.4kg，比对照郑单 958 增产 4.86%。

栽培技术要点：夏播种植每亩留苗 4000 株，可采用宽窄行种植，麦田套种、清种均可，施足底肥，重施穗肥，酌施粒肥。生产中注意防治瘤黑粉病和玉米螟。

适宜种植地区：适宜在安徽省种植。

东 911

审定编号：皖品审 06050548

选育单位：四川东南种业公司

品种来源：H89-22×H272

特征特性：该品种夏播生育期 98 天，株型果穗以下较松散，穗上部叶片较上冲，全株 20 片叶，芽鞘紫红色，雄穗分枝 10～14 个，株高 246cm，穗位 93cm，穗长 19cm，较抗倒伏，田间病害发生轻，穗粗 4.7cm，有少量秃尖。果穗长筒型，籽粒纯黄、硬粒型，红轴，穗行数 14 行，行粒数 34 粒，千粒重 340g。河北省农林科学院植物保护研究所抗病虫接种鉴定结果：高抗弯孢菌叶斑病，抗大斑病、抗矮花叶病，中抗茎腐病，感小斑病，高感瘤黑粉病和玉米螟。

产量表现：该品种参加 2003 年、2004 年两年安徽省密植组区域试验，2003 年区试平均亩产 358.5kg，比对照郑单 958 增产 9.80%；2004 年区试平均亩产 527.5kg，比对照增产 4.87%，达极显著水平；两年区试 14 点次，10 点增产，4 点减产，平均亩产 443.0kg，比对照增产 6.81%。2005 年生产试验，4 点增产，1 点减产，亩产 475.6kg，比对照郑单 958 增产 4.02%。

栽培技术要点：夏播种植一般在 6 月中旬播种，每亩留苗 3500 株，麦田套种、清种或间作均可，一播全苗，施足基肥，重施穗肥，酌施粒肥，浇好开花至灌浆期的丰产水，注意氮磷钾肥的配合使用。生产中注意防治小斑病、瘤黑粉病和玉米螟。

适宜种植地区：适宜在安徽省种植。

皖玉 17 号

审定编号：皖品审 06050549

选育单位：安徽淮河种业有限公司

品种来源：H98-3×H97-2

特征特性：夏播生育期 95 天，株型紧凑，上部叶片宽大，苗期长势一般，株高 240cm，穗位 90cm，果穗穗柄短，雄穗分枝较短，分枝数 23～28 个，全株 20 片叶，花药黄色，花丝青色。果穗筒型，籽粒硬粒型，纯黄色，白轴，外观商品品质较好，穗长 16cm，穗粗 4.5cm 稍细，秃尖较少，穗行数 14 行，行粒数 34 粒较多，出籽率 88%左右较高，千粒重 300g 较低。据河北省农林科学院植物保护研究所抗病虫害鉴定结果：抗大斑病、弯孢菌叶斑病，瘤黑粉病、矮花叶病，中抗小斑病、茎腐病，感玉米螟。

产量表现：该品种 2003 年、2005 年三年安徽省密植组区域试验，2003 年区试平均亩产 338.7kg，较对照郑单 958 增产 3.74%；2004 年区试平均亩产 509.8kg，较对照增产 1.35%；2005 年区试平均亩产 433.0kg，平均增产 6.76%，达极显著水平。2004 年生产试验中，5 个点增产，1 个点减产，平均亩产 538.9kg，较对照郑单 958 增产 5.24%。

栽培技术要点：夏播种植一般在 6 月上、中旬播种，每亩留苗 4000 株，基肥以有机肥为主，同时配合使用磷、钾、锌肥；追施氮肥应提早，促早发。注意防旱、排涝，及时防治病虫草害。

适宜种植地区：适宜在安徽省种植。

皖玉 18 号

审定编号：皖品审 06050550

选育单位：宿州市农科所

品种来源：SN21×SN22

特征特性：夏播出苗至采收 72 天，与对照生育期相当。幼苗叶鞘紫红色，总叶片数 20 片。雄穗分枝 14 个，花药黄色，护颖淡红色，花丝浅紫色。株型半紧凑，株高 220cm，穗位高 90cm，穗长 19cm，穗粗 4.6cm，轴粗 2.9cm，秃尖长 2.9cm，穗筒型，穗行数 14 行，行粒数 30 粒，粒白色，轴白色，鲜百粒重 32.0g，田间病害较轻。品质评价结果，总评分 85.5 分。

产量表现：该品种参加 2004 年、2005 年两年安徽省鲜食组区域试验，2004 年区试鲜果穗平均亩产 822.5kg，比对照增产 49.9%；2005 年区试鲜果穗平均亩产 797.7kg，比对照增产 35.8%；两年平均亩产 810.1kg，比对照增产 42.6%。

栽培技术要点：一般每亩留苗密度春播 3500 株、夏播 4000 株；与其他类型玉米隔离种植，空间隔离一般 300m 以上，时间隔离以其他类型玉米散粉期相差 20 天以上为宜；最佳采收期在授粉后 23～25 天；用高效低毒的药剂防治病虫害，在喇叭口期用生物制剂 Bt 防治玉米螟。

适宜种植地区：适宜在安徽省作鲜食玉米种植。

皖玉 19 号

审定编号：皖品审 06050551

选育单位：安徽科技学院玉米研究所

品种来源：黄白糯×糯 6

特征特性：该组合出苗至采收 71 天，比对照生育期早 1 天。株高 210cm，穗位高 92cm，株型半紧凑，双穗率 0.3%，空秆率 3.9%，倒伏率 1.8%，倒折率 1.0%。穗长 16.9cm，穗粗 4.6cm，轴粗 2.8cm，秃尖长 2.9cm，穗锥形，穗行数 15.5 行，行粒数 25.6 粒，粒白色，轴白色，鲜百粒重 29.7g，田间病害记载结果，病害轻。品质评价结果，总评分 84.9 分。

产量表现：该品种参加 2004 年、2005 年两年安徽省鲜食组区域试验，2004 年鲜果穗平均亩产 725.6kg，比对照增产 32.3%；2005 年鲜果穗平均亩产 637.4kg，比对照增产 8.5%；两年平均亩产 681.5kg，比对照增产 20.0%。

栽培技术要点：一般每亩留苗密度春播 3300 株、夏播 3500 株；与其他类型玉米隔离种植，空间隔离一般 300m 以上，时间隔离以其他类型玉米散粉期相差 20 天以上为宜；最佳采收期在授粉后 23～25 天；用高效低毒的药剂防治病虫害，在喇叭口期防治玉米螟可用生物制剂 Bt。播种时，按每亩 20kg 沟施磷酸二铵，拔节前可按每亩 25～30kg 尿素一次性施追肥。

适宜种植地区：适宜在安徽省作鲜食玉米种植。

中甜 9 号

审定编号：皖品审 06050552

选育单位：中国农业科学院作物科学研究所

品种来源：CTB22×ZT67

特征特性：该组合出苗至采收 73 天，与对照相当。株高 216.1cm，穗位高 68cm，株型半紧凑，双穗率 0.4%，空秆率 8.6%，倒伏率 6.4%，倒折率 0.7%。穗长 19.2cm，穗粗 4.9cm，轴粗 2.9cm，秃尖长 3.6cm，果穗筒型，穗行数 16.2 行，行粒数 30.5 粒，粒黄色，轴白色，鲜百粒重 31.0g，田间病害记载结果，病害轻。品质评价结果，总评分 86.1 分。

产量表现：该品种参加 2004 年、2005 年两年安徽省鲜食组区域试验，2004 年鲜果穗平均亩产 813.1kg，比对照增产 48.2%；2005 年鲜果穗平均亩产 624.6kg，比对照增产 6.3%；两年平均亩产 718.9kg，比对照增产 26.6%。

栽培技术要点：一般每亩留苗密度春播 3300 株，夏播 3500 株；与其他类型玉米隔离种植，空间隔离一般 300m 以上，时间隔离以其他类型玉米散粉期相差 20 天以上为宜；最佳采收期在授粉后 23～25 天；用高效低毒的药剂防治病虫害，在喇叭口期用生物制剂 Bt 防治玉米螟。

适宜种植地区：适宜在安徽省作鲜食玉米种植。

淮河 10 号

审定编号：皖品审 07050571

选育单位：安徽省淮河种业有限责任公司

品种来源：ND81-2×N97-3

特征特性：该品种属中熟玉米杂交种，夏播全生育期97天，比对照早3天，株型紧凑，下部叶片稍松散，株高239cm，穗位99cm，苗期生长势强，成株青秀，透光性好。叶色深绿，保绿度高。果穗筒型，红轴，半硬粒，纯黄色，穗长20.0cm，穗粗4.8cm，平均穗行数13.6行，行粒数38.3粒，出籽率86.5%，千粒重328g，籽粒商品性好。2005年接种鉴定结果：高抗弯孢菌叶斑病、茎腐病、矮花叶病和玉米螟；抗大斑病、小斑病；感瘤黑粉病。2006年接种鉴定结果：高抗小斑病、弯孢菌叶斑病、矮花叶病；抗瘤黑粉病；中抗茎腐病；感玉米螟。

产量表现：参加2005年、2006年低密度组试验，平均亩产分别为446.6kg、520.2kg，比对照农大108增产分别为9.21%、10.62%；两年区试13点次全部增产，平均亩产480.56kg，比对照增产9.92%，两年增产均达极显著水平；同步生产试验6个试点全部增产，平均亩产510.9kg，比对照农大108增产8.63%。

栽培技术要点：夏种一般6月上中旬播种为宜，播种时种子包衣，适宜密度每亩3500株左右，高产田块可适当增加密度。注意防治瘤黑粉病、玉米螟。

适宜种植地区：适宜安徽省种植。

隆平206

审定编号：皖品审07050572

选育单位：安徽隆平高科种业有限公司

品种来源：L239×L7221

特征特性：该品种属中熟玉米杂交种，夏播全生育期98天，比对照早2天，株型较紧凑，叶片较窄挺，分布稀疏，透光性好，苗期长势强，叶色深绿，叶鞘紫色，花丝粉红色，穗轴红色，籽粒马齿型，纯黄色。株高284cm，穗位高119cm。果穗筒型，穗长19.1cm，穗粗5.4cm，平均穗行数13.5行，行粒数36.1粒，出籽率83.6%，千粒重373g。2005年鉴定结果：高抗弯孢菌叶斑病、茎腐病、瘤黑粉病；抗矮花叶病和玉米螟；中抗大斑病、小斑病。2006年鉴定结果：高抗矮花叶病；抗弯孢菌叶斑病、茎腐病；中抗瘤黑粉病、小斑病、玉米螟。

产量表现：2005年、2006年参加低密度组试验，平均亩产分别为445.8kg、545.7kg，比对照农大108增产分别为9.04%、16.05%；两年区试13点次12点增产，1点减产，平均亩产491.90kg，比对照平均增产12.57%，两年增产均达极显著水平；同步生产试验6个试点，4点增产，2点减产，平均亩产508.8kg，比对照增产8.19%。

栽培技术要点：夏种一般 6 月上中旬播种为宜，适宜密度每亩 3500 株左右。注意防治瘤黑粉病、玉米螟。抽雄前后注意防止倒伏。

适宜种植地区：适宜安徽省种植。

鲁单 9027

审定编号：皖品审 07050573

选育单位：山东省农业科学院玉米所选育(安徽隆平高科种业有限公司引进)

品种来源：LX02-7×LX9801

特征特性：该品种属中熟玉米杂交种，夏播全生育期 97 天，比对照早 3 天，叶色深绿，叶鞘紫色，花丝粉红色，株型较紧凑，株高 284cm，穗位高 101cm，果穗长筒型，籽粒半硬型，粒色黄白，红轴，穗长 19.9cm，穗粗 5.3cm，平均穗行数 13.5 行，行粒数 35.0 粒，出籽率 83.1%左右，千粒重 346g。2005 年鉴定结果：高抗茎腐病、瘤黑粉病；抗小斑病、弯孢菌叶斑病、矮花叶病和玉米螟；中抗大斑病。2006 年鉴定结果：高抗弯孢菌叶斑病、矮花叶病；抗小斑病、瘤黑粉病；中抗茎腐病、玉米螟。

产量表现：2005 年、2006 年参加低密度组试验，平均亩产分别为 445.6kg、533.7kg，比对照农大 108 增产分别为 9.95%、13.51%；两年区试 13 点次全部增产，平均亩产 486.26kg，比对照平均增产 11.72%，两年增产均达极显著水平；同步生产试验 6 个试点 3 个点增产，1 个点平产，2 个点减产，平均亩产 491.3kg，比对照增产 4.74%。

栽培技术要点：夏种一般 6 月上中旬播种为宜，适宜密度每亩 3500 株左右。大喇叭口期注意防治玉米螟。

适宜种植地区：适宜安徽省种植。

安隆 4 号

审定编号：皖品审 07050574

选育单位：安徽农业大学生命科学学院

品种来源：A02123×980

特征特性：该品种属中熟玉米杂交种，夏播全生育期 96 天，比对照早 4 天，株型较紧凑，苗期长势强，成株叶片窄挺，芽鞘紫色，花药、花丝均为浅紫色，果穗筒型，穗轴红色，籽粒半硬粒至半马齿型，粒色黄白，株高277cm，穗位高104cm，穗长20.6cm，穗粗5.0cm左右，平均穗行数14.2行，行粒数38.0粒，出籽率82.6%左右，千粒重321g。2005年鉴定结果：高抗瘤黑粉病、弯孢菌叶斑病、矮花叶病和玉米螟；抗大斑病、小斑病；中抗茎腐病。2006年鉴定结果：高抗弯孢菌叶斑病；中抗瘤黑粉病、矮花叶病、茎腐病和玉米螟；中感小斑病。

产量表现：2005年、2006年参加低密度组试验，平均亩产分别为440.7kg、487.6kg，比对照农大108增产分别为8.74%、3.70%；两年区试13点次，10点增产，3点减产，平均亩产462.35kg，比对照平均增产6.23%，两年增产均达极显著水平；同步生产试验6个试点，3点增产，1点平产，2点减产，平均亩产492.7kg，较对照农大108增产4.76%。

栽培技术要点：夏种一般6月上中旬播种为宜，适宜密度每亩3500株左右。大喇叭口期注意防治玉米螟，抽雄前后注意防止倒伏。

适宜种植地区：适宜安徽省种植。

益丰29

审定编号：皖品审07050575

选育单位：吉林省王义种业有限责任公司

品种来源：E003×昌7-2

特征特性：该品种属中熟玉米杂交种，夏播全生育期98天，比对照晚3天，株型紧凑，穗位部上叶片上举，穗位以上叶片宽大密集，比对照相抗病性能明显提高。田间保绿度达7级，活棵成熟。株高226cm适中，穗位高91cm，但较抗倒伏。果穗筒型，籽粒纯黄色、半马齿型，轴色白色。穗长16.4cm，穗粗5.1cm，平均穗行数14.6行，行粒数32粒，出籽率88.9%，千粒重315g，显著高于对照。2005年鉴定结果：高抗茎腐病；抗矮花叶病；中抗小斑病、弯孢菌叶斑病、玉米螟；感大斑病、瘤黑粉病。2006年鉴定结果：高抗小斑病、矮花叶病；抗弯孢菌叶斑病；中抗茎腐病、玉米螟；感瘤黑粉病。

产量表现：2005年、2006年参加高密度组试验，平均亩产分别为432.6kg、541.6kg，比对照郑单958增产分别为7.14%、8.46%；两年区试14点次全部增产，平均亩产486.9kg，比对照平均增产8.0%，两年增产均达极显著水平；同步生产试验7个试点全部增产，平均亩产488.1kg，比对照郑单958增产4.45%。

栽培技术要点：夏种一般6月上中旬播种为宜，播种时种子包衣，适宜密度每亩4000株左右，高产田块可适当增加密度。注意防治瘤黑粉病。

适宜种植地区：适宜安徽省种植。

源申 213

审定编号：皖品审 07050576

选育单位：河北省源申玉米研究所选育(河南金苑种业有限公司引进)

品种来源：Y243×Y246

特征特性：该品种属中熟玉米杂交种，夏播全生育期 97 天，比对照晚 2 天，株型紧凑，株高 235cm，穗位高 93cm 较高。果穗筒型，籽粒纯黄色、半硬粒至半马齿型，白轴，穗长 17.6cm，穗粗 4.6cm，穗行数 14.3 行，行粒数 36.1 粒，千粒重 294g 稍低，出籽率 88.7%。2005 年鉴定结果：高抗小斑病、茎腐病；抗大斑病、矮花叶病；中抗弯孢菌叶斑病；感瘤黑粉病；高感玉米螟。2006 年鉴定结果：高抗小斑病、矮花叶病；抗弯孢菌叶斑病：中抗茎腐病和玉米螟；感瘤黑粉病。

产量表现：2005 年、2006 年参加高密度组试验，平均亩产分别为 442.4kg、530.9kg，比对照郑单 958 增产分别为 9.57%、6.33%；两年区试 14 点次全部增产，平均亩产 492.97kg，比对照平均增产 7.5%，两年增产均达极显著水平；2006 年生产试验 7 个试点，6 个点增产，1 个点减产，平均亩产 491.3kg，比对照增产 5.56%。

栽培技术要点：夏种一般 6 月上中旬播种为宜，播种时种子包衣，适宜密度每亩 4000 株左右。注意防治瘤黑粉病、感玉米螟。

适宜种植地区：适宜安徽省种植。

蠡玉 35

审定编号：皖品审 07050577

选育单位：石家庄蠡玉科技开发有限公司

品种来源：912×L5895

特征特性：该品种属中熟玉米杂交种，夏播全生育期 97 天，苗期长势稍弱，上部叶片宽大，稍松散，田间表现穗大，抗病。株高 233cm，穗位高 95cm 显著高于对照。穗长 17.1cm，穗粗 4.7cm，穗行数 15.0 行，行粒数 32.9 粒，出籽率 88.4%，千粒重 316g。2005 年鉴定结果：抗茎腐病、小斑病；中抗大斑病、弯孢菌叶斑病、矮花叶病；感瘤黑粉病和玉米螟。2006 年鉴定结果：高抗矮花叶病；抗小斑病；中抗弯孢菌叶斑病和茎腐病；感瘤黑粉病和玉米螟。

产量表现：2005 年、2006 年参加高密度组试验，平均亩产分别为 435.8kg、518.5kg，比对照郑单 958 增产分别为 10.05%、3.85%；两年区试 14 点次 13 个点增产，平均亩产 483.06kg，比对照平均增产 5.2%。两年增产均达极显著水平；2006 年生产试验 7 个试点全部增产，平均亩产 501.4kg，比对照增产 7.86%。

栽培技术要点：夏种一般 6 月上中旬播种为宜，适宜密度每亩 4000 株左右，高产田块可适当增加密度。注意防治瘤黑粉病，抽雄前后注意防止倒伏。

适宜种植地区：适宜安徽省种植。

弘大 8 号

审定编号：皖品审 07050578

选育单位：安徽省农业科学院作物研究所

品种来源：C-50×皖系 47

特征特性：该品种属中熟玉米杂交种，夏播全生育期 97 天，比对照晚 2 天，叶鞘绿色，株型紧凑，叶片窄挺，分布稀疏，全株叶片 20 片，果穗以上部位叶片稍松散，雄穗分枝 12 个，花药黄色，花丝无。田间表现抗病性强。株高 243cm，穗位高 94cm 左右，抗倒伏能力较强。果穗筒型，籽粒纯黄色、偏硬粒型，商品品质优良。轴白色，穗长 18.2cm，穗粗 4.6cm 左右，平均穗行数 14.1 行，行粒数 33.9 粒，千粒重 318g 左右，出籽率 87.4%。2005 年鉴定结果：高抗弯孢菌叶斑病、茎腐病和矮花叶病；中抗大斑病、小斑病和瘤黑粉病；感玉米螟。2006 年鉴定结果：高抗矮花叶病；中抗小斑病、弯孢菌叶斑病、茎腐病、玉米螟；感瘤黑粉病。

产量表现：2005 年、2006 年参加高密度组试验，平均亩产分别为 426.6kg、526.6kg，比对照郑单 958 增产分别为 5.64%、5.48%；两年区试 14 点次 12 个点增产，平均亩产 483.74kg，比对照平均增产 5.53%，两年增产均达极显著水平；同步生产试验 7 个试点全部增产，平均亩产 485.8kg，比对照增产 4.09%。

栽培技术要点：夏种一般 6 月上中旬播种为宜，适宜密度每亩 4000 株左右。注意防治瘤黑粉病、玉米螟。

适宜种植地区：适宜安徽省种植。

宿单9号

审定编号：皖品审07050579

选育单位：宿州农业科学研究所

品种来源：齐319×皖宿107

特征特性：该品种属中熟玉米杂交种，夏播全生育期96天，株型半紧凑，芽鞘浅紫色，花药、花丝均为紫色。株高248cm，穗位高88cm，叶片较窄、叶尖下披、叶色浓绿，叶片分布稀疏，通风透光性好，保绿度高，活棵成熟，较抗倒伏。果穗筒型，穗轴白色，籽粒硬粒型，纯黄色，籽粒外观商品品质优良。穗长16.4cm，穗粗4.8cm，不秃尖，穗行数14.6行，行粒数31.5粒较少，出籽率87.1%。千粒重332g，高于对照郑单958达29g。2005年鉴定结果：高抗茎腐病、矮花叶病；抗大斑病、小斑病、弯孢菌叶斑病；感瘤黑粉病和玉米螟。2006年鉴定结果：高抗弯孢菌叶斑病和矮花叶病；抗小斑病和茎腐病；中抗瘤黑粉病；感玉米螟。

产量表现：2004年、2005年参加高密度组试验，平均亩产分别为518.0kg、424.8kg，比对照郑单958增产分别为2.98%、4.75%；两年区试共14点次，9个点增产，5个点减产，平均亩产471.4kg，比对照平均增产3.76%，两年增产均达极显著水平；2006年生产试验7个试点6点增产，1点减产，平均亩产479.2kg，比对照增产3.25%。

栽培技术要点：夏种一般6月上中旬播种为宜，适宜密度每亩4000株左右。注意防治瘤黑粉病、玉米螟。

适宜种植地区：适宜安徽省种植。

正糯10号

审定编号：皖品审07050580

选育单位：正大生物科学(武汉)研究院

品种来源：N188×N339

特征特性：该品种属糯玉米杂交种，出苗至采收72天，株型半紧凑，株高212cm，穗位高82cm，穗长20.5cm，穗粗4.7cm。轴白色，籽粒白色，抗倒伏。2005年品质综合评分85.0分，2006年专家品质评价83.5分达到2级标准，各试点平均品质评价86.4分。两年平均85.1分。田间病害记载，病害轻。

产量表现：参加鲜食组试验，2005年7个试点，6点增产1点减产，平均亩产鲜穗671.5kg，较对照增产14.3%；2006年6个试点全部增产，平均亩产鲜穗748.4kg，较对照增产11.3%，两年平均鲜穗产量7l0.0kg，比对照增产 12.7%。

栽培技术要点：夏玉米一般 6 月上、中旬播种为宜；亩留苗密度 3500 株；为防止互相串粉影响品质，应采取隔离种植；大喇叭口期用生物农药及时防治玉米螟；授粉后 20～25 天采收为宜。

适宜种植地区：适宜安徽省作鲜食玉米种植。

丰糯 1 号

审定编号：皖品审 07050581

选育单位：安徽科技学院丰乐种业股份有限公司

品种来源：糯 43225×获白糯

特征特性：该品种属糯玉米杂交种，出苗至采收 71 天，株型紧凑，株高 225cm，穗位高 103cm，穗长 16.7cm，穗粗 4.4cm。轴白色，籽粒白色。2005 年品质综合评分 85.0 分，2006 年专家品质评价 85.2 分达到 2 级标准，各试点平均品质评价 86.7 分。田间病害记载，病害轻。

产量表现：参加鲜食组试验，2005 年 7 个试点，5 点增产 2 点减产，平均亩产鲜穗 615.1kg，较对照增产 4.7%；2006 年 6 个试点，5 点增产 1 点减产，平均亩产鲜穗 696.9kg，较对照增产 3.6%，两年平均鲜穗产量 656.0kg，比对照增产 4.1%。

栽培技术要点：夏玉米一般 6 月上、中旬播种为宜；亩留苗密度 3500 株；为防止互相串粉影响品质，应采取隔离种植；大喇叭口期用生物农药及时防治玉米螟；授粉后 20～25 天采收为宜。

适宜种植地区：适宜安徽省作鲜食玉米种植。

淮科糯 1 号

审定编号：皖品审 07050582

选育单位：淮北市科丰种业有限公司

品种来源：糯 94-2×N3

特征特性：该品种属糯玉米杂交种，出苗至采收 71.7 天，株型紧凑，株高 215cm，穗位 93cm，穗长 20.5cm，穗粗 4.3cm。轴白色，籽粒紫色，倒伏轻。2005 年品质综合评分 85.7 分，2006 年专家品质评价 85.0 分达到 2

级标准，各试点平均品质评价 86.8 分。田间病害记载，病害轻。

产量表现：参加鲜食组试验，2005 年 7 个试点全部增产，平均亩产鲜穗 685.6kg，较对照增产 16.7%；2006 年 6 个试点，5 点增产，1 点减产，平均亩产鲜穗 710.7kg，较对照增产 5.7%。两年平均鲜穗产量 698.2kg，比对照增产 10.8%。

栽培技术要点：夏玉米一般 6 月上、中旬播种为宜；亩留苗密度 3500 株；为防止互相串粉影响品质，应采取隔离种植；大喇叭口期用生物农药及时防治玉米螟。

适宜种植地区：适宜安徽省作鲜食玉米种植。

皖糯 2 号

审定编号：皖玉 2008001

选育单位：安徽省农业科学院作物研究所

品种来源：3A×WN9

特征特性：幼苗叶鞘紫色，株型半紧凑，花药绿色，气生根绿色，果穗短筒型，籽粒白色，轴白色。2006 年、2007 年两年区域试验表明，出苗至采收 71 天左右，比对照品种（皖玉 13）早熟 2～4 天。株高 226cm 左右，穗位 86cm 左右，叶片数 18 片左右，雄穗分枝 5～8 个，穗长 16cm 左右，穗粗 4.2cm 左右。田间发病情况：2006 年各项病害发生较轻；2007 年高抗大斑病、小斑病、矮花叶病毒病。2006 年专家评价总分 86.4 分，各区试点品质评价 86.6 分；2007 年专家评价总分 86.9 分，各区试点品质评价 86.4 分。

产量表现：在一般栽培条件下，2006 年鲜食组区试鲜穗亩产 692kg，较对照品种增产 2.8%；2007 年区试亩产 606kg，较对照品种增产 8.5%。两年区试平均亩产 649kg，较对照品种增产 5.4%。

栽培技术要点：在不同使用条件下，皖糯 2 号抗性、品质和产量表现都可能有所不同。建议推广者进一步做好皖糯 2 号在推广地区的示范和技术指导工作；向使用者说明皖糯 2 号在推广地区使用存在的抗热害特性、抗病性等方面的遗传性缺陷，告知使用者适宜的栽培技术和正确防治有关病虫草害的方法。

适宜种植地区：安徽全省。

宿糯 2 号

审定编号： 皖玉 2008002

选育单位： 宿州市农业科学研究所

品种来源： SN23×SN22

特征特性： 幼苗叶鞘紫色，株型半紧凑，花药绿色，花粉量一般，花丝浅红色，籽粒白色，轴白色。2006 年、2007 年两年区域试验表明，出苗至采收 73 天左右，比对照皖玉 13 早熟 1 天。株高 195cm 左右，穗位 65～69cm，叶片数 18～20 片，雄穗分枝 10 个左右，穗长 18cm 左右，穗粗 4.1cm 左右。田间发病情况：2006 年各项病害发生较轻；2007 年高抗大斑病、小斑病、矮花叶病毒病。2006 年专家评价总分 85.8 分，各区试点品质评价 83.3 分；2007 年专家评价总分 88.4 分，各区试点品质评价 86.2 分。

产量表现： 在一般栽培条件下，2006 年鲜食组区试鲜穗亩产 656kg，较对照品种减产 2.5%；2007 年区试亩产 621kg，较对照品种增产 6.3%。两年区试平均亩产 638kg，较对照品种增产 1.6%。

栽培技术要点： 在不同使用条件下，宿糯 2 号抗性、品质和产量表现都可能有所不同。建议推广者进一步做好宿糯 2 号在推广地区的示范和技术指导工作，向使用者说明宿糯 2 号在推广地区使用存在的抗热害特性、抗病性等方面的遗传性缺陷，告知使用者适宜的栽培技术和正确防治有关病虫草害的方法。

适宜种植地区： 安徽全省。

濉黑糯 2 号

审定编号： 皖玉 2008003

选育单位： 濉溪县农业科学研究所

品种来源： 糯 57×鲁 D047

特征特性： 幼苗叶鞘紫色，株型半紧凑，花丝紫红色，果穗长筒型，轴黑色，籽粒紫黑色。2006 年、2007 年两年区域试验表明，出苗至采收 75 天左右，比对照品种（皖玉 13）晚熟 1 天左右。株高 228cm 左右，穗位 93～98cm，总叶片数 18 片左右，穗长 20cm 左右，穗粗 4.1cm 左右。田间发病情况：2006 年各项病害发生较轻；2007 年高抗大斑病、小斑病、矮花叶病毒病。2006 年专家评价总分 85.2 分，各区试点品质评价 84.2 分；2007 年专家评价总分 85.7 分，各区试点品质评价 86.1 分。

产量表现： 在一般栽培条件下，2006 年鲜食组区试鲜穗亩产 671kg，较对照品种减产 0.3%；2007 年区试亩产 620kg，较对照品种增产 8.5%。两年区试平均亩产 646kg，较对照品种增产 3.7%。

栽培技术要点：在不同使用条件下，濉黑糯 2 号抗性、品质和产量表现都可能有所不同。建议推广者进一步做好濉黑糯 2 号在推广地区的示范和技术指导工作，向使用者说明濉黑糯 2 号在推广地区使用存在的抗热害特性、抗病性等方面的遗传性缺陷，告知使用者适宜的栽培技术和正确防治有关病虫草害的方法。

适宜种植地区：安徽全省。

滑玉 13

审定编号：皖玉 2008004

选育单位：河南滑丰种业科技有限公司

品种来源：HF12×HFC72

特征特性：幼苗叶鞘紫色，第一片叶叶尖卵圆形；株型半紧凑，叶片窄，分布稀疏；花丝紫色，花黄色，果穗筒型，籽粒黄色、半马齿至硬粒型，轴白色。2006 年、2007 两年高密度组区域试验表明，株高 239cm 左右，穗位 105cm 左右，穗长 17cm 左右，穗粗 4.9cm 左右，秃尖 1cm 左右；穗行数 15 左右，行粒数 34 粒左右，出籽率 88%左右，千粒重 301g 左右。全生育期 96 天左右，与对照郑单 958 相当。经河北省农林科学院植物保护研究所接种鉴定，2006 年高抗矮花叶病，中抗茎腐病，抗小斑病、弯孢菌叶斑病和瘤黑粉病，感玉米螟；2007 年高抗南方锈病，抗小斑病，中抗茎腐病，感弯孢菌叶斑病、瘤黑粉病、矮花叶病、玉米螟。

产量表现：在一般栽培条件下，2006 年区试亩产 531kg，较对照品种增产 6.1%（极显著）；2007 年区试亩产 502kg，较对照品种增产 3.4%（显著）。两年区试平均亩产 516kg，较对照品种增产 4.9%。2007 年生产试验亩产 452kg，较对照品种增产 4.6%。

栽培技术要点：在不同使用条件下，滑玉 13 抗性、品质和产量表现都可能有所不同。建议推广者进一步做好滑玉 13 在推广地区的示范和技术指导工作，向使用者说明滑玉 13 在推广地区使用存在的抗热害特性、抗病性等方面的遗传性缺陷，告知使用者适宜的栽培技术和正确防治有关病虫草害的方法。

适宜种植地区：安徽省淮北地区种植。

鲁单 661

审定编号：皖玉 2008005

选育单位：山东省农业科学院玉米研究所

品种来源：齐 319×308

特征特性：株型较松散，叶片分布稀疏，叶鞘紫色，果穗筒型，花丝粉红色，穗轴红色，半硬粒型，粒色黄白。2006 年、2007 年两年低密度组区域试验表明，株高 269cm 左右，穗位 97～106cm，穗长 18cm 左右，穗粗 5cm 左右，秃尖 1cm 左右；穗行数 14 行左右，行粒数 34 粒左右，出籽率 85%左右，千粒重 339g 左右。全生育期 96 天左右，比对照品种（农大 108）早熟 4 天左右。经河北省农林科学院植物保护研究所接种鉴定，2006 年高抗弯孢菌叶斑病、瘤黑粉病，抗茎腐病、小斑病、矮花叶病，感玉米螟；2007 年抗小斑病，中抗矮花叶病、南方锈病、茎腐病、弯孢菌叶斑病和玉米螟，感瘤黑粉病。

产量表现：在一般栽培条件下，2006 年区试亩产 512kg，较对照品种增产 9%（极显著）；2007 年区试亩产 477kg，较对照品种增产 2.7%（不显著）。两年区试平均亩产 495kg，较对照品种增产 5.4%。2007 年生产试验亩产 447kg，较对照品种增产 0.9%。

栽培技术要点：在不同使用条件下，鲁单 661 抗性、品质和产量表现都可能有所不同。建议推广者进一步做好鲁单 661 在推广地区的示范和技术指导工作，向使用者说明鲁单 661 在推广地区使用存在的抗热害特性、抗病性等方面的遗传性缺陷，告知使用者适宜的栽培技术和正确防治有关病虫草害的方法。

适宜种植地区：安徽省淮北和江淮地区。

中农大 311

审定编号：皖玉 2008006

选育单位：中国农业大学

品种来源：丹 3130×W499

特征特性：株型较紧凑，叶片较窄且分布稀疏，果穗长筒型，籽粒半马齿至半硬粒型，粒色纯黄，外观商品性良好。2006 年、2007 两年低密度组区域试验表明，株高 269cm 左右，穗位 98～106cm，穗长 19cm 左右，穗粗 4.8cm 左右，秃尖 1cm 左右；穗行数 15 行左右，行粒数 34 粒左右，出籽率 83%左右，千粒重 340g 左右。生育期 99 天左右，与对照品种（农大 108）相当。经河北省农林科学院植物保护研究所接种鉴定，2006 年高抗矮花叶病、玉米螟，抗茎腐病，中抗小斑病、弯孢菌叶斑病和瘤黑粉病；2007 年高抗南方锈病，抗玉米螟，中抗弯孢菌叶斑病、茎腐病，感小斑病、矮花叶病，高感瘤黑粉病。

产量表现：在一般栽培条件下，2006 年区试亩产 514kg，较对照品种增产 11.8%（极显著）；2007 年区试亩产 497kg，较对照品种增产 6.4%（极显著）。两年区试平均亩产 505kg，较对照品种增产 9.1%。2007 年生产试验亩产 444kg，较对照品种增产 2.9%。

栽培技术要点：在不同使用条件下，中农大 311 抗性、品质和产量表现都可能有所不同。建议推广者进一步做好中农大 311 在推广地区的示范和技术指导工作，向使用者说明中农大 311 在推广地区使用存在的抗热害特性、抗病性等方面的遗传性缺陷，告知使用者适宜的栽培技术和正确防治有关病虫草害的方法。

适宜种植地区：安徽省淮北和江淮地区。

安囤 8 号

审定编号：皖玉 2008007

选育单位：阜阳市颍泉区苏集小麦杂粮研究所

品种来源：TY2238×TY3035

特征特性：株型松散，叶片较窄，分布疏松，花药紫色，花丝浅紫色，果穗长筒型，白轴，硬粒，粒色黄白。2006 年、2007 年两年高密度组区域试验表明，株高 265cm 左右，穗位 99～105cm，穗长 17cm 左右，穗粗 5.1cm 左右，秃尖 1～2cm；穗行数 15 行左右，行粒数 32 粒左右，出籽率 84%左右，千粒重 319g 左右。全生育期 98 天左右，比对照品种（郑单 958）迟熟 2 天左右。经河北省农林科学院植物保护研究所接种鉴定，2006 年高抗小斑病、矮花叶病、弯孢菌叶斑病，中抗瘤黑粉病、茎腐病，感玉米螟；2007 年高抗小斑病、南方锈病、茎腐病，中抗弯孢菌叶斑病、矮花叶病、玉米螟，感瘤黑粉病。

产量表现：在一般栽培条件下，2006 年区试亩产 519kg，较对照品种增产 3.9%（极显著）；2007 年区试亩产 507kg，较对照品种增产 4.4%（极显著）。两年区试平均亩产 513kg，较对照品种增产 4.1%。2007 年生产试验亩产 465kg，较对照品种增产 6.2%。

栽培技术要点：在不同使用条件下，安囤 8 号抗性、品质和产量表现都可能有所不同。建议推广者进一步做好安囤 8 号在推广地区的示范和技术指导工作，向使用者说明安囤 8 号在推广地区使用存在的抗热害特性、抗病性等方面的遗传性缺陷，告知使用者适宜的栽培技术和正确防治有关病虫草害的方法。

适宜种植地区：安徽省淮北和江淮丘陵地区。

正糯 11 号

审定编号：皖玉 2009001

选育单位：正大生科院阜阳科技园

品种来源：EN369×EN288

特征特性：叶片窄长，株型半紧凑，花药黄色，花丝浅红色，果穗筒型，白轴，白粒，糯质硬粒。2006 年、2007 年两年区域试验表明，出苗至采收 72 天左右，比对照品种（皖玉 13）早熟 2 天。株高 201cm 左右，穗位 74cm 左右，穗长 18cm 左右，穗粗 4.5cm 左右。两年区试平均倒伏、倒折率为 0.1%，田间发病级别平均分别为：大斑病 0.8 级，小斑病 1.8 级，矮花叶病毒病 1 级。2006 年专家评价总分 87.4 分，各区试点品质评价 86.3 分；2007 年专家评价总分 87.0 分，各区试点品质评价 86.2 分。

产量表现：在一般栽培条件下，2006 年鲜食组区试鲜穗亩产 739kg，较对照品种增产 9.9%；2007 年区试亩产 628kg，较对照品种增产 4.3%。

栽培技术要点：在不同使用条件下，正糯 11 号抗性、品质和产量表现都可能有所不同。建议推广者进一步做好正糯 11 号在推广地区的示范和技术指导工作；向使用者说明正糯 11 号在推广地区使用存在的抗热害特性、抗病性等方面的遗传性缺陷，告知使用者适宜的栽培技术和正确防治有关病虫草害的方法。

适宜种植地区：安徽全省。

丹玉 302 号

审定编号：皖玉 2009002

选育单位：丹东农业科学院

品种来源：丹 T133×丹 T138

特征特性：叶鞘紫色，株型半紧凑，籽粒黄色、马齿型。2006 年、2007 年两年低密度组区域试验表明，株高 261cm 左右，穗位 111cm 左右，穗长 19cm 左右，穗粗 5.2cm 左右，秃尖 1.4cm 左右；穗行数 14 行左右，行粒数 33 粒左右，出籽率 81%左右，千粒重 347g 左右。全生育期 101 天左右，比对照品种农大 108 晚熟 2 天。经河北省农林科学院植物保护研究所接种鉴定，2006 年感小斑病，中抗茎腐病，高抗矮花叶病；2007 年感小斑病，中抗茎腐病，感矮花叶病，高抗南方锈病；2008 年中抗小斑病，高感茎腐病，高抗矮花叶病，感南方锈病。2008 年经农业部谷物品质监督检验测试中心（北京）检验，淀粉 70.88%，脂肪 3.95%，赖氨酸 0.33%，蛋白质 10.69%。

产量表现：在一般栽培条件下，2006 年区试亩产 485kg，较对照品种增产 5.5%（极显著）；2007 年区试亩产 500kg，较对照品种增产 7.6%（极显著）。2008 年生产试验亩产 476kg，较对照品种增产 1.4%。

栽培技术要点：在不同使用条件下，丹玉 302 号抗性、品质和产量表现都可能有所不同。建议推广者进一步做好丹玉 302 号在推广地区的示范和技术指导工作，向使用者说明丹玉 302 号在推广地区使用存在的抗热害特性、抗病性等方面的遗传性缺陷，告知使用者适宜的栽培技术和正确防治有关病虫草害的方法。

适宜种植地区：安徽省江淮丘陵区和淮北区。

安农 8 号

审定编号：皖玉 2009003

选育单位：安徽农业大学、宿州市农业科学研究所

品种来源：SX303×SX313

特征特性：叶鞘紫色，株型半紧凑；果穗以上叶片宽大，着生较密集；花药黄色，花丝浅红色；穗轴红色，粒色纯黄色。2006 年、2007 年两年低密度组区域试验表明，株高 245cm 左右，总叶片数 19 片左右，穗位 105cm 左右，穗长 19cm 左右，穗粗 4.8cm 左右，秃尖 0.7cm 左右；穗行数行 14 左右，行粒数 32 粒左右，出籽率 86% 左右，千粒重 361g 左右。全生育期 99 天左右，与对照品种农大 108 相当。经河北省农林科学院植物保护研究所接种鉴定，2006 年感小斑病，抗茎腐病，高抗矮花叶病；2007 年感小斑病，高感茎腐病，抗矮花叶病，抗南方锈病；2008 年中抗小斑病，中抗茎腐病，高抗矮花叶病，抗南方锈病。2008 年经农业部谷物品质监督检验测试中心（北京）检验，淀粉 70.62%，脂肪 4.11%，赖氨酸 0.30%，蛋白质 9.83%。

产量表现：在一般栽培条件下，2006 年区试亩产 482kg，较对照品种增产 4.9%（极显著）；2007 年区试亩产 491kg，较对照品种增产 5.1%（极显著）。2008 年生产试验亩产 480kg，较对照品种增产 2.4%。

栽培技术要点：在不同使用条件下，安农 8 号抗性、品质和产量表现都可能有所不同。建议推广者进一步做好安农 8 号在推广地区的示范和技术指导工作，向使用者说明安农 8 号在推广地区使用存在的抗热害特性、抗病性等方面的遗传性缺陷，告知使用者适宜的栽培技术和正确防治有关病虫草害的方法。

适宜种植地区：安徽省江淮丘陵区和淮北区。

联创7号

审定编号：皖玉2009004

选育单位：北京联创种业有限公司

品种来源：CT1251×CT289

特征特性：幼苗叶鞘紫色,株型半紧凑，颖壳浅紫色，花药紫色，花丝浅紫色。果穗筒型，籽粒半硬粒至半马齿型，纯黄粒，轴色白色。2006年、2007年两年低密度组区域试验表明，株高231cm左右，总叶片数19片左右，穗位93cm左右，穗长19cm左右，穗粗5.5cm左右，秃尖2.2cm左右；穗行数16左右，行粒数33左右，出籽率82%左右，千粒重318g左右。全生育期97天左右，比对照农大108早熟2～3天。经河北省农林科学院植物保护研究所接种鉴定，2006年中抗小斑病，抗茎腐病，高抗矮花叶病；2007年感小斑病，中抗茎腐病，抗矮花叶病，高抗南方锈病；2008年感小斑病，高抗茎腐病，高抗矮花叶病，中抗南方锈病。2008年经农业部谷物品质监督检验测试中心（北京）检验，淀粉70.22%，脂肪5.24%，赖氨酸0.27%，蛋白质10.19%。

产量表现：在一般栽培条件下，2006年区试亩产484kg，较对照品种增产5.3%（极显著）；2007年区试亩产512kg，较对照品种增产10.2%（极显著）。2008年生产试验亩产493kg，较对照品种增产4.9%。

栽培技术要点：在不同使用条件下，联创7号抗性、品质和产量表现都可能有所不同。建议推广者进一步做好联创7号在推广地区的示范和技术指导工作，向使用者说明联创7号在推广地区使用存在的抗热害特性、抗病性等方面的遗传性缺陷，告知使用者适宜的栽培技术和正确防治有关病虫草害的方法。

适宜种植地区：安徽省江淮丘陵区和淮北区。

安农甜糯1号

审定编号：皖玉2009005

选育单位：安徽农业大学

品种来源：250×310

特征特性：株型半紧凑，籽粒白色，轴白色。2007年、2008年两年区域试验表明，出苗至采收71天左右，比对照皖玉13早熟2天。株高200cm左右，成株总叶片数17～18片。穗位77cm左右，穗长18cm左右，穗粗4.5cm左右。两年区试平均倒伏、倒折率为2.4%，田间发病级别平均分别为：大斑病1.4级，小斑病2.5级，矮花叶病毒病1.2级。2007年专家品质综合评分为85.6分，各试点平均品质综合评分为84.8分；2008年专家品质综合评分为 83.9 分，各试点平均品质综合评分为 86.4 分。2008 年扬州大学农学院测定：支链淀粉/总淀粉 98.15%，皮渣率 9.65%。

产量表现：在一般栽培条件下，2007 年鲜食组区试鲜穗亩产 619kg，较对照品种增产 6.0%；2008 年区试亩产 718kg，较对照品种增产 8.7%。

栽培技术要点：在不同使用条件下，安农甜糯 1 号抗性、品质和产量表现都可能有所不同。建议推广者进一步做好安农甜糯 1 号在推广地区的示范和技术指导工作；向使用者说明安农甜糯 1 号在推广地区使用存在的抗热害特性、抗病性等方面的遗传性缺陷，告知使用者适宜的栽培技术和正确防治有关病虫草害的方法。

适宜种植地区：安徽全省。

凤糯 2062

审定编号：皖玉 2009006

选育单位：安徽科技学院

品种来源：凤糯 2146-3（1）×P 秦 7-3

特征特性：株型半紧凑，幼苗叶鞘绿色，花药黄色，花丝青色。果穗长锥型，轴白色，籽粒白色，硬粒型。2007 年、2008 年两年区域试验表明，出苗至采收 74 天左右，比对照皖玉 13 迟熟 1～2 天。株高 247cm 左右，成株总叶片数 17 片左右。穗位 107cm 左右，穗长 21cm 左右，穗粗 4.6cm 左右。两年区试平均倒伏、倒折率为 13.4%，田间发病级别平均分别为：大斑病 1.4 级，小斑病 2.0 级，矮花叶病 0.2 级。2007 年专家品质综合评分为 87.4 分，各试点平均品质综合评分为 85.2 分；2008 年专家品质综合评分为 86.8 分，各试点平均品质综合评分为 82.7 分。2008 年扬州大学农学院测定：支链淀粉/总淀粉 96.08%，皮渣率 12.08%。

产量表现：在一般栽培条件下，2007 年鲜食组区试鲜穗亩产 723kg，较对照品种增产 21.4%；2008 年区试亩产 744kg，较对照品种增产 12.7%。

栽培技术要点：在不同使用条件下，凤糯 2062 抗性、品质和产量表现都可能有所不同。建议推广者进一步做好凤糯 2062 在推广地区的示范和技术指导工作；向使用者说明凤糯 2062 在推广地区使用存在的抗热害特性、抗病性等方面的遗传性缺陷，告知使用者适宜的栽培技术和正确防治有关病虫草害的方法。

适宜种植地区：安徽全省。

美玉 8 号

审定编号：皖玉 2009007

选育单位：海南绿川种苗有限公司

品种来源：M×980nct

特征特性：叶鞘紫色，株型半紧凑，雄穗花药黄色，花丝红色，果穗长筒型，籽粒和轴均为白色。杂交种子为白色糯质。2007 年、2008 年两年区域试验表明，出苗至采收 74 天左右，比对照皖玉 13 迟熟 1 天。株高 209cm 左右，穗位 94cm 左右，穗长 19cm 左右，穗粗 4.3cm 左右。两年区试平均倒伏、倒折率为 3.5%，田间发病级别平均分别为：大斑病 1.4 级，小斑病 2.5 级，矮花叶病 1 级。2007 年专家品质综合评分为 86.4 分，各试点平均品质综合评分为 87.4 分；2008 年专家品质综合评分为 84.9 分，各试点平均品质综合评分为 85.1 分。2008 年扬州大学农学院测定：支链淀粉/总淀粉 98.98%，皮渣率 9.98%。

产量表现：在一般栽培条件下，2007 年鲜食组区试鲜穗亩产 620kg，较对照品种增产 6.1%；2008 年区试亩产 662kg，较对照品种增产 0.3%。

栽培技术要点：在不同使用条件下，美玉 8 号抗性、品质和产量表现都可能有所不同。建议推广者进一步做好美玉 8 号在推广地区的示范和技术指导工作；向使用者说明美玉 8 号在推广地区使用存在的抗热害特性、抗病性等方面的遗传性缺陷，告知使用者适宜的栽培技术和正确防治有关病虫草害的方法。

适宜种植地区：安徽全省。

濉黑糯 3 号

审定编号：皖玉 2009008

选育单位：濉溪县农业科学研究所

品种来源：糯 653×黑风

特征特性：叶耳、叶舌呈紫红色，叶片主脉有紫红色斑块，株型半紧凑。雌穗花丝初为青黄色，授粉后呈紫红色；果穗长筒型，穗轴紫红色。籽粒糯质，深黑色。2007 年、2008 年两年区域试验表明，出苗至采收 73 天左右，与对照皖玉 13 相当。株高 225cm 左右，穗位 92cm 左右，穗长 19cm 左右，穗粗 4.3cm 左右。两年区试平均倒伏、倒折率为 5.4%，田间发病级别平均分别为：大斑病 1.4 级、小斑病 2 级、花叶病毒病 1 级。2007 年专家品质综合评分为 85.0 分，各试点平均品质综合评分为 85.7 分。2008 年专家品质综合评分为 86.7

分，各试点平均品质综合评分为84.7分。2008年扬州大学农学院测定：支链淀粉/总淀粉96.84%，皮渣率11.24%。

产量表现：在一般栽培条件下，2007年鲜食组区试鲜穗亩产607kg，较对照品种增产6.1%；2008年区试亩产680kg，较对照品种增产3.0%。

栽培技术要点：在不同使用条件下，濉黑糯3号抗性、品质和产量表现都可能有所不同。建议推广者进一步做好濉黑糯3号在推广地区的示范和技术指导工作；向使用者说明濉黑糯3号在推广地区使用存在的抗热害特性、抗病性等方面的遗传性缺陷，告知使用者适宜的栽培技术和正确防治有关病虫草害的方法。

适宜种植地区：安徽全省。

宝甜182

审定编号：皖玉2009009

选育单位：北京宝丰种子有限公司

品种来源：B03-1×B600

特征特性：幼苗叶鞘绿色，花药黄色，颖壳绿色，花丝白色，果穗筒型，穗轴白色，籽粒黄色。2007年、2008年两年区域试验表明，出苗至采收74天左右，比对照品种皖玉13迟熟1～2天。株高231cm左右，穗位88cm左右，穗长20cm左右，穗粗4.3cm左右。两年区试平均倒伏、倒折率为2.2%，田间发病级别平均分别为：大斑病1.2级，小斑病1.8级，矮花叶病1级。2007年专家品质综合评分为86.3分，各试点平均品质综合评分为87.6分；2008年专家品质综合评分为86.1分，各试点平均品质综合评分为85.9分。2008年扬州大学农学院测定：水溶性糖15.32，还原糖4.86，皮渣率10.89%。

产量表现：在一般栽培条件下，2007年鲜食组区试鲜穗亩产699kg，较对照品种增产19.6%；2008年区试亩产733kg，较对照品种增产11.0%。

栽培技术要点：在不同使用条件下，宝甜182抗性、品质和产量表现都可能有所不同。建议推广者进一步做好宝甜182在推广地区的示范和技术指导工作；向使用者说明宝甜182在推广地区使用存在的抗热害特性、抗病性等方面的遗传性缺陷，告知使用者适宜的栽培技术和正确防治有关病虫草害的方法。

适宜种植地区：安徽全省。

皖甜 2 号

审定编号：皖玉 2009010

选育单位：安徽农业大学

品种来源：A06×B08

特征特性：该品种株型松散，轴白色，籽粒黄色。2006 年、2007 年两年区域试验表明，出苗至采收 71 天左右，比对照品种皖玉 13 早熟 2～3 天。株高 199cm 左右，穗位 56cm 左右，穗长 15cm 左右，穗粗 4.2cm 左右。两年区试未发生倒伏、倒折现象，田间发病级别平均分别为：大斑病 1.2 级、小斑病 2.8 级、矮花叶病毒病未发生。2006 年专家品质综合评分为 86.0 分，各试点平均品质综合评分为 84.5 分；2007 年专家品质综合评分为 85.7 分，各试点平均品质综合评分为 86.1 分。

产量表现：在一般栽培条件下，2006 年鲜食组区试鲜穗亩产 627kg，较对照品种减产 6.8%；2007 年区试亩产 533kg，较对照品种减产 8.7%。

栽培技术要点：在不同使用条件下，皖甜 2 号抗性、品质和产量表现都可能有所不同。建议推广者进一步做好皖甜 2 号在推广地区的示范和技术指导工作；向使用者说明皖甜 2 号在推广地区使用存在的抗热害特性、抗病性等方面的遗传性缺陷，告知使用者适宜的栽培技术和正确防治有关病虫草害的方法。

适宜种植地区：安徽全省。

正糯 12 号

审定编号：皖玉 2009011

选育单位：正大生科院阜阳科技园

品种来源：EN288×BN385

特征特性：株型紧凑，花药黄色，花丝紫红色，果穗筒型，白轴，白粒，糯质硬粒。2007 年、2008 年两年区域试验表明，出苗至采收 73 天左右，与对照品种皖玉 13 相仿。株高 190cm 左右，穗位 68cm 左右，穗长 17cm 左右，穗粗 4.5cm 左右。两年区试平均倒伏、倒折率为 1.1%，田间发病级别平均分别为：大斑病 1.4 级，小斑病 1.9 级，矮花叶病 1 级，黑粉病 0.2 级，纹枯病 0 级。2007 年专家品质综合评分为 86.6 分，各试点平均品质综合评分为 86.5 分；2008 年专家品质综合评分为 87.6 分，各试点平均品质综合评分为 86.6 分。2008 年扬州大学农学院测定：支链淀粉/总淀粉 97.64%，皮渣率 9.96%。

产量表现：在一般栽培条件下，2007年鲜食组区试鲜穗亩产625kg，较对照品种增产3.8%；2008年区试亩产686kg，较对照品种增产3.9%。

栽培技术要点：在不同使用条件下，正糯12号抗性、品质和产量表现都可能有所不同。建议推广者进一步做好正糯12号在推广地区的示范和技术指导工作；向使用者说明正糯12号在推广地区使用存在的抗热害特性、抗病性等方面的遗传性缺陷，告知使用者适宜的栽培技术和正确防治有关病虫草害的方法。

适宜种植地区：安徽全省。

滑玉16

审定编号：皖玉2010001

选育单位：河南滑丰种业科技有限公司

品种来源：HF02-22×H473-2

特征特性：2007年、2008两年低密度组区域试验表明，株高242cm左右，穗位101cm左右，穗长15cm左右，穗粗5.3cm左右，秃尖0.5cm左右；穗行数18行左右，行粒数29粒左右，出籽率88%左右，千粒重319g左右。全生育期95天左右，比对照品种农大108早熟3天。经河北省农林科学院植物保护研究所接种鉴定，2007年高抗矮花叶病（幼苗发病率0），抗小斑病（病级3级），中抗弯孢霉叶斑病（病级5级）、茎腐病（病株率15.8%），感南方锈病（病级7级）、瘤黑粉病（病株率13.3%）和玉米螟（级别7.8）；2008年抗矮花叶病（幼苗发病率6.7%），中抗小斑病（病级5级）、茎腐病（病株率17.1%）、瘤黑粉病（病株率5.6%）和玉米螟（级别6.3），感弯孢霉叶斑病（病级7级）和南方锈病（病级7级）。

产量表现：在一般栽培条件下，2007年区试亩产503kg，较对照品种增产7.71%（极显著）；2008年区试亩产500kg，较对照品种增产3.65%（极显著）。2009年生产试验亩产512kg，较对照品种增产7.16%。

栽培技术要点：在不同栽培条件下，滑玉16抗性、品质、产量和生育期等表现都可能有所不同。建议推广者进一步做好滑玉16在推广地区的示范和技术指导工作，向使用者说明滑玉16在推广地区使用存在的抗热害特性、抗病性等方面的遗传性缺陷，告知使用者适宜的栽培技术和正确防治有关病虫草害的方法。

适宜种植地区：安徽全省。

丰乐 21

审定编号：皖玉 2010002

选育单位：合肥丰乐种业股份有限公司

品种来源：JZ128×H01-2

特征特性：幼苗叶鞘紫色，叶片较宽，叶色浓绿，花丝浅紫色。株型半紧凑，果穗筒型，籽粒半马齿至半硬粒型，粒色纯黄，穗轴红色。2007 年、2008 年两年低密度组区域试验表明，株高 271cm 左右，穗位 113cm 左右，穗长 17cm 左右，穗粗 5.1cm 左右，秃尖 1.3cm 左右；穗行数 16 行左右，行粒数 35 粒左右，出籽率 87% 左右，千粒重 309g 左右。全生育期 96 天左右，比对照农大 108 早熟 2 天。经河北省农林科学院植物保护研究所接种鉴定，2007 年高抗茎腐病（病株率 0）、瘤黑粉病（病株率 0），抗玉米螟（级别 4.8），中抗小斑病（病级 5 级）、矮花叶病（幼苗发病率 25.0%），感南方锈病（病级 7 级）、弯孢霉叶斑病（病级 7 级）；2008 年高抗矮花叶病（幼苗发病率 0）；中抗小斑病（病级 5 级）、玉米螟（级别 6.5）、弯孢霉叶斑病（病级 5 级），感茎腐病（病株率 31.0%）、南方锈病（病级 7 级）、瘤黑粉病（病株率 17.6%）。

产量表现：在一般栽培条件下，2007 年区试亩产 520kg，较对照品种增产 11.84%（极显著）；2008 年区试亩产 493kg，较对照品种减产 0.51%（不显著）。2009 年生产试验亩产 506kg，较对照品种增产 6.74%。

栽培技术要点：在不同栽培条件下，丰乐 21 抗性、品质、产量和生育期等表现都可能有所不同。建议推广者进一步做好丰乐 21 在推广地区的示范和技术指导工作，向使用者说明丰乐 21 在推广地区使用存在的抗热害特性、抗病性等方面的遗传性缺陷，告知使用者适宜的栽培技术和正确防治有关病虫草害的方法。

适宜种植地区：安徽全省。

隆平 211

审定编号：皖玉 2010003

选育单位：安徽隆平高科种业有限公司

品种来源：La33×La49

特征特性：叶色深绿，叶片平展，叶鞘紫色。成株株型紧凑，果穗以上叶片较窄，茎叶夹角小，叶片分布稀疏。雄穗分枝中，颖壳绿色，花药黄色，花丝粉红色，成株叶片数为 19～20 片。2007 年、2008 年两年高密度组区域试验表明，株高 240cm 左右，穗位 94cm 左右，穗长 16cm 左右，穗粗 4.7cm 左右，秃尖 0.7cm

左右；穗行数 15 行左右，行粒数 34 粒左右，出籽率 90%左右，千粒重 316g 左右。全生育期 98 天左右，比对照郑单 958 迟熟 3～4 天。经河北省农林科学院植物保护研究所接种鉴定，2007 年高抗南方锈病（病级 1 级），抗矮花叶病（幼苗发病率 8.3%），中抗弯孢霉叶斑病（病级 5 级）、茎腐病（病株率 11.8%）、瘤黑粉病（病株率 5.3%），感小斑病（病级 7 级）和玉米螟（级别 7.3）；2008 年中抗小斑病（病级 5 级）、弯孢霉叶斑病（病级 5 级）、瘤黑粉病（病株率 9.5%）、矮花叶病（幼苗发病率 28.6%）；感南方锈病（病级 7 级）、茎腐病（病株率 30.6%），高感玉米螟（级别 9.0）。

产量表现：在一般栽培条件下，2007 年区试亩产 530kg，较对照品种增产 6.48%（极显著）；2008 年区试亩产 567kg，较对照品种增产 11.02%（极显著）。2009 年生产试验亩产 523kg，较对照品种增产 4.32%。

栽培技术要点：在不同栽培条件下，隆平 211 抗性、品质、产量和生育期等表现都可能有所不同。建议推广者进一步做好隆平 211 在推广地区的示范和技术指导工作，向使用者说明隆平 211 在推广地区使用存在的抗热害特性、抗病性等方面的遗传性缺陷，告知使用者适宜的栽培技术和正确防治有关病虫草害的方法。

适宜种植地区：安徽省沿淮、淮北区。

高玉 2067

审定编号：皖玉 2011001

选育单位：高学明

品种来源：ND81-2×B319

特征特性：叶尖下垂，第一片叶叶尖椭圆形，幼苗叶鞘紫色，雄穗分枝 12 个左右，花药紫色，花丝绿色，果穗筒型，轴白色，籽粒半马齿型，籽粒形状为方形，顶端黄色。2008 年、2009 年两年高密度组区域试验表明，株高 253cm 左右，穗位 103cm 左右，穗长 18cm 左右，穗粗 4.6cm 左右，秃尖 0.6cm 左右，穗行数 14 行左右，行粒数 36 粒左右，出籽率 90%左右，千粒重 317g 左右。全生育期 99 天左右，比对照郑单 958 迟熟 3 天。经河北省农林科学院植物保护研究所接种鉴定，2008 年高抗矮花叶病（幼苗发病率 0），抗小斑病（病级 3 级），中抗弯孢霉叶斑病（病级 5 级）和南方锈病（病级 5 级），感茎腐病（病株率 3.3%）和瘤黑粉病（病株率 28.6%），中抗玉米螟（级别 6.3）；2009 年抗小斑病（病级 3 级）、茎腐病（病株率 5.6%）、弯孢霉叶斑病（病级 3 级）和纹枯病（病情指数 33.3），中抗南方锈病（病级 5 级），感粗缩病（病株率 29.0%），高感瘤黑粉病（病株率 66.7%）和玉米螟（级别 9.0）。2010 年经农业部谷物品质监督检验测试中心（北京）检验，粗蛋白（干基）9.41%，粗脂肪（干基）4.80%，粗淀粉（干基）72.10%。

产量表现：在一般栽培条件下，2008 年区试亩产 569kg，较对照品种增产 11.5%（极显著）；2009 年区试亩产 576kg，较对照品种增产 4.2%（极显著）。2010 年生产试验亩产 532kg，较对照品种增产 2.9%。

栽培技术要点：在不同使用条件下，高玉 2067 抗性、品质和产量表现都可能有所不同。建议推广者进一步做好高玉 2067 在推广地区的示范和技术指导工作，向使用者说明高玉 2067 在推广地区使用存在的抗热害特性、抗病性等方面的遗传性缺陷，告知使用者适宜的栽培技术和正确防治有关病虫草害的方法。

适宜种植地区：安徽省江淮丘陵区和淮北区。

蠡玉 81

审定编号：皖玉 2011002

选育单位：石家庄蠡玉科技开发有限公司

品种来源：L5895×L801

特征特性：幼苗叶鞘浅紫色，全株叶片数 19 片左右。雄穗一级分枝 13 个左右，花药浅紫色，花丝浅紫色。果穗长筒型，与茎秆夹角。籽粒黄色，半马齿型。2008 年、2009 两年高密度组区域试验表明，株高 252cm 左右，穗位 105cm 左右，穗长 17cm 左右，穗粗 4.8cm 左右，秃尖 0.6cm 左右，穗行数 15 行左右，行粒数 33 粒左右，出籽率 89%左右，千粒重 317g 左右。全生育期 97 天左右，与对照郑单 958 相当。经河北省农林科学院植物保护研究所接种鉴定，2008 年高抗矮花叶病（幼苗发病率 0），中抗小斑病（病级 5 级）、茎腐病（病株率 18.2%）、弯孢霉叶斑病（病级 5 级）和瘤黑粉病（病株率 5.3%），感南方锈病（病级 7 级），中抗玉米螟（级别 5.0）；2009 年中抗小斑病（病级 5 级）、茎腐病（病株率 11.1%）、弯孢霉叶斑病（病级 5 级）和南方锈病（病级 5 级），抗纹枯病（病情指数 33.3），高感粗缩病（病株率 41.7%）和瘤黑粉病（病株率 50.0%），感玉米螟（级别 8.7）。2010 年经农业部谷物品质监督检验测试中心（北京）检验，粗蛋白（干基）9.13%，粗脂肪（干基）4.09%，粗淀粉（干基）75.36%。

产量表现：在一般栽培条件下，2008 年区试亩产 553kg，较对照品种增产 5.3%（极显著）；2009 年区试亩产 569kg，较对照品种增产 3.0%（极显著）。2010 年生产试验亩产 543kg，较对照品种增产 5.2%。

栽培技术要点：在不同使用条件下，蠡玉 81 抗性、品质和产量表现都可能有所不同。建议推广者进一步做好蠡玉 81 在推广地区的示范和技术指导工作，向使用者说明蠡玉 81 在推广地区使用存在的抗热害特性、抗病性等方面的遗传性缺陷，告知使用者适宜的栽培技术和正确防治有关病虫草害的方法。

适宜种植地区：安徽省江淮丘陵区和淮北区。

宿糯 3 号

审定编号：皖玉 2011003

选育单位：宿州市农业科学研究所

品种来源：SN24×SN22

特征特性：籽粒白色，轴白色。2009 年、2010 年两年区域试验表明，出苗至采收 70 天左右，比对照皖玉 13 早熟 1 天。株高 225cm 左右，穗位 93cm 左右，穗长 17cm 左右，穗粗 4.7cm 左右，秃尖 2.3cm 左右。两年区试平均倒伏率 0.4%、倒折率为 0.5%，田间发病级别平均分别为：大斑病 0.7 级，小斑病 2.0 级，茎腐病 0.3%，纹枯病 0.4 级。2009 年专家品质综合评分为 86 分，2010 年专家品质综合评分为 86 分。

产量表现：在一般栽培条件下，2009 年鲜食组区试鲜穗亩产 784kg，较对照品种增产 21.2%；2010 年区试亩产 678kg，较对照品种增产 3.6%。

栽培技术要点：在不同使用条件下，宿糯 3 号抗性、品质和产量表现都可能有所不同。建议推广者进一步做好宿糯 3 号在推广地区的示范和技术指导工作，向使用者说明宿糯 3 号在推广地区使用存在的抗热害特性、抗病性等方面的遗传性缺陷，告知使用者适宜的栽培技术和正确防治有关病虫草害的方法。

适宜种植地区：安徽全省。

淮科糯 2 号

审定编号：皖玉 2011004

选育单位：淮北市科丰种业有限公司

品种来源：黑-2×糯 653

特征特性：叶环（叶耳、叶舍）为紫红色，花丝初为青黄色，授粉后变为紫红色，籽粒为紫黑色，穗轴为紫红色。2009 年、2010 年两年区域试验表明，出苗至采收 71 天左右，与对照皖玉 13 相当。株高 235cm 左右，穗位 99cm 左右，穗长 20cm 左右，穗粗 4.3cm 左右，秃尖 2.9cm 左右。两年区试平均倒伏率 3.2%、倒折率为 0.6%，田间发病级别分别平均为：大斑病 0.5 级，小斑病 2.0 级，茎腐病 0.5%，纹枯病 0.9 级。2009 年专家品质综合评分为 85 分，2010 年专家品质综合评分为 85 分。

产量表现：在一般栽培条件下，2009 年鲜食组区试鲜穗亩产 699kg，较对照品种增产 8.0%；2010 年区试亩产 703kg，较对照品种增产 7.4%。

栽培技术要点：在不同使用条件下，淮科糯 2 号抗性、品质和产量表现都可能有所不同。建议推广者进一步做好淮科糯 2 号在推广地区的示范和技术指导工作，向使用者说明淮科糯 2 号在推广地区使用存在的抗热害特性、抗病性等方面的遗传性缺陷，告知使用者适宜的栽培技术和正确防治有关病虫草害的方法。

适宜种植地区：安徽全省。

皖糯 3 号

审定编号：皖玉 2011005

选育单位：安徽省农业科学院烟草研究所

品种来源：皖糯系 10×皖糯系 11

特征特性：幼苗绿色，叶鞘淡紫色，第一叶尖端圆到匙形，叶片边缘紫色，叶片数 20 片左右，茎支持根绿色，雄穗分枝 13 左右，紫色花药，无色花丝，果穗筒型，穗轴白色，粒淡黄色。2009 年、2010 年两年区域试验表明，出苗至采收 71 天左右，与对照皖玉 13 相当。株高 236cm 左右，穗位 99cm 左右，穗长 18cm 左右，穗粗 4.2cm 左右，秃尖 1.2cm 左右。两年区试平均倒伏率 1.2%、倒折率为 0.5%，田间发病级别平均分别为：大斑病 0.5 级，小斑病 1.7 级，茎腐病 0.4%，纹枯病 0.6 级。2009 年专家品质综合评分为 86 分，2010 年专家品质综合评分为 86 分。

产量表现：在一般栽培条件下，2009 年鲜食组区试鲜穗亩产 653kg，较对照品种增产 0.9%；2010 年区试亩产 710kg，较对照品种增产 8.5%。

栽培技术要点：在不同使用条件下，皖糯 3 号抗性、品质和产量表现都可能有所不同。建议推广者进一步做好皖糯 3 号在推广地区的示范和技术指导工作，向使用者说明皖糯 3 号在推广地区使用存在的抗热害特性、抗病性等方面的遗传性缺陷，告知使用者适宜的栽培技术和正确防治有关病虫草害的方法。

适宜种植地区：安徽全省。

金彩糯 2 号

审定编号：皖玉 2011006

选育单位：阜阳金种子玉米研究所

品种来源：DN18×D130

特征特性：花丝绿色，护颖黄绿色，花颖黄色，籽粒鲜食时为黑白黄彩色。雄分枝14～18枚，果穗筒型，穗轴白色。2009年、2010年两年区域试验表明，出苗至采收70天左右，比对照皖玉13早熟1天。株高224cm左右，穗位93cm左右，穗长19cm左右，穗粗4.6cm左右，秃尖2.6cm左右。两年区试平均倒伏率0.5%、倒折率为0.5%，田间发病级别平均分别为：大斑病0.5级，小斑病1.6级，茎腐病0.9%，纹枯病0.7级。2009年专家品质综合评分为85分，2010年专家品质综合评分为85分。

产量表现：在一般栽培条件下，2009年鲜食组区试鲜穗亩产692kg，较对照品种增产7.0%；2010年区试亩产750kg，较对照品种增产14.3%。

栽培技术要点：在不同使用条件下，金彩糯2号抗性、品质和产量表现都可能有所不同。建议推广者进一步做好金彩糯2号在推广地区的示范和技术指导工作，向使用者说明金彩糯2号在推广地区使用存在的抗热害特性、抗病性等方面的遗传性缺陷，告知使用者适宜的栽培技术和正确防治有关病虫草害的方法。

适宜种植地区：安徽全省。

荃玉9号

审定编号：皖玉2011007

选育单位：安徽荃银高科种业股份有限公司

品种来源：M66×F22

特征特性：幼苗叶鞘紫色，花药绿色，气生根绿色，果穗长筒型，籽粒黄色，轴白色。2009年、2010年两年区域试验表明，出苗至采收66天左右，比对照皖玉13早熟5～6天。株高204cm左右，穗位72cm左右，穗长17cm左右，穗粗4.5cm左右，秃尖2.0cm左右。两年区试平均倒伏率1.0%、倒折率为0.9%，田间发病级别平均分别为：大斑病0.5级，小斑病2.2级，茎腐病1.5%，纹枯病0.5级。2009年专家品质综合评分为85分，2010年专家品质综合评分为86分。

产量表现：在一般栽培条件下，2009年鲜食组区试鲜穗亩产608kg，较对照品种减产6.1%；2010年区试亩产685kg，较对照品种增产4.7%。

栽培技术要点：在不同使用条件下，荃玉9号抗性、品质和产量表现都可能有所不同。建议推广者进一步做好荃玉9号在推广地区的示范和技术指导工作，向使用者说明荃玉9号在推广地区使用存在的抗热害特性、抗病性等方面的遗传性缺陷，告知使用者适宜的栽培技术和正确防治有关病虫草害的方法。

适宜种植地区：安徽全省。

京彩甜糯

审定编号：皖玉 2011008

选育单位：北京宝丰种子有限公司

品种来源：M11-3×B1388

特征特性：籽粒花白，轴白色，果穗筒锥型，排列整齐，糯中带甜。2009 年、2010 年两年区域试验表明，出苗至采收 72 天左右，比对照皖玉 13 迟熟 1 天。株高 220cm 左右，穗位 90cm 左右，穗长 19cm 左右，穗粗 4.6cm 左右，秃尖 2.0cm 左右。两年区试平均倒伏率 3.2%、倒折率为 0.5%，田间发病级别平均分别为：大斑病 0.5 级，小斑病 1.9 级，茎腐病 1.1%，纹枯病 0.8 级。2009 年专家品质综合评分为 85 分，2010 年专家品质综合评分为 87 分。

产量表现：在一般栽培条件下，2009 年鲜食组区试鲜穗亩产 668kg，较对照品种增产 3.3%；2010 年区试亩产 748kg，较对照品种增产 14.2%。

栽培技术要点：在不同使用条件下，京彩甜糯抗性、品质和产量表现都可能有所不同。建议推广者进一步做好京彩甜糯在推广地区的示范和技术指导工作，向使用者说明京彩甜糯在推广地区使用存在的抗热害特性、抗病性等方面的遗传性缺陷，告知使用者适宜的栽培技术和正确防治有关病虫草害的方法。

适宜种植地区：安徽全省。

凤糯 6 号

审定编号：皖玉 2011009

选育单位：安徽科技学院

品种来源：P19-5×804

特征特性：幼苗芽鞘紫色，花药浅紫色，成株期总叶片数 19～20 片，果穗圆筒型，籽粒白色，轴白色。2009 年、2010 年两年区域试验表明，出苗至采收 71 天左右，与对照皖玉 13 相当。株高 238cm 左右，穗位 102cm 左右，穗长 20cm 左右，穗粗 4.6cm 左右，秃尖 2.1cm 左右。两年区试平均倒伏率 5.3%、倒折率为 0.8%，田间发病级别平均分别为：大斑病 0.5 级，小斑病 1.6 级，茎腐病 0.3%，纹枯病 0.7 级。2009 年专家品质综合评分为 86 分，2010 年专家品质综合评分为 88 分。

产量表现：在一般栽培条件下，2009 年鲜食组区试鲜穗亩产 696kg，较对照品种增产 7.7%；2010 年区试亩产 760kg，较对照品种增产 16.2%。

栽培技术要点：在不同使用条件下，凤糯 6 号抗性、品质和产量表现都可能有所不同。建议推广者进一步做好凤糯 6 号在推广地区的示范和技术指导工作，向使用者说明凤糯 6 号在推广地区使用存在的抗热害特性、抗病性等方面的遗传性缺陷，告知使用者适宜的栽培技术和正确防治有关病虫草害的方法。

适宜种植地区：安徽全省。

秦龙 14

审定编号：皖玉 2011010

选育单位：陕西秦龙绿色种业有限公司、安徽皖垦种业股份有限公司

品种来源：L5846×天涯 154

特征特性：幼苗叶鞘紫色，叶色深绿。茎秆粗壮，花丝淡红色，花药黄色。籽粒黄色，半马齿型，白轴。2007 年、2008 两年高密度组区域试验表明，株高 259cm 左右，穗位 97cm 左右，穗长 17cm 左右，穗粗 5.2cm 左右，秃尖 0.5cm 左右，穗行数 16 行左右，行粒数 33 粒左右，出籽率 86%左右，千粒重 309g 左右。全生育期 97 天左右，比对照郑单 958 迟熟 2 天。经河北省农林科学院植物保护研究所接种鉴定，2007 年中抗小斑病（病级 5 级）、南方锈病（病级 5 级）、茎腐病（病株率 19.4%）和瘤黑粉病（病株率 5.3%），感矮花叶病（幼苗发病率 35.3%）和玉米螟（级别 7.2），高感弯孢霉叶斑病（病级 9 级）；2008 年中抗南方锈病（病级 5 级）、弯孢霉叶斑病（病级 5 级）和茎腐病（病株率 23.7%），感小斑病（病级 7 级）、矮花叶病（幼苗发病率 33.3%）和玉米螟（级别 8.3），高感瘤黑粉病（病株率 44.4%）。

产量表现：在一般栽培条件下，2007 年区试亩产 527kg，较对照品种增产 5.9%（极显著）；2008 年区试亩产 535kg，较对照品种增产 4.8%（极显著）。2009 年生产试验亩产 501kg，较对照品种减产 0.09%。

栽培技术要点：在不同使用条件下，秦龙 14 抗性、品质和产量表现都可能有所不同。建议推广者进一步做好秦龙 14 在推广地区的示范和技术指导工作，向使用者说明秦龙 14 在推广地区使用存在的抗热害特性、抗病性等方面的遗传性缺陷，告知使用者适宜的栽培技术和正确防治有关病虫草害的方法。

适宜种植地区：安徽省江淮丘陵区和淮北区。

新安5号

审定编号：皖玉2012001

选育单位：安徽绿雨种业股份有限公司

品种来源：综175-92132×黄C

特征特性：叶鞘淡紫色，第一叶尖端圆到匙形。该品种株型稍松散，叶片宽大，叶片数20片左右。雄穗分枝16个左右，黄色花药，无色花丝，籽粒纯黄色，马齿型，果穗筒型、红轴。2009年、2010年两年低密度组区域试验表明，株高259cm左右，穗位111cm左右，穗长18cm左右，穗粗4.9cm左右，秃尖1.1cm左右，穗行数16行左右，行粒数38粒左右，出籽率85%左右，千粒重266g左右。抗高温热害2级（相对空秆率平均0.8%）。全生育期98天左右，比对照农大108早熟1天左右。经河北省农林科学院植物保护研究所接种鉴定，2009年中抗小斑病（病级5级），中抗南方锈病（病级5级），中抗纹枯病（病指33.3），高抗茎腐病（病株率3.0%）；2010年中抗小斑病（病级5级），感南方锈病（病级7级），感纹枯病（病指50.6），中抗茎腐病（病株率28.6%）。2011年经农业部谷物品质监督检验测试中心（北京）检验，粗蛋白（干基）10.87%，粗脂肪（干基）3.39%，粗淀粉（干基）74.45%。

产量表现：在一般栽培条件下，2009年区试亩产499.9kg，较对照品种增产4.37%（显著）；2010年区试亩产476.2kg，较对照品种增产6.3%（极显著）。2011年生产试验亩产483.7kg，较对照品种增产3.12%。

栽培技术要点：在不同使用条件下，新安5号抗性、品质和产量表现都可能有所不同。建议推广者进一步做好新安5号在推广地区的示范和技术指导工作，向使用者说明新安5号在推广地区使用存在的抗热害特性、抗病性等方面的遗传性缺陷，告知使用者适宜的栽培技术和正确防治有关病虫草害的方法。

适宜种植地区：安徽省江淮丘陵区和淮北区。

皖玉708

审定编号：皖玉2012002

选育单位：宿州市农业科学院

品种来源：J66×Lx9801

特征特性：区试代号LF008。叶鞘紫色，株型半紧凑。总叶片数19片左右。花药黄色，花丝浅红色；穗轴红白色，粒色黄白色。2009年、2010年两年低密度组区域试验表明，株高278cm左右，穗位108cm左右，穗长18cm左右，穗粗5.1cm左右，秃尖1.0cm左右；穗行数14左右，行粒数33粒左右，出籽率85%左右，千粒重350g左右。抗高温热害1级（相对空秆率平均-1.2%）。全生育期97天左右，比对照农大108早熟1天左右。经河北省农林科学院植物保护研究所接种鉴定，2009年中抗小斑病（病级5级），中抗南方锈病（病级5级），感纹枯病（病指56.7），中抗茎腐病（病株率28.4%）；2010年中抗小斑病（病级5级），中抗南方锈病（病级5级），感纹枯病（病指50.6），中抗茎腐病（病株率26.3%）。2011年经农业部谷物品质监督检验测试中心（北京）检验，粗蛋白（干基）10.22%，粗脂肪（干基）3.56%，粗淀粉（干基）74.91%。

产量表现：在一般栽培条件下，2009年区试亩产531.8kg，较对照品种增产11.03%（极显著）；2010年区试亩产486.0kg，较对照品种增产8.5%（极显著）。2011年生产试验亩产495.9kg，较对照品种增产6.02%。

栽培技术要点：在不同使用条件下，皖玉708抗性、品质和产量表现都可能有所不同。建议推广者进一步做好皖玉708在推广地区的示范和技术指导工作，向使用者说明皖玉708在推广地区使用存在的抗热害特性、抗病性等方面的遗传性缺陷，告知使用者适宜的栽培技术和正确防治有关病虫草害的方法。

适宜种植地区：安徽省江淮丘陵区和淮北区。

西由50

审定编号：皖玉2012003

选育单位：莱州市金丰种子有限公司

品种来源：208×莱3189

特征特性：区试代号金丰50。株型紧凑，果穗呈长筒型，籽粒黄色，半马齿型，穗轴红色。2009年、2010两年低密度组区域试验表明，株高238cm左右，穗位82cm左右，穗长19cm左右，穗粗5.0cm左右，秃尖1.4cm左右，穗行数16左右，行粒数33粒左右，出籽率86%左右，千粒重324g左右。抗高温热害1级（相对空秆率平均-1.2%）。全生育期99天左右，与对照农大108相当。经河北省农林科学院植物保护研究所接种鉴定，2009年中抗小斑病（病级5级），中抗南方锈病（病级5级），高感纹枯病（病指77.8），茎腐病病株率未测出；2010年中抗小斑病（病级5级），中抗南方锈病（病级5级），高感纹枯病（病指72.8），高抗茎腐病（病株率2.8%）。2011年经农业部谷物品质监督检验测试中心（北京）检验，粗蛋白（干基）9.08%，粗脂肪（干基）3.86%，粗淀粉（干基）74.96%。

产量表现：在一般栽培条件下，2009 年区试亩产 505.6kg，较对照品种增产 4.82%（极显著）；2010 年区试亩产 487.6kg，较对照农大 108 增产 8.9%（极显著）。2011 年生产试验亩产 510.4kg，较对照品种增产 6.21%。

栽培技术要点：在不同使用条件下，西由 50 抗性、品质和产量表现都可能有所不同。建议推广者进一步做好西由 50 在推广地区的示范和技术指导工作，向使用者说明西由 50 在推广地区使用存在的抗热害特性、抗病性等方面的遗传性缺陷，告知使用者适宜的栽培技术和正确防治有关病虫草害的方法。

适宜种植地区：安徽省江淮丘陵区和淮北区。

奥玉 21

审定编号：皖玉 2012004

选育单位：北京奥瑞金种业股份有限公司

品种来源：OSL218×9801

特征特性：区试代号奥玉 3624。芽鞘浅紫色，株型半紧凑，雄穗分枝 15 个左右，花粉黄色，花丝绿色，穗轴白色，果穗筒型，粒型中间型。2009 年、2010 年两年低密度组区域试验表明，株高 277cm 左右，穗位 105cm 左右，穗长 18cm 左右，穗粗 5.0cm 左右，秃尖 0.6cm 左右，穗行数 14 左右，行粒数 34 粒左右，出籽率 87% 左右，千粒重 384g 左右。抗高温热害 1 级（相对空秆率平均-0.4%）。全生育期 96 天左右，比对照农大 108 早熟 3 天左右。经河北省农林科学院植物保护研究所接种鉴定，2009 年抗小斑病（病级 3 级），中抗南方锈病（病级 5 级），抗纹枯病（病指 25.9），抗茎腐病（病株率 5.7%）；2010 年中抗小斑病（病级 5 级），中抗南方锈病（病级 5 级），中抗纹枯病（病指 48.3），茎腐病病株率未测出。2011 年经农业部谷物品质监督检验测试中心（北京）检验，粗蛋白（干基）9.50%，粗脂肪（干基）3.80%，粗淀粉（干基）75.93%。

产量表现：在一般栽培条件下，2009 年区试亩产 555.9kg，较对照品种增产 15.23%（极显著）；2010 年区试亩产 524.8kg，较对照品种增产 17.4%（极显著）。2011 年生产试验亩产 518.8kg，较对照品种增产 7.89%。

栽培技术要点：在不同使用条件下，奥玉 21 抗性、品质和产量表现都可能有所不同。建议推广者进一步做好奥玉 21 在推广地区的示范和技术指导工作，向使用者说明奥玉 21 在推广地区使用存在的抗热害特性、抗病性等方面的遗传性缺陷，告知使用者适宜的栽培技术和正确防治有关病虫草害的方法。

适宜种植地区：安徽省江淮丘陵区和淮北区。

蠡玉 88

审定编号：皖玉 2012005

选育单位：石家庄蠡玉科技开发有限公司

品种来源：L813×L91158

特征特性：区试代号蠡试 9816。幼苗叶鞘紫红色，全株叶片数 19 片左右。雄穗一级分枝 14 个左右，花药黄色。雌穗花丝浅紫色，苞叶紧。果穗筒型，籽粒黄色，马齿型，穗轴白色。2009 年、2010 年两年低密度组区域试验表明，株高 243cm 左右，穗位 100cm 左右，穗长 17cm 左右，穗粗 5.2cm 左右，秃尖 1.0cm 左右，穗行数 17 行左右，行粒数 31 粒左右，出籽率 87%左右，千粒重 331g 左右。抗高温热害 1 级（相对空秆率平均-0.1%）。全生育期 98 天左右，比对照农大 108 早熟 1 天左右。经河北省农林科学院植物保护研究所接种鉴定，2009 年中抗小斑病（病级 5 级），抗南方锈病（病级 3 级），感纹枯病（病指 55.6），中抗茎腐病（病株率 14.7%）；2010 年中抗小斑病（病级 5 级），抗南方锈病（病级 3 级），高感纹枯病（病指 75.0），茎腐病病株率未测出。2011 年经农业部谷物品质监督检验测试中心（北京）检验，粗蛋白（干基）9.76%，粗脂肪（干基）3.84%，粗淀粉（干基）75.38%。

产量表现：在一般栽培条件下，2009 年区试亩产 517.0kg，较对照品种增产 7.18%（极显著）；2010 年区试亩产 518.8kg，较对照品种增产 15.8%（极显著）。2011 年生产试验亩产 529.9kg，较对照品种增产 10.14%。

栽培技术要点：在不同使用条件下，蠡玉 88 抗性、品质和产量表现都可能有所不同。建议推广者进一步做好蠡玉 88 在推广地区的示范和技术指导工作，向使用者说明蠡玉 88 在推广地区使用存在的抗热害特性、抗病性等方面的遗传性缺陷，告知使用者适宜的栽培技术和正确防治有关病虫草害的方法。

适宜种植地区：安徽省江淮丘陵区和淮北区。

联创 10 号

审定编号：皖玉 2012006

选育单位：北京联创种业有限公司

品种来源：CT119×CT5898

特征特性：区试代号 KT64002。幼苗叶鞘紫色，株型半紧凑，雄穗级分枝 13 个左右，花药浅紫色，花丝浅紫色，果穗筒型，轴白色，籽粒黄色，半马齿型。2009年、2010年两年低密度组区域试验表明，株高286cm左右，穗位119cm左右，穗长19cm左右，穗粗4.9cm左右，秃尖1.2cm左右，穗行数15行左右，行粒数31粒左右，出籽率86%左右，千粒重349g左右。抗高温热害1级（相对空秆率平均-0.9%）。全生育期98天左右，比对照农大108早熟1天左右。经河北省农林科学院植物保护研究所接种鉴定，2009年抗小斑病（病级3级），中抗南方锈病（病级5级），高感纹枯病（病指70.4），高抗茎腐病（病株率3.1%）；2010年抗小斑病（病级3级），中抗南方锈病（病级5级），高感纹枯病（病指75.0），抗茎腐病（病株率5.4%）。2011年经农业部谷物品质监督检验测试中心（北京）检验，粗蛋白（干基）10.49%，粗脂肪（干基）4.05%，粗淀粉（干基）74.36%。

产量表现：在一般栽培条件下，2009年区试亩产524.9kg，较对照品种增产8.82%（极显著）；2010年区试亩产522.3kg，较对照品种增产14.9%（极显著）。2011年生产试验亩产498.1kg，较对照品种增产6.10%。

栽培技术要点：在不同使用条件下，联创10号抗性、品质和产量表现都可能有所不同。建议推广者进一步做好联创10号在推广地区的示范和技术指导工作，向使用者说明联创10号在推广地区使用存在的抗热害特性、抗病性等方面的遗传性缺陷，告知使用者适宜的栽培技术和正确防治有关病虫草害的方法。

适宜种植地区：安徽省江淮丘陵区和淮北区。

安农9号

审定编号：皖玉2012007

选育单位：安徽农业大学、宿州市农业科学院

品种来源：SX0513×SX5229

特征特性：区试代号ASC0701。叶鞘紫色，株型半紧凑，叶片分布稀疏。雄穗分枝中等，花药黄色，花丝淡红色，成株叶片数19片左右。籽粒黄色，马齿型。2009年、2010年两年高密度组区域试验表明，株高306cm左右，穗位134cm左右，穗长17cm左右，穗粗4.9cm左右，秃尖0.6cm左右，穗行数15行左右，行粒数37粒左右，出籽率90%左右，千粒重300g左右。抗高温热害2级（相对空秆率平均0.1%）。全生育期100天左右，比对照郑单958迟熟2～3天。经河北省农林科学院植物保护研究所接种鉴定，2009年中抗小斑病（病级5级），中抗南方锈病（病级5级），中抗纹枯病（病指33.3），中抗茎腐病（病株率16.7%）；2010

年感小斑病（病级 7 级），中抗南方锈病（病级 5 级），高抗纹枯病（病指 6.1），高抗茎腐病（病株率 2.6%）。2011 年经农业部谷物品质监督检验测试中心（北京）检验，粗蛋白（干基）9.18%，粗脂肪（干基）4.16%，粗淀粉（干基）75.24%。

产量表现：在一般栽培条件下，2009 年区试亩产 566.0kg，较对照品种增产 4.79%（极显著）；2010 年区试亩产 562.7kg，较对照品种增产 5.91%（极显著）。2011 年生产试验亩产 519.3kg，较对照品种增产 4.12%。

栽培技术要点：在不同使用条件下，安农 9 号抗性、品质和产量表现都可能有所不同。建议推广者进一步做好安农 9 号在推广地区的示范和技术指导工作，向使用者说明安农 9 号在推广地区使用存在的抗热害特性、抗病性等方面的遗传性缺陷，告知使用者适宜的栽培技术和正确防治有关病虫草害的方法。

适宜种植地区：安徽省淮北区。

高玉 2068

审定编号：皖玉 2012008

选育单位：高学明

品种来源：B319×NDY

特征特性：区试代号 AH2068。株型稍紧凑，穗轴白色，籽粒半硬粒型，籽粒纯黄。2008 年、2009 年两年低密度组区域试验表明，株高 245cm 左右，穗位 97cm 左右，穗长 18cm 左右，穗粗 4.6cm 左右，秃尖 0.3cm 左右，穗行数 14 行左右，行粒数 37 粒左右，出籽率 89%左右，千粒重 322g 左右。全生育期 97 天左右，比对照农大 108 早熟 1～2 天。经河北省农林科学院植物保护研究所接种鉴定，2008 年抗小斑病（病级 3 级），感南方锈病（病级 7 级），感茎腐病（病株率 30.8%）；2009 年抗小斑病（病级 3 级），中抗南方锈病（病级 5 级），高感纹枯病（病指 77.8），高抗茎腐病（病株率 2.9%）；2010 年感纹枯病（病指 63.3）。2010 年经农业部谷物品质监督检验测试中心（北京）检验，粗蛋白（干基）9.50%，粗脂肪（干基）5.04%，粗淀粉（干基）71.73%。

产量表现：在一般栽培条件下，2008 年区试亩产 529.5kg，较对照品种增产 6.8%（极显著）；2009 年区试亩产 511.1kg，较对照品种增产 5.9%（极显著）。2010 年生产试验亩产 516.2kg，较对照品种增产 7.6%。

栽培技术要点：在不同使用条件下，高玉 2068 抗性、品质和产量表现都可能有所不同。建议推广者进一步做好高玉 2068 在推广地区的示范和技术指导工作，向使用者说明高玉 2068 在推广地区使用存在的抗热害特性、抗病性等方面的遗传性缺陷，告知使用者适宜的栽培技术和正确防治有关病虫草害的方法。

适宜种植地区：安徽省江淮丘陵区和淮北区。

豫龙凤 1 号

审定编号：皖玉 2013001

选育单位：河南滑丰种业科技有限公司

品种来源：L728-24×H10

特征特性：株型半紧凑，成株叶片数 20 片左右，叶色浓绿；花丝青色，花药青色，雄穗分枝 10 个左右。穗轴红色，硬粒型，籽粒纯黄色。2010 年（对照农大 108）、2011 年（对照弘大 8 号）两年低密度组区域试验结果：平均株高 289cm、穗位 115cm、穗长 18cm、穗粗 5.0cm、秃尖 0.7cm、穗行数 15 行、行粒数 34 粒、出籽率 84%、千粒重 322g。抗高温热害 2 级（相对空秆率平均 1.5%）。全生育期 99 天左右，与对照弘大 8 号相当。经河北省农林科学院植物保护研究所接种鉴定，2010 年中抗小斑病（病级 5 级），高感南方锈病（病级 9 级），中抗纹枯病（病指 39.4），抗茎腐病（发病率 9.1%）；经安徽农业大学植物保护学院接种鉴定，2011 年中抗小斑病（病级 5 级），抗南方锈病（病级 3 级），感纹枯病（病指 60），中抗茎腐病（发病率 20%）;2012 年中抗南方锈病（病级 5 级）。2012 年经农业部谷物品质监督检验测试中心（北京）检验，粗蛋白（干基）9.78%，粗脂肪（干基）4.79%，粗淀粉（干基）74.54%。

产量表现：在一般栽培条件下，2010 年区域试验亩产 514.40kg，较对照品种增产 13.15%（极显著）；2011 年区域试验亩产 524.7kg，较对照品种增产 8.59%（极显著）。2012 年生产试验亩产 552.50kg，较对照弘大 8 号增产 2.22%。

适宜种植地区：安徽省江淮丘陵区和淮北区。

CN9127

审定编号：皖玉 2013002

选育单位：中国种子集团有限公司

品种来源：CR73031×CRE2

特征特性：叶鞘紫色，幼苗叶缘呈紫色，叶面带波纹。成株株型半紧凑，叶片数 19 片左右。雄穗一级分枝 4 个左右，花药紫色，花丝浅绿色。果穗筒型，与茎秆夹角小，穗轴白色，籽粒黄色，半马齿型。2010 年（对照农大 108）、2011 年（对照弘大 8 号）两年低密度组区域试验结果：平均株高 282cm、穗位 122cm、穗长 16cm、穗粗 5.0cm、秃尖 0.4cm、穗行数 16 行、行粒数 33 粒、出籽率 86%、千粒重 317g。抗高温热害 2 级（相对空秆率平均 1.9%）。全生育期 99 天左右，与对照弘大 8 号相当。经河北省农林科学院植物保护研究所接种鉴定，2010 年中抗小斑病（病级 5 级），中抗南方锈病（病级 5 级），高感纹枯病（病指 75），高抗茎腐病（发病率 2.9%）；经安徽农业大学植物保护学院接种鉴定，2011 年中抗小斑病（病级 5 级），高抗南方锈病（病级 1 级），中抗纹枯病（病指 48），中抗茎腐病（发病率 20%）。2012 年经农业部谷物品质监督检验测试中心（北京）检验，粗蛋白（干基）10.94%，粗脂肪（干基）5.10%，粗淀粉（干基）70.83%。

产量表现：在一般栽培条件下，2010 年区域试验亩产 505.00kg，较对照品种增产 12.75%（极显著）；2011 年区域试验亩产 493.80kg，较对照品种增产 2.19%（不显著）。2012 年生产试验亩产 554.30kg，较对照弘大 8 号增产 2.55%。

适宜种植地区：安徽省江淮丘陵区和淮北区。

奥玉 3806

审定编号：皖玉 2013003

选育单位：北京奥瑞金种业股份有限公司

品种来源：OSL283×OSL249

特征特性：第一叶尖端圆形，幼苗叶鞘紫色，株型半紧凑，总叶片数 20 片左右，叶色深绿，花药浅紫色，花丝浅紫色，果穗圆锥型，穗轴白色，籽粒半马齿型，籽粒楔形，籽粒顶端黄白色，籽粒背面淡黄色。2010 年（对照农大 108）、2011 年（对照弘大 8 号）两年低密度组区域试验结果：平均株高 271cm、穗位 108cm、穗长 18cm、穗粗 5.0cm、秃尖 0.3cm、穗行数 15 行、行粒数 36 粒、出籽率 88%、千粒重 331g。抗高温热害 2 级（相对空秆率平均 1.4%）。全生育期 99 天左右，与对照弘大 8 号相当。经河北省农林科学院植物保护研究所接种鉴定，2010 年中抗小斑病（病级 5 级），中抗南方锈病（病级 5 级），高感纹枯病（病指 75），中抗茎腐病（发病率 25.7%）；经安徽农业大学植物保护学院接种鉴定，2011 年中抗小斑病（病级 5 级），抗南方锈病（病级 3 级），感纹枯病（病指 68），中抗茎腐病（发病率 20%）。2012 年经农业部谷物品质监督检验测试中心（北京）检验，粗蛋白（干基）10.17%，粗脂肪（干基）4.61%，粗淀粉（干基）73.02%。

产量表现：在一般栽培条件下，2010 年区域试验亩产 507.10kg，较对照品种增产 13.5%（极显著）；2011 年区域试验亩产 548.90kg，较对照品种增产 11.45（极显著）。2012 年生产试验亩产 579.70kg，较对照弘大 8 号增产 7.25%。

适宜种植地区：安徽省江淮丘陵区和淮北区。

奥玉 3765

审定编号：皖玉 2013004

选育单位：北京奥瑞金种业股份有限公司

品种来源：OSL218×OSL249

特征特性：株型半紧凑，全株 20 片叶，幼苗叶色深绿，叶鞘紫红色，花丝红色，花药浅紫色，籽粒半马齿、黄白色，穗轴白色。2010 年（对照农大 108）、2011 年（对照弘大 8 号）两年低密度组区域试验结果：平均株高 268cm、穗位 106cm、穗长 18cm、穗粗 5.0cm、秃尖 0.3cm、穗行数 14 行、行粒数 34 粒、出籽率 87%、千粒重 366g。抗高温热害 2 级（相对空秆率平均 1.3%）。全生育期 97 天左右，比对照弘大 8 号早熟 1～2 天。经河北省农林科学院植物保护研究所接种鉴定，2010 年中抗小斑病（病级 5 级），感南方锈病（病级 7 级），中抗纹枯病（病指 46.1），中抗茎腐病（发病率 14.7%）；经安徽农业大学植物保护学院接种鉴定，2011 年感小斑病（病级 7 级），抗南方锈病（病级 3 级），高感纹枯病（病指 81），中抗茎腐病（发病率 25%）;2012 年中抗纹枯病（病指 49）。2012 年经农业部谷物品质监督检验测试中心（北京）检验，粗蛋白（干基）10.14%，粗脂肪（干基）4.55%，粗淀粉（干基）73.50%。

产量表现：在一般栽培条件下，2010 年区域试验亩产 520.60kg，较对照品种增产 16.52%（极显著）；2011 年区域试验亩产 531.90kg，较对照品种增产 8.02%（极显著）。2012 年生产试验亩产 589.20kg，较对照弘大 8 号增产 8.65%。

适宜种植地区：安徽省江淮丘陵区和淮北区。

中科 982

审定编号：皖玉 2013005

选育单位：北京联创种业股份有限公司

品种来源：CT019×CT9882

特征特性：幼苗第一叶叶鞘紫色，成株株型中间型，雄穗一级分枝数中多，雌穗花丝紫色；果穗中间型，籽粒为硬粒型，纯橘黄色，穗轴白色。2010 年（对照农大 108）、2011 年（对照弘大 8 号）两年低密度组区域试验表明，株高 255cm 左右，穗位 94cm 左右，穗长 17cm 左右，穗粗 4.9cm 左右，秃尖 0.4cm 左右，穗行数 14 行左右，行粒数 33 粒左右，出籽率 84%左右，千粒重 338g 左右。抗高温热害 2 级（相对空秆率平均 1%）。全生育期 99 天左右，与对照品种（弘大 8 号）相当。经河北省农林科学院植物保护研究所接种鉴定，2010 年抗小斑病（病级 3 级），中抗南方锈病（病级 5 级），高感纹枯病（病指 75），中抗茎腐病（发病率 22.2%）；经安徽农业大学植物保护学院接种鉴定，2011 年中抗小斑病（病级 5 级），高抗南方锈病（病级 1 级），感纹枯病（病指 56），中抗茎腐病（发病率 20%）。2012 年经农业部谷物品质监督检验测试中心（北京）检验，粗蛋白（干基）9.89%，粗脂肪（干基）4.62%，粗淀粉（干基）73.30%。

产量表现：在一般栽培条件下，2010 年区域试验亩产 499.20kg，较对照品种增产 11.73%（极显著）；2011 年区域试验亩产 527.30kg，较对照品种增产 7.66（显著）。2012 年生产试验亩产 560.90kg，较对照品种（弘大 8 号）增产 3.33%。

适宜种植地区：安徽省江淮丘陵区和淮北区。

德单 5 号

审定编号：皖玉 2013006

选育单位：北京德农种业有限公司

品种来源：5818×昌 7-2

特征特性：成株株型半紧凑，叶片宽大，籽粒黄色马齿型，穗轴白色。2010 年、2011 年两年高密度组区域试验结果：平均株高 240cm、穗位 102cm、穗长 15cm、穗粗 7cm、秃尖 0.1cm、穗行数 14 行、行粒数 34 粒、出籽率 89%、千粒重 303g。抗高温热害 2 级（相对空秆率平均 0.6%）。全生育期 98 天左右，与对照品种

（郑单 958）相当。经河北省农林科学院植物保护研究所接种鉴定，2010 年中抗小斑病（病级 5 级），中抗南方锈病（病级 5 级），高感纹枯病（病指 70.6），中抗茎腐病（发病率 29.7%）；经安徽农业大学植物保护学院接种鉴定，2011 年中抗小斑病（病级 5 级），高抗南方锈病（病级 1 级），感纹枯病（病指 62），中抗茎腐病（发病率 20%）。2012 年经农业部谷物品质监督检验测试中心（北京）检验，粗蛋白（干基）10.23%，粗脂肪（干基）4.40%，粗淀粉（干基）72.59%。

产量表现：在一般栽培条件下，2010 年区域试验亩产 563.30kg，较对照品种增产 6.18%（极显著）；2011 年区域试验亩产 518.00kg，较对照品种增产 6.40%（极显著）。2012 年生产试验亩产 586.00kg，较对照品种增产 4.74%。

适宜种植地区：安徽省淮北区。

鲁单 9088

审定编号：皖玉 2013007

选育单位：山东省农业科学院玉米研究所

品种来源：lx088×lx03-2

特征特性：株型紧凑。叶片分布稀疏，上部叶片上冲，叶鞘紫色，雄穗分枝较少，花药紫色，花丝红色，籽粒为马齿型、黄色，红轴。2010 年、2011 年两年高密度组区域试验结果：平均株高 266cm、穗位 100cm、穗长 17cm、穗粗 4.8cm、秃尖 0.6cm、穗行数 13 行、行粒数 31 粒、出籽率 87%、千粒重 393g。抗高温热害 2 级（相对空秆率平均 1.0%）。全生育期 98 天左右，比对照郑单 958 迟熟 1 天。经河北省农林科学院植物保护研究所接种鉴定，2010 年抗小斑病（病级 3 级），中抗南方锈病（病级 5 级），感纹枯病（病指 55），抗茎腐病（发病率 6.5%）；经安徽农业大学植物保护学院接种鉴定，2011 年抗小斑病（病级 3 级），高抗南方锈病（病级 1 级），感纹枯病（病指 56），中抗茎腐病（发病率 25%）。2012 年经农业部谷物品质监督检验测试中心（北京）检验，粗蛋白（干基）10.20%，粗脂肪（干基）4.59%，粗淀粉（干基）73.37%。

产量表现：在一般栽培条件下，2010 年区域试验亩产 579.70kg，较对照品种增产 9.10%（极显著）；2011 年区域试验亩产 521.20kg，较对照品种增产 7.07%（极显著）。2012 年生产试验亩产 575.30kg，较对照品种增产 2.83%。

适宜种植地区：安徽省淮北区。

金赛 34

审定编号：皖玉 2013008

选育单位：河南金赛种子有限公司

品种来源：L12×J-5

特征特性：幼苗叶鞘紫色，支持根发达；株型半紧凑，叶色浓绿；雄穗较发达，花药微紫色，花丝粉色；果穗筒型，籽粒黄色，红轴，半马齿型。2010 年、2011 年两年低密度组区域试验结果：平均株高 272cm、穗位 108cm、穗长 16cm、穗粗 4.7cm、秃尖 0.6cm、穗行数 16 行、行粒数 37 粒、出籽率 88%、千粒重 270g。抗高温热害 2 级（相对空秆率平均 1.0%）。全生育期 98 天左右，与对照郑单 958 相当。经河北省农林科学院植物保护研究所接种鉴定，2010 年中抗小斑病（病级 5 级），感南方锈病（病级 7 级），高感纹枯病（病指 70.6），中抗茎腐病（发病率 20.5%）；经安徽农业大学植物保护学院接种鉴定，2011 年中抗小斑病（病级 5 级），抗南方锈病（病级 3 级），高感纹枯病（病指 90），中抗茎腐病（发病率 20%）。2012 年经农业部谷物品质监督检验测试中心（北京）检验，粗蛋白（干基）10.46%，粗脂肪（干基）3.61%，粗淀粉（干基）74.32%。

产量表现：在一般栽培条件下，2010 年区域试验亩产 561.90kg，较对照品种增产 5.92%（极显著）；2011 年区域试验亩产 532.20kg，较对照品种增产 9.32%（极显著）。2012 年生产试验亩产 605.30kg，较对照品种增产 8.19%。

适宜种植地区：安徽省淮北区。

皖甜 210

审定编号：皖玉 2013009

选育单位：安徽省农业科学院烟草研究所

品种来源：皖甜系 2×776

特征特性：叶鞘绿色，第一叶尖端圆至匙形，该品种株型半紧凑，果穗筒型，穗轴白色，籽粒淡黄色 。2011 年（对照皖玉 13）、2012 年（对照凤糯 2146）两年区域试验结果：平均出苗至采收 76 天左右，比对照品种（凤糯 2146）早熟 2 天。株高 264cm、穗位 107cm、穗长 20cm、穗粗 4.5cm、秃尖 1.7cm。两年区域试验平均倒伏率 4.9%、倒折率为 0.8%，抗高温热害 2 级（相对空秆率平均 0.85%）。田间发病级别平均分别为：

小斑病 2.1 级，锈病 1%，茎腐病 0.3%，纹枯病 1.3 级。经扬州大学农学院理化测定：2011 年皮渣率 9.5%，可溶性总糖 14.31%，还原糖 5.93%，专家品质综合评分为 86.0 分。2012 年皮渣率 10.3%，可溶性总糖 14.9%，还原糖 5.6%，专家品质品尝综合评分为 87.2 分。

产量表现：在一般栽培条件下，2011 年鲜食组区域试验鲜穗亩产 779.70kg，较对照品种增产 11.53%；2012 年区域试验亩产 810.80kg，较对照品种增产 0.30%。

适宜种植地区：安徽全省。

皖糯 5 号

审定编号：皖玉 2013010

选育单位：安徽省农业科学院烟草研究所

品种来源：SN11×皖自 101

特征特性：该品种株型半紧凑，穗形长锥，籽粒白色，轴白色。2011 年（对照皖玉 13）、2012 年（对照凤糯 2146）两年区域试验结果：平均出苗至采收 74 天左右，比对照凤糯 2146 早熟 4 天。株高 226cm、穗位 101cm、穗长 18cm、穗粗 4.8cm、秃尖 2.0cm。两年区域试验平均倒伏率 0.6%、倒折率为 0.2%，抗高温热害 2 级（相对空秆率平均 0.15%）。田间发病级别平均分别为：小斑病 1.6 级，锈病 0.9%，茎腐病 0.4%，纹枯病 1.2 级。经扬州大学农学院理化测定：2011 年皮渣率 10.29%，支链淀粉/总淀粉 99.96%，专家品质综合评分为 85.6 分。2012 年皮渣率 11.7%，支链淀粉/总淀粉 98.4%，专家品质品尝综合评分为 86.8 分。

产量表现：在一般栽培条件下，2011 年鲜食组区域试验鲜穗亩产 801.30kg，较对照品种增产 14.62%；2012 年区域试验亩产 825.30kg，较对照品种增产 2.1%。

适宜种植地区：安徽全省。

奥玉 3923

审定编号：皖玉 2014001

选育单位：北京奥瑞金种业股份有限公司

品种来源：OSL218×OSL310

特征特性：幼苗第一叶叶鞘紫色，叶尖尖端形状尖至圆形。成株株型半紧凑，花丝紫色，总叶片数20片左右，雄穗一级分枝10个左右。果穗锥型，穗轴白色，籽粒半硬粒型，黄白色。2011年、2012年两年高密度组区域试验结果：平均株高280cm、穗位111cm、穗长16.6cm、穗粗5.0cm、秃尖0.9cm、穗行数14.6行、行粒数29.4粒、出籽率87.0%、千粒重366g。抗高温热害2级（相对空秆率平均1.55%）。全生育期102天左右，与对照品种（郑单958）相当。经安徽农业大学植物保护学院接种鉴定，2011年抗小斑病（病级3级），抗南方锈病（病级3级），高感纹枯病（病指77），中抗茎腐病（发病率20%）；2012年中抗小斑病（病级5级），中抗南方锈病（病级5级），感纹枯病（病指70），中抗茎腐病（发病率15%）。2013年经农业部谷物品质监督检验测试中心（北京）检验，粗蛋白（干基）10.45%，粗脂肪（干基）3.50%，粗淀粉（干基）73.66%。

产量表现：在一般栽培条件下，2011年区域试验亩产530.20kg，较对照品种增产7.79%（极显著）；2012年区域试验亩产659.30kg，较对照品种增产8.89%（极显著）。2013年生产试验亩产522.5kg，较对照品种增产4.77%。

栽培技术要点：（1）一般6月15日之前播种。（2）等行距种植，单株留苗，适宜密度4000株/亩左右。（3）亩施农家肥2000～3000kg或氮磷钾三元复合肥30kg做基肥，大喇叭口期每亩追施尿素30kg左右。

适宜种植地区：安徽省淮北区。

丰乐668

审定编号：皖玉2014002

选育单位：合肥丰乐种业股份有限公司

品种来源：DK58-2×京772-1

特征特性：幼苗叶鞘紫色，株型紧凑。成株叶片数19～20片，雄穗分支10个左右。果穗筒型，穗轴白色，籽粒黄色，半马齿型。2011年、2012年两年高密度组区域试验结果：平均株高245cm、穗位87cm、穗长16.4cm、穗粗4.7cm、秃尖0.3cm、穗行数14.7行、行粒数34.5粒、出籽率90.2%、千粒重325.3g。抗高温热害2级（相对空秆率平均1.1%）。全生育期102天左右，与对照品种（郑单958）相当。经安徽农业大学植物保护学院接种鉴定，2011年中抗小斑病（病级5级），中抗南方锈病（病级5级），高感纹枯病（病指78），中抗茎腐病（发病率20%）；2012年中抗小斑病（病级5级），中抗南方锈病（病级5级），感纹枯病（病指51），中抗茎腐病（发病率30%）。2013年经农业部谷物品质监督检验测试中心（北京）检验，粗蛋白（干基）10.17%，粗脂肪（干基）3.88%，粗淀粉（干基）72.17%。

产量表现：在一般栽培条件下，2011年区域试验亩产534.10kg，较对照品种增产9.72%（极显著）；2012年区域试验亩产682.90kg，较对照品种增产12.80%（极显著）。2013年生产试验亩产533.40kg，较对照品种（郑单958）增产6.95%。

栽培技术要点：（1）一般6月上中旬播种，适宜种植密度4500株/亩。（2）播前施足底肥（土杂肥或复合肥），追肥一般亩施尿素30～40kg，在拔节和大喇叭口期分次追施为宜，注意增施磷、钾肥。（3）在大喇叭口期注意防治玉米螟。

适宜种植地区：安徽省淮北区。

齐玉58

审定编号：皖玉2014003

选育单位：安徽华韵生物科技有限公司

品种来源：Q08×J58

特征特性：株型半紧凑，成株上部叶片上冲。果穗筒型，穗轴红色，籽粒黄色，马齿型。2011年、2012年两年高密度组区域试验结果：平均株高264cm、穗位96cm、穗长16.2cm、穗粗4.8cm、秃尖0.5cm、穗行数14.4行、行粒数32.4粒、出籽率88.6%、千粒重355g。抗高温热害2级（相对空秆率平均1.4%）。全生育期102天左右，与对照郑单958相当。

抗性表现：经安徽农业大学植物保护学院接种鉴定，2011年中抗小斑病（病级5级），抗南方锈病（病级3级），感纹枯病（病指56），中抗茎腐病（发病率20%）；2012年中抗小斑病（病级5级），感南方锈病（病级7级），感纹枯病（病指60），感茎腐病（发病率40%）。

品质表现：2013年经农业部谷物品质监督检验测试中心（北京）检验，粗蛋白（干基）11.41%，粗脂肪（干基）3.16%，粗淀粉（干基）71.90%。

产量表现：在一般栽培条件下，2011年区域试验亩产533.60kg，较对照品种增产8.48%（极显著）；2012年区域试验亩产682.90kg，较对照品种增产12.05%（极显著）。2013年生产试验亩产531.90kg，较对照品种增产6.86%。

栽培技术要点：（1）6月上中旬适时早播。（2）足墒播种，每亩密度4500株，播种深度3～4cm。（3）苗期及时间苗定苗、化学除草、施用提苗肥，遇涝及时排水。（4）中后期加强肥水管理，在大喇叭口时期重施攻穗肥。（5）及时防治叶斑病、玉米螟等病虫害。（6）适当晚收。

适宜种植地区：安徽省淮北区。

华皖267

审定编号：皖玉2014004

选育单位：安徽隆平高科种业有限公司

品种来源：LH993×L239

特征特性：幼苗叶色淡绿，叶鞘紫色，叶片紧凑。成株株型半紧凑，果穗以上叶片较窄，茎叶夹角小，叶片分布稀疏，雄穗分枝中，颖壳为绿色，花药为黄色，花丝为粉红色，成株叶片数为19～20片。籽粒黄色，马齿型，穗轴红色。2011年、2012年两年高密度组区域试验结果：平均株高282cm、穗位109cm、穗长16.2cm、穗粗4.8cm、秃尖0.9cm、穗行数15.6行、行粒数30.4粒、出籽率89.7%、千粒重347.5g。抗高温热害2级（相对空秆率平均1.55%）。全生育期101天左右，比对照品种（郑单958）早熟1天。经安徽农业大学植物保护学院接种鉴定，2011年中抗小斑病（病级5级），抗南方锈病（病级3级），高感纹枯病（病指87），中抗茎腐病（发病率25%）；2011年感小斑病（病级7级），中抗南方锈病（病级5级），感纹枯病（病指53），高感茎腐病（发病率50%）。2013年经农业部谷物品质监督检验测试中心（北京）检验，粗蛋白（干基）11.32%，粗脂肪（干基）3.20%，粗淀粉（干基）71.68%。

产量表现：在一般栽培条件下，2011年区域试验亩产535.60kg，较对照品种增产10.02%（极显著）；2012年区域试验亩产626.80kg，较对照品种增产3.53%（极显著）。2013年生产试验亩产538.50kg，较对照品种增产8.19%。

栽培技术要点：（1）适时播种。（2）合理密植。适宜密度为4200～4800株/亩。（3）种植方式：可以采用宽窄行种植，宽行80cm左右，窄行50cm左右。（4）施足底肥，及时追肥。施肥方式可采用“一炮轰”或分期追肥两种方法，“一炮轰”施肥应在玉米9～10片叶时将所有肥料一次施入；分期追肥应在玉米7～8片叶时，施施肥总量的40%，玉米大喇叭口期占施肥总量的60%。有条件的可施有机肥2000kg/亩，注意增施磷钾肥。（5）加强田间管理，及时中耕除草，抗旱防涝，大喇叭口期应注意防治玉米螟。

适宜种植地区：安徽省淮北区。

汉单 777

审定编号：皖玉 2014005

选育单位：湖北省种子集团有限公司

品种来源：H70202×H70492

特征特性：幼苗叶鞘紫色，成株叶片较宽，株型半紧凑，上部叶片上冲。雄穗分枝 7～10 个，花丝浅紫色，花药浅紫色。果穗筒型，穗轴红色，籽粒半马齿型，纯黄色。2011 年、2012 年两年低密度组区域试验结果：平均株高 265cm、穗位 106cm、穗长 16.7cm、穗粗 5.1cm、秃尖 0.3cm、穗行数 17.7 行、行粒数 37 粒、出籽率 87.7%、千粒重 292g。抗高温热害 2 级（相对空秆率平均 1.75%）。全生育期 104 天左右，比对照弘大 8 号晚熟 3 天。安徽农业大学植物保护学院接种鉴定，2011 年中抗小斑病（病级 5 级），高抗南方锈病（病级 1 级），感纹枯病（病指 67），中抗茎腐病（发病率 20%）；2012 年感小斑病（病级 7 级），中抗南方锈病（病级 5 级），中抗纹枯病（病指 50），感茎腐病（发病率 35%）。2013 年经农业部谷物品质监督检验测试中心（北京）检验，粗蛋白（干基）10.45%，粗脂肪（干基）3.69%，粗淀粉（干基）70.53%。

产量表现：在一般栽培条件下，2011 年区域试验亩产 544.60kg，较对照品种增产 10.57%（极显著）；2012 年区域试验亩产 639.70kg，较对照品种增产 11.40%（极显著）。2013 年生产试验亩产 478.70kg，较对照品种增产 6.10%。

栽培技术要点：（1）适时播种，合理密植。6 月上中旬播种，单作每亩种植 3600～4000 株。（2）配方施肥。施足底肥，看苗追施平衡肥，重施穗肥，忌偏施氮肥。（3）加强田间管理。苗期注意蹲苗，及时中耕除草，培土壅蔸，预防倒伏，抗旱排涝。（4）注意防治纹枯病、玉米螟等病虫害。

适宜种植地区：安徽省江淮丘陵区和淮北区。

联创 799

审定编号：皖玉 2014006

选育单位：北京联创种业股份有限公司

品种来源：CT3141×CT5898

特征特性：幼苗第一叶叶鞘浅紫色，叶片绿色，株型紧凑，叶色较深；雄花分枝数 7 个左右，花丝浅紫色，成株叶片数 19～20 片；果穗长筒型，穗轴白色，硬粒型，粒型半马齿，籽粒黄色。2011 年、2012 年两年低密度组区域试验结果：平均株高 268cm、穗位 101cm、穗长 19.5cm、穗粗 5.0cm、秃尖 0.55cm、穗行数 14.6 行、行粒数 34.8 粒、出籽率 84.4%、千粒重 361.5g。抗高温热害 2 级（相对空秆率平均 0.95%）。全生育期 97 天左右，比对照品种（弘大 8 号）早熟 4 天。经安徽农业大学植物保护学院接种鉴定，2011 年抗小斑病（病级 3 级），感南方锈病（病级 7 级），感纹枯病（病指 58），中抗茎腐病（发病率 20%）；2012 年抗小斑病（病级 3 级），感南方锈病（病级 7 级），感纹枯病（病指 56），中抗茎腐病（发病率 30%）。2013 年经农业部谷物品质监督检验测试中心（北京）检验，粗蛋白（干基）10.58%，粗脂肪（干基）4.58%，粗淀粉（干基）72.61%。

产量表现：在一般栽培条件下，2011 年区域试验亩产 557.00kg，较对照品种增产 13.10%（极显著）；2012 年区域试验亩产 622.10kg，较对照品种增产 8.34%（极显著）。2013 年生产试验亩产 468.30kg，较对照品种增产 3.79%。

栽培技术要点：（1）麦垄套种或麦后直播种植，适合中等肥力以上土壤上栽培，适宜密度为 3500 株/亩左右。（2）足墒播种，施好基肥、种肥，重施穗肥，酌施粒肥，高产田要增施磷肥、钾肥和锌肥。（3）加强肥水管理，促使植株健壮，提高植株的抗病性。

适宜种植地区：安徽省江淮丘陵区和淮北区。

源育 66

审定编号：皖玉 2014007

选育单位：石家庄高新区源申科技有限公司

品种来源：YS2017×Y2837

特征特性：苗壮、苗匀，成株株型半紧凑，上部叶片稍宽。雄穗一级分支数 10～12 个，花药浅紫色，颖壳浅紫，花丝浅紫色。果穗筒型，穗轴白色，籽粒黄色，硬粒型。2011 年、2012 年两年低密度组区域试验结果：平均株高 244cm、穗位 107cm、穗长 17.3cm、穗粗 5.0cm、秃尖 0.55cm、穗行数 16.8 行、行粒数 32.6 粒、出籽率 88.5%、千粒重 324g。抗高温热害 2 级（相对空秆率平均 2.1%）。全生育期 103 天左右，比对照弘大 8 号晚熟 2 天。经安徽农业大学植物保护学院接种鉴定，2011 年抗小斑病（病级 3 级），高抗南方锈病（病级 1 级），感纹枯病（病指 61），中抗茎腐病（发病率 20%）；2012 年中抗小斑病（病级 5 级），抗南方锈病（病级 3 级），中抗纹枯病（病指 44），抗茎腐病（发病率 10%）。2013 年经农业部谷物品质监督检验测试中心（北京）检验，粗蛋白（干基）12.27%，粗脂肪（干基）4.44%，粗淀粉（干基）70.07%。

产量表现：在一般栽培条件下，2011 年区域试验亩产 534.40kg，较对照品种增产 10.33%（极显著）；2012 年区域试验亩产 625.00kg，较对照品种增产 7.10%（极显著）。2013 年生产试验亩产 459.00kg，较对照品种增产 1.74%。

栽培技术要点：（1）播期。适宜播期 6 月 5—20 日。（2）种植密度。4000 株/亩左右。（3）种植方式。直播或麦垄套种均可。（4）肥水管理：播种前亩施复合肥 40kg 做底肥，喇叭口期亩追施尿素 20～30kg，遇干旱及时浇水。（5）病虫害防治：播种前用种衣剂包衣防治地下害虫，苗期防治蚜虫及灰飞虱为害，大喇叭口期用药剂防治玉米螟。

适宜种植地区：安徽省江淮丘陵区和淮北区。

先玉 048

审定编号：皖玉 2014008

选育单位：铁岭先锋种子研究有限公司

品种来源：PH18Y6×PH11YB

特征特性：幼苗第一叶叶鞘深紫色，叶尖端尖到圆形，叶缘紫红色。成株株形半紧凑，总叶片数 21 片左右。雄穗主轴与分枝角度小，一级分枝 4～10 个，花药浅紫色，颖壳绿色，花丝黄绿色，果穗圆筒型，穗轴红色，籽粒半马齿型，黄粒。2011 年、2012 年两年低密度组区域试验结果：平均株高 275cm、穗位 100cm、穗长 17cm、穗粗 5.0cm、秃尖 0.9cm、穗行数 15.8 行、行粒数 32.8 粒、出籽率 87.2%、千粒重 362.5g。抗高温热害 2 级（相对空秆率平均 1.55%）。全生育期 102 天左右，比对照弘大 8 号晚熟 1 天。经安徽农业大学植物保护学院接种鉴定，2011 年中抗小斑病（病级 5 级），中抗南方锈病（病级 5 级），感纹枯病（病指 57），中抗茎腐病（发病率 20%）；2012 年中抗小斑病（病级 5 级），感南方锈病（病级 7 级），感纹枯病（病指 58），中抗茎腐病（发病率 25%）。2013 年经农业部谷物品质监督检验测试中心（北京）检验，粗蛋白（干基）10.61%，粗脂肪（干基）3.53%，粗淀粉（干基）70.87%。

产量表现：在一般栽培条件下，2011 年区域试验亩产 539.30kg，较对照品种增产 11.61%（极显著）；2012 年区域试验亩产 627.40kg，较对照品种增产 9.71%（极显著）。2013 年生产试验亩产 464.50kg，较对照品种增产 2.96%。

栽培技术要点：6 月上旬麦后直播。亩留苗 3800 株左右。亩施复合肥 50～60kg 作底肥，追施尿素 15～25kg。

适宜种植地区：安徽省江淮丘陵区和淮北区。

安农 591

审定编号：皖玉 2014009

选育单位：安徽农业大学

品种来源：CB25×LX9801

特征特性：幼苗叶鞘紫色，株型半紧凑，成株叶片数 19～20 片叶，叶片分布稀疏，叶色浓绿。雄穗分支中等，花药黄色。籽粒黄色硬粒型，穗轴白色。2011 年、2012 年两年低密度组区域试验结果：平均株高 254cm、穗位 102cm、穗长 16.9cm、穗粗 4.8cm、秃尖 0.6cm、穗行数 15.5 行、行粒数 33.7 粒、出籽率 88%、千粒重 339g。抗高温热害 3 级（相对空秆率平均 2.7%）。全生育期 101 天左右，与对照弘大 8 号相当。经安徽农业大学植物保护学院接种鉴定，2011 年中抗小斑病（病级 5 级），高抗南方锈病（病级 1 级），感纹枯病（病指 68），中抗茎腐病（发病率 25%）；2012 年中抗小斑病（病级 5 级），抗南方锈病（病级 3 级），感纹枯病（病指 52），中抗茎腐病（发病率 15%）。2013 年经农业部谷物品质监督检验测试中心（北京）检验，粗蛋白（干基）10.14%，粗脂肪（干基）4.43%，粗淀粉（干基）69.49%。

产量表现：在一般栽培条件下，2011 年区域试验亩产 517.30kg，较对照品种增产 7.05%（极显著）；2012 年区域试验亩产 610.50kg，较对照品种增产 6.32%（极显著）。2013 年生产试验亩产 491.90kg，较对照品种增产 8.37%。

栽培技术要点：（1）播期。4 月上旬至 6 月底均可，密度 4000 株/亩。（2）施肥。一般亩施复合肥 50kg、尿素 30kg，分两次施用，夏季栽培遇涝及时追施氮肥。（3）防治病虫害。苗期防治地老虎，大喇叭口期防治玉米螟。

适宜种植地区：安徽省江淮丘陵区和淮北区。

豫龙凤 108

审定编号：皖玉 2014010

选育单位：河南滑丰种业科技有限公司

品种来源：C712×HF588

特征特性：株型半紧凑，叶片适中，穗轴白色，籽粒半马齿。2011 年、2012 年两年低密度组区域试验结果：平均株高 248cm、穗位 91cm、穗长 17.7cm、穗粗 5.0cm、秃尖 0.8cm、穗行数 16.4 行、行粒数 31.9 粒、出籽率 86.5%、千粒重 351g。抗高温热害 3 级（相对空秆率平均 2.7%）。全生育期 101 天左右，与对照弘大 8 号相当。经安徽农业大学植物保护学院接种鉴定，2011 年抗小斑病（病级 3 级），抗南方锈病（病级 3 级），感纹枯病（病指 63），中抗茎腐病（发病率 20%）；2012 年中抗小斑病（病级 5 级），中抗南方锈病（病级 5 级），感纹枯病（病指 66），中抗茎腐病（发病率 20%）。2013 年经农业部谷物品质监督检验测试中心（北京）检验，粗蛋白（干基）10.27%，粗脂肪（干基）3.79%，粗淀粉（干基）74.31%。

产量表现：在一般栽培条件下，2011 年区域试验亩产 537.70kg，较对照品种增产 9.20%（极显著）；2012 年区域试验亩产 585.10kg，较对照品种增产 2.32%（显著）。2013 年生产试验亩产 469.30kg，较对照品种增产 3.40%。

栽培技术要点：（1）适期早种，密度一般每亩 3300～3500 株，苗期注意防治蓟马。（2）采用分期追肥的方式，重施拔节肥，大喇叭口期注意施粒肥，同时注意防治玉米螟。（3）后期注意防旱排涝。

适宜种植地区：安徽省江淮丘陵区和淮北区。

华安 513

审定编号：皖玉 2014011

选育单位：安徽省农业科学院烟草研究所

品种来源：皖 09-2×C-50

特征特性：第一叶叶尖端形状长椭圆形，幼苗叶鞘紫色，成株总叶片数 20 片，株型半紧凑。雄穗一级侧枝数目 8～10 个，花药浅紫色，花丝色极弱（青色）。果穗圆筒型，穗轴红色，籽粒半马齿型，黄色。2011 年、2012 年两年低密度组区域试验结果：平均株高 240cm、穗位 99cm、穗长 18cm、穗粗 4.7cm、秃尖 0.3cm、穗行数 13.7 行、行粒数 34.5 粒、出籽率 87.4%、千粒重 369.5g。抗高温热害 2 级（相对空秆率平均 1.8%）。

全生育期102天左右，与对照弘大8号相当。经安徽农业大学植物保护学院接种鉴定，2011年感小斑病（病级7级），抗南方锈病（病级3级），中抗纹枯病（病指34），中抗茎腐病（发病率25%）；2012年抗小斑病（病级3级），中抗南方锈病（病级5级），感纹枯病（病指69），高感茎腐病（发病率45%）。2013年经农业部谷物品质监督检验测试中心（北京）检验，粗蛋白（干基）12.42%，粗脂肪（干基）4.15%，粗淀粉（干基）69.30%。

产量表现：在一般栽培条件下，2011年区域试验亩产545.10kg，较对照品种增产10.70%（极显著）；2012年区域试验亩产624.70kg，较对照品种增产7.04%（显著）。2013年生产试验亩产480.00kg，较对照品种增产5.74%。

栽培技术要点：（1）适时播种。夏播播种时间以6月上、中旬为宜。（2）合理密植。每亩留苗4000～4500株左右。（3）化学除草。玉米播种后出苗前采用封闭式喷雾进行。（4）科学施肥。重施基肥，亩施氮磷钾复合肥（15-15-15）40kg左右；早追苗肥，展5～6叶期亩追施尿素10kg；补施穗肥，展10～12叶期亩追施尿素20kg左右。（5）及时排涝和灌溉。（6）及时防治病虫害。及时防治苗期地老虎、大喇叭口期玉米螟等病虫害。

适宜种植地区：安徽省江淮丘陵区和淮北区。

齐玉98

审定编号：皖玉2014012

选育单位：安徽华韵生物科技有限公司

品种来源：J98×R98

特征特性：株型半紧凑，叶片上冲，果穗筒型，穗轴白色，籽粒黄色，半马齿型。2011年、2012年两年低密度组区域试验结果：平均株高255cm、穗位106cm、穗长16.2cm、穗粗5.0cm、秃尖0.3cm、穗行数15.9行、行粒数32粒、出籽率86.9%、千粒重364.5g。抗高温热害2级（相对空秆率平均1.05%）。全生育期102天左右，比对照弘大8号晚熟1天。经安徽农业大学植物保护学院接种鉴定，2011年抗小斑病（病级3级），高抗南方锈病（病级1级），中抗纹枯病（病指33），中抗茎腐病（发病率20%）；2012年中抗小斑病（病级5级），中抗南方锈病（病级5级），感纹枯病（病指59），感茎腐病（发病率35%）。2013年经农业部谷物品质监督检验测试中心（北京）检验，粗蛋白（干基）12.42%，粗脂肪（干基）4.15%，粗淀粉（干基）69.30%。

产量表现：在一般栽培条件下，2011 年区域试验亩产 535.70kg，较对照品种增产 8.78%（极显著）；2012 年区域试验亩产 633.10kg，较对照品种增产 8.49%（极显著）。2013 年生产试验亩产 457.70kg，较对照品种增产 3.21%。

栽培技术要点：（1）适时早播。提倡夏玉米麦收后机械直播。（2）提高播种质量。做到足墒播种，深浅适宜，密度要求 3500～3800 株/亩。（3）苗期管理。及时化学除草、间苗定苗、排灌和防治病虫。（4）中后期管理。在大喇叭口期重施攻穗肥，一般亩施尿素 20kg 左右。及时防治玉米螟、黏虫、小斑病等病虫害，采取合理密植、蹲苗、中耕培土等措施预防倒伏。（5）适当晚收。

适宜种植地区：安徽省江淮丘陵区和淮北区。

许糯 88

审定编号：皖玉 2014013

选育单位：安徽新世纪农业有限公司

品种来源：西黑糯 58×美糯 257

特征特性：株型半紧凑，植株叶脉呈浅紫色。果穗长筒型，穗轴黑色，籽粒紫黑色。2012 年、2013 年两年区域试验结果：平均株高 227cm、穗位 96cm、穗长 21cm、穗粗 4.7cm、秃尖 1.5cm、穗行数 14.2 行、行粒数 37 粒、百粒重 33g。抗高温热害 2 级（相对空秆率平均 1.65%）。平均出苗至采收 81.4 天左右，比对凤糯 2146 晚熟 2 天。两年区域试验平均倒伏率 5.6%、倒折率为 0.3%，抗高温热害 2 级（相对空秆率平均 0.04%）。田间发病级别平均分别为：小斑病 1.0 级，锈病 0.8%，茎腐病 0.1%，纹枯病 1.1 级。2012 年经扬州大学农学院理化测定：皮渣率 8.5%，直链淀粉/总淀粉 96.4%，专家品质品尝综合评分为 85.8 分；2013 年专家品质品尝综合评分为 85.1 分。

产量表现：在一般栽培条件下，2012 年鲜食组区域试验鲜穗亩产 871.40kg，较对照品种增产 7.80%；2013 年区域试验亩产 875.8kg，较对照品种增产 9.40%。

栽培技术要点：（1）隔离种植。采用空间隔离、时间隔离或障碍隔离与其他类型玉米隔离，防止传粉影响品质。（2）合理密植。密度每亩 4000～4500 株。（3）合理施肥。播前每亩施厩肥 1000kg、复合肥 30～40kg 作基肥；苗期、拔节期、穗期分别追施尿素 2～8kg、3～5kg、6～10kg。（4）注意虫害防治。糯玉米受玉米螟及黏虫为害较普通玉米重，应注意防治。（5）适时采收。授粉后 25～30 天是糯玉米鲜穗的适收期。

适宜种植地区：安徽全省。

齐玉 8 号

审定编号：皖玉 2014014

选育单位：安徽华韵生物科技有限公司

品种来源：M20×C78

特征特性：株型半紧凑，节间长，叶片窄，叶色浓绿。果穗锥型，穗轴白色，籽粒黄色，半马齿型。2009 年、2010 年两年低密度组区域试验结果：平均株高 279cm、穗位 132cm、穗长 17cm、穗粗 4.8cm、秃尖 0.3cm、穗行数 15.3 行、行粒数 34.6 粒、出籽率 89.1%、千粒重 322g。抗高温热害 1 级（相对空秆率平均-0.70%）。全生育期 98 天左右，比对照农大 108 早熟 1 天。经河北省农林科学院植保所接种鉴定，2009 年抗小斑病（病级 3 级），中抗南方锈病（病级 5 级），高感纹枯病（病指 92.6），高抗茎腐病（发病率 2.9%）；2010 年中抗小斑病（病级 5 级），中抗南方锈病（病级 5 级），抗纹枯病（病指 15），中抗茎腐病（发病率 22.9%）；2013 年经安徽农业大学接种鉴定，感纹枯病（病指 60）。2011 年经农业部谷物品质监督检验测试中心（北京）检验，粗蛋白（干基）11.12%，粗脂肪（干基）4.41%，粗淀粉（干基）73.79%。

产量表现：在一般栽培条件下，2009 年区域试验亩产 507.00kg，较对照品种增产 5.10%（极显著）；2010 年区域试验亩产 515.10kg，较对照品种增产 13.30%（极显著）。2011 年生产试验亩产 490.90kg，较对照品种增产 4.65%。

栽培技术要点：（1）适时播种。播前精细整地，足墒浅播，播期 6 月上中旬，播深 3～5cm。（2）合理密植。每亩留苗 3500～3800 株，3～4 叶期间苗，5～6 叶期定苗。（3）除草。播后苗前进行封闭化除，苗期结合中耕除去点片杂草。（4）科学施肥。施足基肥，早追苗肥，重施攻穗肥。（5）及时排涝灌溉和防治病虫害。

适宜种植地区：安徽省江淮丘陵区和淮北区。

源育 18

审定编号：皖玉 2014015

选育单位：石家庄高新区源申科技有限公司

品种来源：Y2837×Y811

特征特性：株型半紧凑，雄穗一级分支 6～7 个，花药黄色，颖壳浅紫，花丝浅紫。果穗筒型，穗轴白色，籽粒黄色，半硬粒型。2009 年、2010 年两年低密度组区域试验结果：平均株高 254cm、穗位 103cm、穗长 17.1cm、穗粗 4.9cm、秃尖 0.5cm、穗行数 16.4 行、行粒数 33.9 粒、出籽率 88.8%、千粒重 285g。抗高温热害 1 级（相对空秆率平均-0.29%）。全生育期 96 天左右，比对照农大 108 早熟 1～2 天。经河北省农林科学院植保所接种鉴定，2009 年中抗小斑病（病级 5 级），抗南方锈病（病级 3 级），中抗纹枯病（病指 33.3），中抗茎腐病（发病率 11.8%）；2010 年中抗小斑病（病级 5 级），中抗南方锈病（病级 5 级），高感纹枯病（病指 72.8），抗茎腐病（发病率 5.3%）；2013 年经安徽农业大学接种鉴定，中抗纹枯病（病指 36）。2011 年经农业部谷物品质监督检验测试中心（北京）检验，粗蛋白（干基）9.79%，粗脂肪（干基）4.89%，粗淀粉（干基）75.42%。

产量表现：在一般栽培条件下，2009 年区域试验亩产 508.30kg，较对照品种增产 6.12%（极显著）；2010 年区域试验亩产 480.30kg，较对照品种增产 8.70%（极显著）。2011 年生产试验亩产 510.50kg，较对照品种增产 8.64%。

栽培技术要点：（1）适宜播期。6 月 5—20 日。（2）适宜密度。每亩 3500～4000 株。（3）种植方式。直播或麦垄套种均可。（4）肥水管理。播前亩施 40kg 左右复合肥做底肥，大喇叭口期亩施尿素 20～30kg，或播种前一次性亩施缓释肥 50kg。遇旱及时浇水。（5）病虫害防治。播前防治地下害虫，苗期防治蚜虫及灰飞虱，大喇叭口期防治玉米螟。

适宜种植地区：安徽省江淮丘陵区和淮北区。

伟科 631

审定编号：皖玉 2014016

选育单位：河南金苑种业有限公司

品种来源：WK63×WK31

特征特性：株型半松散，芽鞘青色，全株总叶片数18～21片，雄穗分枝8～12个，雄穗颖片紫色，花药黄色，花丝浅红色。果穗筒型，穗轴红色，籽粒黄色，半马齿型。2009年、2010年两年低密度组区域试验结果：平均株高273cm、穗位94cm、穗长16.9cm、穗粗5.3cm、秃尖0.9cm、穗行数16.2行、行粒数31.5粒、出籽率83.4%、千粒重356g。抗高温热害2级（相对空秆率平均0.66%）。全生育期99天左右，与对照农大108相当。经河北省农林科学院植保所接种鉴定，2009年抗小斑病（病级3级），抗南方锈病（病级3级），中抗纹枯病（病指33.3），抗茎腐病（发病率6.7%）；2010年中抗小斑病（病级5级），中抗南方锈病（病级5级），高感纹枯病（病指75），抗茎腐病（发病率5.3%）；2013年经安徽农业大学接种鉴定，感纹枯病（病指69）。2011年经农业部谷物品质监督检验测试中心（北京）检验，粗蛋白（干基）9.93%，粗脂肪（干基）3.43%，粗淀粉（干基）74.92%。

产量表现：在一般栽培条件下，2009年区域试验亩产513.10kg，较对照品种增产7.12%（极显著）；2010年区域试验亩产522.30kg，较对照品种增产14.90%（极显著）。2011年生产试验亩产505.19kg，较对照品种增产7.35%。

栽培技术要点：（1）播期和密度。6月13日前播种，每亩3500株左右。（2）田间管理。用玉米专用包衣剂拌种，注意防治苗期害虫；苗期重点施用磷钾肥，施用少量氮肥，大喇叭口期重施氮肥，并注意防治玉米螟等虫害。（3）适时收获，充分发挥品种高产潜力。

适宜种植地区：安徽省江淮丘陵区和淮北区。

全玉1233

审定编号：皖玉2016001

选育单位：安徽荃银高科种业股份有限公司

品种来源：533×512

特征特性：苗期长势一般，茎秆粗壮，株型半紧凑，叶片较宽，植株高大，果穗长粗，籽粒较大，马齿型，穗轴红色。2012年、2013年两年低密度组区域试验结果：平均株高266.3cm、穗位102.9cm、穗长17.3cm、穗粗5.0cm、秃尖0.9cm、穗行数16.7行、行粒数31.6粒、出籽率87%、千粒重359g。抗高温热害1级（相对空秆率平均-1.4%）。全生育期102天左右，与对照品种（弘大8号）相当。经安徽农业大学植物保护学院接种鉴定，2012年感小斑病（病级7级），中抗南方锈病（病级5级），感纹枯病（病指53），中抗茎腐病（发病率25%）；2013年抗小斑病（病级3级），抗南方锈病（病级3级），中抗纹枯病（病指44），高感茎腐病（发病率60%）；2014年抗茎腐病（发病率10%）。2014年经农业部谷物品质监督检验测试中心（北京）检验，粗蛋白（干基）8.50%，粗脂肪（干基）3.52%，粗淀粉（干基）75.96%。

产量表现：在一般栽培条件下，2012年区域试验亩产633.8kg，较对照品种增产10.82%（极显著）；2013年区域试验亩产537.5kg，较对照品种增产14.66%（极显著）。2014年生产试验亩产570.02kg，较对照品种增产8.22%。

栽培技术要点：夏直播，适宜密度3500～4000株/亩，授粉后注意追肥。

适宜种植地区：安徽全省。

郑单1102

审定编号：皖玉2016002

选育单位：河南省农业科学院粮食作物研究所、宿州市淮河种业有限公司

品种来源：郑H12×郑H13

特征特性：第一叶尖椭圆形，幼苗叶鞘紫红色，株型较紧凑，总叶片数19片，雄穗分支14个，花药浅紫红色，花丝红色，果穗筒型，籽粒黄色半硬粒型，轴白色。2012年、2013年两年低密度组区域试验结果：平均株高256.4cm、穗位103.3cm、穗长17.5cm、穗粗4.9cm、秃尖0.3cm、穗行数15.7行、行粒数23.2粒、出籽率88.2%、千粒重362g。抗高温热害1级（相对空秆率平均-0.6%）。全生育期103天左右，比对照品种（弘大8号）迟熟2天。经安徽农业大学植物保护学院接种鉴定，2012年感小斑病（病级7级），感南方锈病（病级7级），感纹枯病（病指58），中抗茎腐病（发病率20%）；2013年感小斑病（病级7级），抗南方锈病（病级3级），中抗纹枯病（病指44），高抗茎腐病（发病率5%）。2014年经农业部谷物品质监督检验测试中心（北京）检验，粗蛋白（干基）8.48%，粗脂肪（干基）3.77%，粗淀粉（干基）75.94%。

产量表现：在一般栽培条件下，2012年区域试验亩产614.0kg，较对照品种增产7.37%（不显著）；2013年区域试验亩产520.8kg，较对照品种增产9.57%（极显著）。2014年生产试验亩产555.62kg，较对照品种增产5.49%。

栽培技术要点：（1）等行距或宽窄行种植均可，等行距种植时行距0.67m，株距0.27m，种植密度3700株/亩。（2）控制氮肥施用量，增施磷肥和钾肥，高产田要增锌肥。（3）麦收后力争早播，并及时间苗、定苗。

适宜种植地区：安徽全省。

皖垦玉 1 号

审定编号：皖玉 2016003

选育单位：安徽皖垦种业股份有限公司

品种来源：Z15×0901

特征特性：幼苗叶鞘紫色，花药黄色，花丝浅紫色，叶片宽大，株型半紧凑。果穗筒型，籽粒硬粒型，籽粒黄色，白轴。2012 年、2013 年两年低密度组区域试验结果：平均株高 240.5cm、穗位 102.3cm、穗长 16.5cm、穗粗 5.1cm、秃尖 0.5cm、穗行数 16.3 行、行粒数 32.3 粒、出籽率 87.9%、千粒重 359g。抗高温热害 2 级（相对空秆率平均 0.6%）。全生育期 102 天左右，与对照品种（弘大 8 号）相当。经安徽农业大学植物保护学院接种鉴定，2012 年中抗小斑病（病级 5 级），中抗南方锈病（病级 5 级），中抗纹枯病（病指 44），中抗茎腐病（发病率 15%）；2013 年感小斑病（病级 7 级），高抗南方锈病（病级 1 级），中抗纹枯病（病指 36），高抗茎腐病（发病率 5%）；2014 年中抗小斑病（病级 5 级）。2014 年经农业部谷物品质监督检验测试中心（北京）检验，粗蛋白（干基）9.09%，粗脂肪（干基）4.12%，粗淀粉（干基）74.44%。

产量表现：在一般栽培条件下，2012 年区域试验亩产 626.9kg，较对照品种增产 7.42%（极显著）；2013 年区域试验亩产 491.8kg，较对照品种增产 4.90%（极显著）。2014 年生产试验亩产 550.84kg，较对照品种增产 4.93%。

栽培技术要点：（1）播期及种植方式：6 月 15 日以前麦垄套种或麦后贴茬直播，宽窄行种植，适宜密度 3800 株/亩。（2）肥水管理：底肥复合肥 20～30kg，大喇叭口期追施尿素 30kg，追肥后立即浇水；还要注意浇好灌浆水。（3）病虫草害防治：播种浇水后及时化学除草；药剂包衣防治纹枯病、黑粉病等。

适宜种植地区：安徽全省。

庐玉 9104

审定编号：皖玉 2016004

选育单位：安徽华安种业有限责任公司

品种来源：HA0213×皖自 9116

特征特性：第一叶尖端为圆至匙状，幼苗叶鞘淡紫色，株型紧凑，总叶片数 20 片，上位叶片稍宽，叶色浓绿；雄穗分枝中等，花药橘黄色，花丝淡紫色，果穗筒型，穗轴白色，籽粒半硬粒型，黄色。2012 年、2013 年两年低密度组区域试验结果：平均株高 246cm、穗位 92.4cm、穗长 16.9cm、穗粗 5.2cm、秃尖 0.7cm、穗行数 16.2 行、行粒数 32.1 粒、出籽率 87.6%、千粒重 357.5g。抗高温热害 1 级（相对空秆率平均-0.8%）。全生育期 102 天左右，比对照弘大 8 号迟熟 1 天。经安徽农业大学植物保护学院接种鉴定，2012 年中抗小斑病（病级 5 级），中抗南方锈病（病级 5 级），感纹枯病（病指 54），抗茎腐病（发病率 10%）；2013 年感小斑病（病级 7 级），抗南方锈病（病级 3 级），感纹枯病（病指 51），中抗茎腐病（发病率 15%）。2014 年经农业部谷物品质监督检验测试中心（北京）检验，粗蛋白（干基）8.26%，粗脂肪（干基）3.54%，粗淀粉（干基）75.98%。

产量表现：在一般栽培条件下，2012 年区域试验亩产 638.1kg，较对照品种增产 9.33%（极显著）；2013 年区域试验亩产 502.6kg，较对照品种增产 8.21%（极显著）。2014 年生产试验亩产 553.88kg，较对照品种增产 5.51%。

栽培技术要点：适宜种植密度一般每亩 4000 株，重施基肥，注重大喇叭口期追肥和防治玉米螟，后期注意防旱排涝及病虫害的综合防治，确保充分成熟收获。

适宜种植地区：安徽全省。

新安 15 号

审定编号：皖玉 2016005

选育单位：安徽省农业科学院烟草研究所

品种来源：C-50×皖 09-1

特征特性：第一叶尖端椭圆形，幼苗叶鞘紫色，株型半紧凑，总叶片数 21 片，雄穗 12～14 个分枝，花药浅紫色，花丝无色。果穗筒型，籽粒黄色、粒型半马齿，穗轴红色。2012 年、2013 年两年低密度组区域试验结果：平均株高 237cm、穗位 99.9cm、穗长 18.5cm、穗粗 4.6cm、秃尖 0.4cm、穗行数 13.4 行、行粒数 31.9 粒、出籽率 86.0%、千粒重 375.5g。抗高温热害 2 级（相对空秆率平均 0.3%）。全生育期 102 天左右，与对照品种（弘大 8 号）相当。经安徽农业大学植物保护学院接种鉴定，2012 年抗小斑病（病级 3 级），中抗南方锈病（病级 5 级），感纹枯病（病指 57），高抗茎腐病（发病率 5%）；2013 年中抗小斑病（病级 5 级），抗南方锈病（病级 3 级），中抗纹枯病（病指 40），抗茎腐病（发病率 10%）；2014 年中抗小斑病（病级 5 级）。2014 年经农业部谷物品质监督检验测试中心（北京）检验，粗蛋白（干基）9.11%，粗脂肪（干基）4.13%，粗淀粉（干基）74.47%。

产量表现：在一般栽培条件下，2012 年区域试验亩产 602.2kg，较对照品种增产 3.19%（极显著）；2013 年区域试验亩产 480.3kg，较对照品种增产 2.45%（显著）。2014 年生产试验亩产 557.44kg，较对照品种增产 6.19%。

栽培技术要点：（1）适时播种：6 月上、中旬。（2）合理密植：夏播每亩留苗 4000～4500 株。（3）化学除草：玉米播种后出苗前每亩 50%乙草胺（100mL），加水 50kg 进行封闭式喷雾。（4）科学施肥：重施基肥，亩施氮磷钾复合肥（15-15-15）40kg 左右。早追苗肥，展 5～6 叶期亩追施尿素 10kg；补施穗肥，展 10～12 叶期亩追施尿素 20kg 左右。（5）及时排涝和灌溉。（6）及时防治虫害：苗期防地老虎等地下害虫，大喇叭口期防治玉米螟。（7）制种时母本刚出苗时播父本。

适宜种植地区：安徽全省。

先玉 1148

审定编号：皖玉 2016006

选育单位：铁岭先锋种子研究有限公司

品种来源：PHJEV×PH1N2D

特征特性：幼苗第一叶叶鞘紫色，叶尖端圆形，叶缘绿色。株形半紧凑，总叶片数 20 片左右。雄穗主轴与分枝角度中等，一级分枝 3～8 个，花药浅紫色，颖壳绿色，花丝绿色，果穗圆筒型。粒型半马齿纯黄色，穗轴红色。2012 年、2013 年两年低密度组区域试验结果：平均株高 242.6cm、穗位 90.8cm、穗长 19.6cm、穗粗 4.9cm、秃尖 1.4cm、穗行数 15.7 行、行粒数 33 粒、出籽率 85.5%、千粒重 369.5g。抗高温热害 1 级（相对空秆率平均-1.3%）。全生育期 102 天左右，与对照品种（弘大 8 号）相当。经安徽农业大学植物保护学院接种鉴定，2012 年中抗小斑病（病级 5 级），感南方锈病（病级 7 级），感纹枯病（病指 62），感茎腐病（发病率 40%）；2013 年中抗小斑病（病级 5 级），感南方锈病（病级 7 级），中抗纹枯病（病指 42），高抗茎腐病（发病率 5%）。2014 年经农业部谷物品质监督检验测试中心（北京）检验，粗蛋白（干基）8.00%，粗脂肪（干基）3.83%，粗淀粉（干基）76.52%。

产量表现：在一般栽培条件下，2012 年区域试验亩产 634.8kg，较对照品种增产 8.78%（极显著）；2013 年区域试验亩产 517.3kg，较对照品种增产 10.35%（极显著）。2014 年生产试验亩产 538.92kg，较对照品种增产 2.65%。

栽培技术要点：6 月上旬麦后直播。亩留苗 3800 株左右。亩施复合肥 50～60kg 作底肥，追施尿素 15～25kg。

适宜种植地区：安徽全省。

金赛 38

审定编号：皖玉 2016007

选育单位：河南金赛种子有限公司

品种来源：J-10×J-5

特征特性：幼苗茎基部为紫红色，叶片平展，叶缘波浪状明显。株型较紧凑，叶片窄挺。果穗筒型，籽粒马齿型纯黄色，穗轴红色。2012 年、2013 年两年低密度组区域试验结果：平均株高 261.5cm、穗位 107.1cm、穗长 17.8cm、穗粗 4.9cm、秃尖 1.3cm、穗行数 15 行、行粒数 34 粒、出籽率 84.4%、千粒重 343.5g。抗高温热害 1 级（相对空秆率平均-0.2%）。全生育期 102 天左右，比对照品种（弘大 8 号）迟熟 1 天。经安徽农业大学植物保护学院接种鉴定，2012 年抗小斑病（病级 3 级），中抗南方锈病（病级 5 级），感纹枯病（病指 56），高感茎腐病（发病率 45%）；2013 年中抗小斑病（病级 5 级），感南方锈病（病级 7 级），中抗纹枯病（病指 40），抗茎腐病（发病率 10%）。2014 年经农业部谷物品质监督检验测试中心（北京）检验，粗蛋白（干基）10.06%，粗脂肪（干基）3.71%，粗淀粉（干基）74.79%。

产量表现：在一般栽培条件下，2012 年区域试验亩产 627.7kg，较对照品种增产 7.56%（极显著）；2013 年区域试验亩产 519.6kg，较对照品种增产 9.33%（极显著）。2014 年生产试验亩产 555.84kg，较对照品种增产 5.87%。

栽培技术要点：（1）6 月上中旬播种，密度为 3500～4000 株/亩；在中上等肥力地块，种植密度可达 4000～4500 株/亩。（2）施肥方式可采用“一炮轰”或分期追肥两种方法：“一炮轰”施肥应在玉米 9～10 叶时将所有肥料一次施入；分期施肥应在玉米 7～8 片叶时，占总施肥量的 40%，玉米大喇叭口期占总施肥量的 60%。（3）大喇叭口期注意防治玉米螟。

适宜种植地区：安徽全省。

天益青 7096

审定编号： 皖玉 2016008

选育单位： 宿州市种子公司

品种来源： 宿 3925×Lx032

特征特性： 幼苗叶鞘紫色，全株 21 片叶左右，穗上叶 6 片左右，株型较紧凑。果穗长柱形。籽粒黄色，半硬粒型，穗轴红色。2012 年、2013 年两年低密度组区域试验结果：平均株高 250.7cm、穗位 100.8cm、穗长 17.0cm、穗粗 5.0cm、秃尖 0.3cm、穗行数 14.1 行、行粒数 30.5 粒、出籽率 84.8%、千粒重 387g。抗高温热害 1 级（相对空秆率平均-0.1%）。全生育期 102 天左右，与对照品种（弘大 8 号）相当。经安徽农业大学植物保护学院接种鉴定，2012 年中抗小斑病（病级 5 级），感南方锈病（病级 7 级），感纹枯病（病指 53），高感茎腐病（发病率 45%）；2013 年中抗小斑病（病级 5 级），高抗南方锈病（病级 1 级），中抗纹枯病（病指 44），高抗茎腐病（发病率 5%）。2014 年经农业部谷物品质监督检验测试中心（北京）检验，粗蛋白（干基）9.81%，粗脂肪（干基）4.18%，粗淀粉（干基）73.26%。

产量表现： 在一般栽培条件下，2012 年区域试验亩产 606.6kg，较对照品种增产 5.64%（极显著）；2013 年区域试验亩产 485.9kg，较对照品种增产 3.64%（极显著）。2014 年生产试验亩产 566.14kg，较对照品种增产 7.84%。

栽培技术要点： 夏播适宜播期为 6—25 日，适宜密度为每亩 3800 株/亩。

适宜种植地区： 安徽全省。

丰乐 33

审定编号： 皖玉 2016009

选育单位： 合肥丰乐种业股份有限公司

品种来源： 192-4×昌 7-2

特征特性： 幼苗叶鞘紫色，株型紧凑，成株叶片数 20 片左右，雄穗分支 19 个左右，颖壳青色，花药青色，花丝紫色。果穗长筒型，籽粒黄色，半马齿型，穗轴白色。2012 年、2013 年两年高密度组区域试验结果：平均株高 247.6cm、穗位 110.6cm、穗长 16.0cm、穗粗 4.8cm、秃尖 0.7cm、穗行数 15.0 行、行粒数 32.5 粒、出籽率 87.2%、千粒重 343g。抗高温热害 1 级（相对空秆率平均-0.7%）。全生育期 103 天左右，比对照品种（郑单 958）迟熟 1 天。经安徽农业大学植物保护学院接种鉴定，2012 年中抗小斑病（病级 5 级），中抗南方锈病（病级 5 级），中抗纹枯病（病指 48），中抗茎腐病（发病率 15%）；2013 年高感小斑病（病级 9 级），感南方锈病（病级 7 级），感纹枯病（病指 51），抗茎腐病（发病率 10%）；2014 年抗小斑病（病级 3 级）。2014 年经农业部谷物品质监督检验测试中心（北京）检验，粗蛋白（干基）8.87%，粗脂肪（干基）4.36%，粗淀粉（干基）74.74%。

产量表现：在一般栽培条件下，2012 年区域试验亩产 682.8kg，较对照品种增产 12.39%（极显著）；2013 年区域试验亩产 555.0kg，较对照品种增产 10.57%（极显著）。2014 年生产试验亩产 589.82kg，较对照品种增产 4.10%。

栽培技术要点：6 月上中旬播种，适宜种植密度 4500 株/亩，播前施足底肥（土杂肥或复合肥），追肥一般亩施尿素 40kg，在拔节和大喇叭口期分次追施为宜，注意增施磷肥、钾肥。

适宜种植地区：安徽省淮河以北地区。

联创 800

审定编号：皖玉 2016010

选育单位：北京联创种业股份有限公司

品种来源：CT1583×CT5898

特征特性：幼苗叶鞘浅紫色，叶片中绿色，株型紧凑，总叶片数 20～21 片，雄穗分枝数 8～12 个，花药浅紫色，花丝浅紫色。果穗中间型，籽粒黄色，籽粒半马齿型，穗轴白色。2012 年、2013 年两年高密度组区域试验结果：平均株高 253.5cm、穗位 102.1cm、穗长 18.6cm、穗粗 4.9cm、秃尖 1.1cm、穗行数 14.5 行、行粒数 31.8 粒、出籽率 85.6%、千粒重 359g。抗高温热害 2 级（相对空秆率平均 0.5%）。全生育期 102 天左右，与对照品种（郑单 958）相当。经安徽农业大学植物保护学院接种鉴定，2012 年中抗小斑病（病级 5 级），感南方锈病（病级 7 级），感纹枯病（病指 52），中抗茎腐病（发病率 25%）；2013 年高感小斑病（病级 9 级），中抗南方锈病（病级 5 级），中抗纹枯病（病指 47），抗茎腐病（发病率 10%）；2014 年抗小斑病（病级 3 级）。2014 年经农业部谷物品质监督检验测试中心（北京）检验，粗蛋白（干基）9.52%，粗脂肪（干基）4.58%，粗淀粉（干基）74.72%。

产量表现：在一般栽培条件下，2012年区域试验亩产671.9kg，较对照品种增产10.98%（极显著）；2013年区域试验亩产528.4kg，较对照品种增产5.27%（极显著）。2014年生产试验亩产566.86kg，较对照品种增产0.05%。

栽培技术要点：（1）麦垄套种或麦后直播。适宜密度4000～4500株/亩。（2）施肥以氮磷钾的比例3:1:2为最佳，磷肥、钾肥作为基肥一次施入，氮肥采取分次施肥方式。亩施优质农家肥2000kg或三元复合肥40kg作种肥。13～14片可见叶时配合中耕培土，每亩追施尿素25kg。遇旱浇水。（3）大喇叭口期用Bt生物颗粒杀虫剂或巴丹可溶性粉剂防治玉米螟。（4）籽粒乳线基本消失、黑色层出现后收获。

适宜种植地区：安徽省淮河以北地区。

庐玉9105

审定编号：皖玉2016011

选育单位：安徽华安种业有限责任公司

品种来源：HA0213×皖自8108

特征特性：第一叶尖端圆至匙状，幼苗叶鞘淡紫色，株型半紧凑，总叶片数20片，上位叶中等，叶色淡绿；雄穗分枝中等，花药橘黄色，花丝淡紫色，果穗筒型，籽粒黄色、半马齿型，穗轴白色。2012年、2013年两年高密度组区域试验结果：平均株高240.5cm、穗位92cm、穗长15.6cm、穗粗4.9cm、秃尖0.4cm、穗行数15.5行、行粒数30.7粒、出籽率89.1%、千粒重352g。抗高温热害1级（相对空秆率平均-0.8%）。全生育期102天左右，与对照品种（郑单958）相当。经安徽农业大学植物保护学院接种鉴定，2012年感小斑病（病级7级），中抗南方锈病（病级5级），中抗纹枯病（病指49），抗茎腐病（发病率10%）；2013年抗小斑病（病级3级），抗南方锈病（病级3级），感纹枯病（病指60），中抗茎腐病（发病率30%）。2014年经农业部谷物品质监督检验测试中心（北京）检验，粗蛋白（干基）8.66%，粗脂肪（干基）3.13%，粗淀粉（干基）76.08%。

产量表现：在一般栽培条件下，2012年区域试验亩产635.8kg，较对照品种增产4.66%（极显著）；2013年区域试验亩产575.2kg，较对照品种增产11.71%（极显著）。2014年生产试验亩产610.10kg，较对照品种增产7.28%。

栽培技术要点：密度一般每亩4500株，重施基肥，注重大喇叭口期追肥和防治玉米螟，后期注意防旱排涝及病虫害的综合防治，确保充分成熟收获。

适宜种植地区：安徽省淮河以北地区。

安农 102

审定编号：皖玉 2016012

选育单位：安徽农业大学

品种来源：CB12×CBP4

特征特性：幼苗叶鞘紫色，成株叶片数为 19～21 片，株型半紧凑，叶片分布稀疏，果穗以上叶片着生较密。雄穗分枝中，花药黄色，花丝淡红色，籽粒半马齿型，纯黄色，穗轴白色。2012 年、2013 年两年高密度组区域试验结果：平均株高 234cm、穗位 107.6cm、穗长 16.8cm、穗粗 4.8cm、秃尖 0.7cm、穗行数 14.6 行、行粒数 30.6 粒、出籽率 86.9%、千粒重 360g。抗高温热害 1 级（相对空秆率平均-0.2%）。全生育期 102 天左右，与对照品种（郑单 958）早熟相当。经安徽农业大学植物保护学院接种鉴定，2012 年中抗小斑病（病级 5 级），中抗南方锈病（病级 5 级），中抗纹枯病（病指 50），中抗茎腐病（发病率 15%）；2013 年中抗小斑病（病级 5 级），中抗南方锈病（病级 5 级），感纹枯病（病指 56），中抗茎腐病（发病率 20%）。2014 年经农业部谷物品质监督检验测试中心（北京）检验，粗蛋白（干基）8.63%，粗脂肪（干基）3.94%，粗淀粉（干基）74.88%。

产量表现：在一般栽培条件下，2012 年区域试验亩产 644.8kg，较对照品种增产 6.49%（极显著）；2013 年区域试验亩产 538.9kg，较对照品种增产 5.35%（极显著）。2014 年生产试验亩产 572.44kg，较对照品种增产 0.66%。

栽培技术要点：4 月上旬至 6 月底均可播种，播种密度 4500 株左右，合理施肥，一般亩施复合肥 50kg 左右，尿素 30kg 左右，分两次施肥，夏季栽培遇涝及时追施氮肥，苗期喷施有机磷农药防治地老虎，在玉米大喇叭口期用呋喃丹 1～2kg 撒于心叶或喷施有机磷农药防治玉米螟。

适宜种植地区：安徽省淮河以北地区。

鲁单 6075

审定编号：皖玉 2016013

选育单位：山东省农业科学院玉米研究所

品种来源：鲁系 4958×鲁系 9311（Lx9311）

特征特性：叶鞘紫色，花药紫色，花丝红色。株型紧凑，矮秆穗位低。穗轴红色，籽粒黄色，半马齿型。

2012 年、2013 年两年高密度组区域试验结果：平均株高 230.4cm、穗位 88.8cm、穗长 17.4cm、穗粗 4.8cm、秃尖 0.4cm、穗行数 13.2 行、行粒数 31.9 粒、出籽率 86.1%、千粒重 393.2g。抗高温热害 1 级（相对空秆率平均-0.7%）。全生育期 101 天左右，比对照品种（郑单 958）早熟 1 天。经安徽农业大学植物保护学院接种鉴定，2012 年中抗小斑病（病级 5 级），感南方锈病（病级 7 级），感纹枯病（病指 57），中抗茎腐病（发病率 30%）；2013 年中抗小斑病（病级 5 级），感南方锈病（病级 7 级），感纹枯病（病指 56），高感茎腐病（发病率 90%）；2014 年感茎腐病（发病率 40%）。2014 年经农业部谷物品质监督检验测试中心（北京）检验，粗蛋白（干基）8.60%，粗脂肪（干基）3.92%，粗淀粉（干基）75.13%。

产量表现：在一般栽培条件下，2012 年区域试验亩产 673.0kg，较对照品种增产 10.42%（极显著）；2013 年区域试验亩产 583.8kg，较对照品种增产 13.36%（极显著）。2014 年生产试验亩产 591.50kg，较对照品种增产 4.01%。

栽培技术要点：6 月 20 日以前播种，直播或套种均可，密度 4000～5000 株/亩，肥水管理与病虫害防治没有特殊要求，按普通大田栽培方式管理即可。制种时母本鲁系 4958 播种密度 4000～5000 株/亩，父本鲁系 9311 播种密度 1000～1200 株/亩，行比 1 : 4。

适宜种植地区：安徽省淮河以北地区。

泓丰 66

审定编号：皖玉 2016014

选育单位：赵县玉米研究所

品种来源：ZH15×ZH126

特征特性：穗位以上节间长，叶片稀疏，雄穗分枝 6～8 个，花药红色，花丝红色。株型紧凑，叶片较宽，叶色淡。籽粒黄色，马齿型，穗轴白色。2012 年、2013 年两年高密度组区域试验结果：平均株高 252cm、穗位 88.1cm、穗长 18.7cm、穗粗 4.4cm、秃尖 0.8cm、穗行数 14.6 行、行粒数 33.2 粒、出籽率 86.5%、千粒重 330g。抗高温热害 1 级（相对空秆率平均-0.1%）。全生育期 102 天左右，与对照品种（郑单 958）相当。经安徽农业大学植物保护学院接种鉴定，2012 年中抗小斑病（病级 5 级），中抗南方锈病（病级 5 级），感纹枯病（病指 56），感茎腐病（发病率 35%）；2013 年中抗小斑病（病级 5 级），中抗南方锈病（病级 5 级），高感纹枯病（病指 84），高感茎腐病（发病率 45%）；2014 年中抗纹枯病（病指 40）。2014 年经农业部谷物品质监督检验测试中心（北京）检验，粗蛋白（干基）8.80%，粗脂肪（干基）3.36%，粗淀粉（干基）75.35%。

产量表现：在一般栽培条件下，2012 年区域试验亩产 634.3kg，较对照品种增产 4.42%（极显著）；2013 年区域试验亩产 567.3kg，较对照品种增产 10.90%（极显著）。2014 年生产试验亩产 575.62kg，较对照品种增产 2.09%。

栽培技术要点：种植密度在黄淮海夏播区适宜每亩 4500 株，播前亩施复合肥 20～30kg，播后趁墒及时封地面防草，拔节期亩追尿素 25～30kg，追肥后应及时浇水，抽雄前后避免干旱，并在大喇叭口期用辛硫磷颗粒剂防治玉米螟。

适宜种植地区：安徽省淮河以北地区。

华玉 777

审定编号：皖玉 2016015

选育单位：江苏红旗种业股份有限公司

品种来源：HY107×HY277

特征特性：株型半紧凑，果穗筒型，籽粒黄色、半马齿型，穗轴红色。2012 年、2013 年两年高密度组区域试验结果：平均株高 260.6cm、穗位 92.4cm、穗长 16.6cm、穗粗 4.9cm、秃尖 1.1cm、穗行数 15.3 行、行粒数 29.6 粒、出籽率 86.8%、千粒重 371.5g。抗高温热害 1 级（相对空秆率平均-0.1%）。全生育期 101 天左右，比对照品种（郑单 958）早熟 1 天。经安徽农业大学植物保护学院接种鉴定，2012 年抗小斑病（病级 3 级），感南方锈病（病级 7 级），高感纹枯病（病指 76），中抗茎腐病（发病率 25%）；2013 年抗小斑病（病级 3 级），中抗南方锈病（病级 5 级），中抗纹枯病（病指 38），中抗茎腐病（发病率 15%）；2014 年感纹枯病（病指 56）。2014 年经农业部谷物品质监督检验测试中心（北京）检验，粗蛋白（干基）9.55%，粗脂肪（干基）3.42%，粗淀粉（干基）74.71%。

产量表现：在一般栽培条件下，2012 年区域试验亩产 662.0kg，较对照品种增产 8.62%（极显著）；2013 年区域试验亩产 569.4kg，较对照品种增产 13.43%（极显著）。2014 年生产试验亩产 587.74kg，较对照品种增产 4.24%。

栽培技术要点：在中等肥力以上田块栽培，每亩适宜种植密度为 4500 株，其他栽培技术同一般大田。结合当地植保部门意见，及时防治病虫害。

适宜种植地区：安徽省淮河以北地区。

联创 11 号

审定编号： 皖玉 2016016

选育单位： 北京联创种业股份有限公司

品种来源： CT1582×CT5898

特征特性： 幼苗叶鞘浅紫色，叶片宽而长中绿色，株型半紧凑，茎秆较细弱。总叶片数 20～21 片，雄穗分枝数 5～8 个，花药浅黄色，花丝浅紫色；果穗中间型，籽粒黄色、半硬粒型，穗轴白色。2012 年、2013 年两年低密度组区域试验结果：平均株高 252.6cm、穗位 102.9cm、穗长 18.3cm、穗粗 4.9cm、秃尖 0.4cm、穗行数 14.2 行、行粒数 33.1 粒、出籽率 85.5%、千粒重 355g。抗高温热害 1 级（相对空秆率平均-0.6%）。全生育期 102 天左右，比对照品种（弘大 8 号）晚熟 1 天。经安徽省主要农作物品种抗病性研究与鉴定中心（安徽农业大学植物保护学院）接种抗性鉴定，2012 年中抗小斑病（病级 5 级），中抗南方锈病（病级 5 级），感纹枯病（病指 57），中抗茎腐病（发病率 25%）；2013 年抗小斑病（病级 3 级），感南方锈病（病级 7 级），感纹枯病（病指 60），中抗茎腐病（发病率 20%）。2015 年经农业部谷物品质监督检验测试中心（北京）检验，粗蛋白（干基）8.44%，粗脂肪（干基）3.89%，粗淀粉（干基）76.66%。

产量表现： 在一般栽培条件下，2012 年区域试验亩产 604.3kg，较对照品种增产 3.54%（极显著）；2013 年区域试验亩产 521.8kg，较对照品种增产 9.78%（极显著）。2014 年生产试验亩产 528.4kg，较对照品种增产 12.21%。

栽培技术要点：（1）麦垄套种或麦后直播，适宜密度 4000 株/亩。（2）施肥以氮磷钾比例 3:1:2 为最佳，磷肥、钾肥作为基肥一次施入，氮肥采取分次施肥方式。亩施优质农家肥 2000kg 或三元复合肥 40kg 作种肥。13～14 片可见叶时配合中耕培土亩追施尿素 25kg。遇旱浇水。（3）大喇叭口期用药防治玉米螟。（4）籽粒乳线基本消失、黑色层出现后收获。

适宜种植地区： 安徽全省。

源育 15

审定编号： 皖玉 2016017

选育单位： 石家庄高新区源申科技有限公司

品种来源： Y2837×YS2015

特征特性：幼苗长势较强，叶片边缘紫色。株型半紧凑，茎秆坚韧，根系发达，雄穗一级分支数9～13个，花药浅紫色，颖壳紫红色，花丝紫色，叶片深绿。果穗筒型，穗轴白色，籽粒马齿型，纯黄色。2013年、2014年两年低密度组区域试验结果：平均株高235.0cm、穗位97.5cm、穗长18.7cm、穗粗4.6cm、秃尖1.0cm、穗行数14.3行、行粒数31.1粒、出籽率87.9%、千粒重351.4g。抗高温热害2级（相对空秆率平均1.7%）。全生育期100天左右，与对照品种（弘大8号）相当。经安徽省主要农作物品种抗病性研究与鉴定中心（安徽农业大学植物保护学院）接种抗性鉴定，2013年抗小斑病（病级3级），中抗南方锈病（病级5级），高感纹枯病（病指71），中抗茎腐病（发病率20%）；2014年感小斑病（病级7级），抗南方锈病（病级3级），感纹枯病（病指62），抗茎腐病（发病率10%）；2015年抗小斑病（病级3级）。2015年经农业部谷物品质监督检验测试中心（北京）检验，粗蛋白（干基）8.94%，粗脂肪（干基）3.74%，粗淀粉（干基）75.76%。

产量表现：在一般栽培条件下，2013年区域试验亩产513.0kg，较对照品种增产7.94%（极显著）；2014年区域试验亩产549.3kg，较对照品种增产4.55%（极显著）。2015年生产试验亩产524.5kg，较对照品种增产11.4%。

栽培技术要点：（1）播期：夏播播期6月5—20日，最迟不晚于6月25日。（2）种植密度：4000株/亩左右。（3）种植方式：直播或麦垄套种均可。（4）肥水管理：播种前亩施复合肥40kg左右做底肥，喇叭口期亩追施尿素20～30kg。遇干旱及时浇水。（5）病虫害防治：播种前用种衣剂包衣防治地下害虫，苗期防治蚜虫及灰飞虱为害，大喇叭口期用药剂防治玉米螟。

适宜种植地区：安徽全省。

隆平292

审定编号：皖玉2016018

选育单位：济源隆平高科农作物研究所

品种来源：LJ666×L711

特征特性：苗期根系发达，叶色深绿，叶鞘紫色，叶片紧凑。成株株型紧凑，总叶片数19～20片，果穗以上叶片较窄，茎叶夹角小，叶片分布稀疏，透光性好，雄穗分枝中等，颖壳绿色，花药黄色，花丝红色。果穗短粗，穗轴红色，籽粒半硬粒型、纯黄色。2013年、2014年两年低密度组区域试验结果：平均株高272.5cm、穗位92.0cm、穗长16.6cm、穗粗5.0cm、秃尖1.2cm、穗行数17.8行、行粒数29.4粒、出籽率86.9%、千粒重 327.3g。抗高温热害 1 级（相对空秆率平均-0.6%）。全生育期 100 天左右，比对照品种（弘大 8 号）早熟 1 天。经安徽省主要农作物品种抗病性研究与鉴定中心（安徽农业大学植物保护学院）接种抗性鉴定，2013 年中抗小斑病（病级 5 级），感南方锈病（病级 7 级），感纹枯病（病指 51），抗茎腐病（发病率 10%）；2014 年感小斑病（病级 7 级），感南方锈病（病级 7 级），中抗纹枯病（病指 49），高抗茎腐病（发病率 5%）。2015 年经农业部谷物品质监督检验测试中心（北京）检验，粗蛋白（干基）8.65%，粗脂肪（干基）3.31%，粗淀粉（干基）74.91%。

产量表现：在一般栽培条件下，2013 年区域试验亩产 486.2kg，较对照品种增产 4.68%（极显著）；2014 年区域试验亩产 574.3kg，较对照品种增产 11.64%（极显著）。2015 年生产试验亩产 488.4kg，较对照品种增产 3.72%。

栽培技术要点：（1）适宜种植密度为每亩 4000 株左右，注意早间苗、晚定苗。（2）重施底肥、晚追肥以控苗旺长，抽雄前后注意防止倒伏，大喇叭口期注意灌心叶防治玉米螟。（3）尽量早播，推迟收获，正常收获期应在籽粒乳线消失时，以充分发挥该品种的增产潜力，其他管理措施同一般大田。

适宜种植地区：安徽全省。

裕农 6 号

审定编号：皖玉 2016019

选育单位：郑州裕农种业科技有限公司

品种来源：YNR356×昌 7-2

特征特性：第一叶尖端形状圆，幼苗叶鞘浅紫色。株型半紧凑，全株总叶片数 22 片，雄穗分枝数 12～14 个，花药浅紫色，花丝绿色。果穗长筒型，穗轴红色，籽粒半硬粒型，籽粒形状近楔形，籽粒顶端橘黄色，籽粒背面黄色。2013 年、2014 年两年低密度组区域试验结果：平均株高 254cm、穗位 106cm、穗长 15.8cm、穗粗 5.2cm、秃尖 0.7cm、穗行数 15.9 行、行粒数 33.5 粒、出籽率 88.2%、千粒重 305.5g。抗高温热害 1 级（相对空秆率平均-0.6%）。全生育期 100 天左右，比对照品种（弘大 8 号）早熟 1 天。经安徽省主要农作物品种抗病性研究与鉴定中心（安徽农业大学植物保护学院）接种抗性鉴定，2013 年感小斑病（病级 7 级），高感南方锈病（病级 9 级），中抗纹枯病（病指 44），抗茎腐病（发病率 10%）；2014 年中抗小斑病（病级 5 级），中抗南方锈病（病级 5 级），中抗纹枯病（病指 47），中抗茎腐病（发病率 30%）；2015 年中抗南方锈病（病级 5

级）。2015 年经农业部谷物品质监督检验测试中心（北京）检验，粗蛋白（干基）8.56%，粗脂肪（干基）3.34%，粗淀粉（干基）76.14%。

产量表现：在一般栽培条件下，2013 年区域试验亩产 493.5kg，较对照品种增产 6.25%（极显著）；2014 年区域试验亩产 576.2kg，较对照品种增产 10.26%（极显著）。2015 年生产试验亩产 493.2kg，较对照品种增产 4.93%。

栽培技术要点：（1）适宜密度 3500～3800 株/亩；亩施农家肥 2000～3000kg 或氮磷钾三元复合肥 30kg 做基肥，大喇叭口期每亩追施尿素 30kg 左右。（2）在幼苗长到 5～6 片叶时，进行间苗定苗。（3）及时防治病虫害。

适宜种植地区：安徽全省。

奥玉 3915

审定编号：皖玉 2016020

选育单位：北京奥瑞金种业股份有限公司

品种来源：OSL218×OSL311

特征特性：第一叶尖端形状尖，幼苗叶鞘紫色，株型半紧凑，总叶片数 21 片，叶色深绿色。花药为浅紫色，花丝紫色。果穗中间型，穗轴白色。籽粒半硬粒型，籽粒形状为中间型，籽粒顶端为黄色，籽粒背面为橘黄色。2013 年、2014 年两年低密度组区域试验结果：平均株高 258.5cm、穗位 104cm、穗长 17.5cm、穗粗 4.9cm、秃尖 0.7cm、穗行数 14.0 行、行粒数 32.8 粒、出籽率 85.3%、千粒重 355.4g。抗高温热害 1 级（相对空秆率平均-1.1%）。全生育期 99 天左右，比对照品种（弘大 8 号）早熟 1 天。经安徽省主要农作物品种抗病性研究与鉴定中心（安徽农业大学植物保护学院）接种抗性鉴定，2013 年抗小斑病（病级 3 级），抗南方锈病（病级 3 级），中抗纹枯病（病指 36），高感茎腐病（发病率 50%）；2014 年中抗小斑病（病级 5 级），抗南方锈病（病级 3 级），中抗纹枯病（病指 44），抗茎腐病（发病率 10%）。2015 年经农业部谷物品质监督检验测试中心（北京）检验，粗蛋白（干基）9.27%，粗脂肪（干基）3.88%，粗淀粉（干基）74.96%。

产量表现：在一般栽培条件下，2013 年区域试验亩产 494.1kg，较对照品种增产 3.95%（极显著）；2014 年区域试验亩产 587.3kg，较对照品种增产 11.78%（极显著）。2015 年生产试验亩产 522.7kg，较对照品种增产 11.22%。

栽培技术要点：（1）播期：夏播在6月15日之前播种。（2）适宜密度：等行距种植，单株留苗，适宜密度3800株/亩左右。（3）肥水管理：亩施农家肥2000～3000kg或氮磷钾三元复合肥30kg做基肥，大喇叭口期每亩追施尿素30kg左右。（4）及时防治病虫害。

适宜种植地区：安徽全省。

铁研358

审定编号：皖玉2016021

选育单位：铁岭市农业科学院

品种来源：铁T0278×铁T0403

特征特性：幼苗叶鞘紫色，叶缘紫色。株型半紧凑，成株总叶片数19～21片。花丝浅紫色，雄穗分枝数11～17个，花药浅紫色，颖壳绿色。果穗筒型，穗轴红色，籽粒黄色、半马齿型。2013年、2014年两年低密度组区域试验结果：平均株高265cm、穗位98cm、穗长16.6cm、穗粗5.0cm、秃尖0.6cm、穗行数15.7行、行粒数33.3粒、出籽率86.9%、千粒重322.3g。抗高温热害1级（相对空秆率平均-1.0%）。全生育期100天左右，比对照品种（弘大8号）早熟1天。经安徽省主要农作物品种抗病性研究与鉴定中心（安徽农业大学植物保护学院）接种抗性鉴定，2013年中抗小斑病（病级5级），中抗南方锈病（病级5级），感纹枯病（病指58），抗茎腐病（发病率10%）；2014年感小斑病（病级7级），感南方锈病（病级7级），中抗纹枯病（病指44），高抗茎腐病（发病率5%）。2015年经农业部谷物品质监督检验测试中心（北京）检验，粗蛋白（干基）9.22%，粗脂肪（干基）3.00%，粗淀粉（干基）75.58%。

产量表现：在一般栽培条件下，2013年区域试验亩产506.8kg，较对照品种增产9.11%（极显著）；2014年区域试验亩产578.2kg，较对照品种增产12.40%（极显著）。2015年生产试验亩产496.0kg，较对照品种增产5.52%。

栽培技术要点：（1）播期：6月上中旬为宜。（2）种植方式：直播或麦垄套种均可。（3）适宜密度：每亩4000株左右。（4）肥水管理：播前施足底肥，大喇叭口期追尿素，或播前一次性施玉米专用肥50kg左右，如遇干旱及时灌溉。（5）及时防治病虫害。

适宜种植地区：安徽全省。

滑玉130

审定编号：皖玉2016022

选育单位：河南滑丰种业科技有限公司

品种来源：MC712-2112×K253-112

特征特性：幼苗叶鞘色浅紫色，株型半紧凑，总叶片数20片，叶色深绿，花药浅紫色，花丝浅粉色。果穗筒型，穗轴红色，籽粒黄色、小马齿型。2013年、2014年两年低密度组区域试验结果：平均株高256cm、穗位94.5cm、穗长17.9cm、穗粗5.1cm、秃尖0.6cm、穗行数15.4行、行粒数31.2粒、出籽率83.9%、千粒重362.2g。抗高温热害1级（相对空秆率平均0）。全生育期102天左右，比对照品种（弘大8号）晚熟1天。经安徽省主要农作物品种抗病性研究与鉴定中心（安徽农业大学植物保护学院）接种抗性鉴定，2013年抗小斑病（病级3级），高抗南方锈病（病级1级），中抗纹枯病（病指36），中抗茎腐病（发病率15%）；2014年中抗小斑病（病级5级），中抗南方锈病（病级5级），中抗纹枯病（病指44），高抗茎腐病（发病率5%）。2015年经农业部谷物品质监督检验测试中心（北京）检验，粗蛋白（干基）8.35%，粗脂肪（干基）3.39%，粗淀粉（干基）76.69%。

产量表现：在一般栽培条件下，2013年区域试验亩产479.7kg，较对照品种增产3.28%（极显著）；2014年区域试验亩产552.2kg，较对照品种增产5.10%（极显著）。2015年生产试验亩产527.0kg，较对照品种增产10.28%。

栽培技术要点：（1）适宜种植密度一般每亩3300～3500株，适期早种，苗期注意防治蓟马。（2）追肥方式采用分期追肥的方式，重施拔节肥，大喇叭口期注意施粒肥，同时注意防治玉米螟 。（3）后期注意防旱排涝。

适宜种植地区：安徽全省。

鼎玉3号

审定编号：皖玉2016023

选育单位：安徽华安种业有限责任公司

品种来源：HA4201×丹黄25

特征特性：第一叶尖端圆至匙状，幼苗叶鞘色紫色，株型紧凑，总叶片数20片，上位叶直立，叶色绿。

雄穗分枝中等，花药橘黄色，花丝淡紫色，果穗筒型，穗轴白色，籽粒马齿型、纯黄色。2013 年、2014 年两年低密度组区域试验结果：平均株高 260cm、穗位 109.5cm、穗长 18.1cm、穗粗 4.7cm、秃尖 1.0cm、穗行数 15.4 行、行粒数 33.5 粒、出籽率 86.3%、千粒重 312.4g。抗高温热害 2 级（相对空秆率平均 0.3%）。全生育期 101 天左右，与对照品种（弘大 8 号）相当。经安徽省主要农作物品种抗病性研究与鉴定中心（安徽农业大学植物保护学院）接种抗性鉴定，2013 年中抗小斑病（病级 5 级），高抗南方锈病（病级 1 级），感纹枯病（病指 58），中抗茎腐病（发病率 15%）；2014 年中抗小斑病（病级 5 级），抗南方锈病（病级 3 级），中抗纹枯病（病指 44），中抗茎腐病（发病率 20%）。2015 年经农业部谷物品质监督检验测试中心（北京）检验，粗蛋白（干基）8.68%，粗脂肪（干基）3.64%，粗淀粉（干基）74.90%。

产量表现：在一般栽培条件下，2013 年区域试验亩产 506.4kg，较对照品种增产 8.02%（极显著）；2014 年区域试验亩产 544.3kg，较对照品种增产 6.04%（极显著）。2015 年生产试验亩产 560.3kg，较对照品种增产 17.26%。

栽培技术要点：（1）播期：6 月上、中旬为宜。（2）播量（密度）：每亩留苗 4000 株。（3）施肥：重施基肥，早施苗肥，早施穗肥。（4）灌水：做好防旱排涝。（5）除草：播种后、出苗前，采用封闭式喷雾进行除草。（6）防治病虫害：注意防治玉米螟。

适宜种植地区：安徽全省。

荃玉 6584

审定编号：皖玉 2016024

选育单位：安徽荃银高科种业股份有限公司

品种来源：S68×S4

特征特性：株型半紧凑，果穗筒型，穗轴红色，籽粒马齿型、黄色。2013 年、2014 年两年低密度组区域试验结果：平均株高 253.5cm、穗位 87cm、穗长 17.1cm、穗粗 4.9cm、秃尖 0.9cm、穗行数 16.2 行、行粒数 31.9 粒、出籽率 86.5%、千粒重 336.5g。抗高温热害 1 级（相对空秆率平均-1.1%）。全生育期 100 天左右，与对照品种（弘大 8 号）相当。经安徽省主要农作物品种抗病性研究与鉴定中心（安徽农业大学植物保护学院）接种抗性鉴定，2013 年中抗小斑病（病级 5 级），高抗南方锈病（病级 1 级），中抗纹枯病（病指 38），高抗茎腐病（发病率 5%）；2014 年中抗小斑病（病级 5 级），感南方锈病（病级 7 级），中抗纹枯病（病指 38），抗茎腐病（发病率 10%）；2015 年中抗南方锈病（病级 5 级）。2015 年经农业部谷物品质监督检验测试中心（北京）检验，粗蛋白（干基）8.85%，粗脂肪（干基）3.13%，粗淀粉（干基）75.63%。

产量表现：在一般栽培条件下，2013 年区域试验亩产 522.6kg，较对照品种增产 9.95%（极显著）；2014 年区域试验亩产 568.8kg，较对照品种增产 10.80%（极显著）。2015 年生产试验亩产 526.9kg，较对照品种增产 10.27%。

栽培技术要点：夏直播，适宜密度 3800～4000 株/亩，授粉后注意追肥。

适宜种植地区：安徽全省。

伟科 118

审定编号：皖玉 2016025

选育单位：郑州伟科作物育种科技有限公司

品种来源：WK1786×WK6794

特征特性：苗期长势一般，株型较松散，叶片较细长，色淡、分布稀疏，总叶片数为 21～22 片。雄穗分枝数一般，花药黄色，花丝红色，穗轴红色，籽粒黄色、马齿型。2013 年、2014 年两年低密度组区域试验结果：平均株高 237.5cm、穗位 88.5cm、穗长 16.0cm、穗粗 4.8cm、秃尖 1.4cm、穗行数 18.5 行、行粒数 28.4 粒、出籽率 87.3%、千粒重 288.9g。抗高温热害 1 级（相对空秆率平均-0.4%）。全生育期 100 天左右，与对照品种（弘大 8 号）相当。经安徽省主要农作物品种抗病性研究与鉴定中心（安徽农业大学植物保护学院）接种抗性鉴定，2013 年抗小斑病（病级 3 级），感南方锈病（病级 7 级），中抗纹枯病（病指 38），中抗茎腐病（发病率 20%）；2014 年抗小斑病（病级 3 级），中抗南方锈病（病级 5 级），中抗纹枯病（病指 49），中抗茎腐病（发病率 30%）。2015 年经农业部谷物品质监督检验测试中心（北京）检验，粗蛋白（干基）9.51%，粗脂肪（干基）3.36%，粗淀粉（干基）74.94%。

产量表现：在一般栽培条件下，2013 年区域试验亩产 504.4kg，较对照品种增产 8.59%（极显著）；2014 年区域试验亩产 515.6kg，较对照品种增产 0.43%（不显著）。2015 年生产试验亩产 509.5kg，较对照品种增产 8.99%。

栽培技术要点：（1）播期：夏播播期 6 月 5—20 日，力争早播。（2）适宜种植密度：3500～3800 株/亩左右。（3）种植方式：直播或麦垄套种均可。（4）肥水管理：播种前亩施复合肥 30kg 左右做底肥，大喇叭口期亩追施尿素 25kg；遇干旱及时浇水。（5）病虫害防治：苗期防治蚜虫及灰飞虱为害，大喇叭口期用药剂防治玉米螟。

适宜种植地区：安徽全省。

禾博士 126

审定编号：皖玉 2016026

选育单位：河南商都种业有限公司

品种来源：H35×S1101

特征特性：幼苗叶鞘浅紫色，叶色深绿，株型半紧凑，总叶片数 19 片。雄穗分支中等，花药黄色，花丝浅紫色，果穗筒型，穗轴红色，籽粒硬粒型、黄色。2013 年、2014 年两年低密度组区域试验结果：平均株高 255cm、穗位 91.5cm、穗长 17.2cm、穗粗 5.0cm、秃尖 0.9cm、穗行数 17.8 行、行粒数 32.6 粒、出籽率 88.8%、千粒重 316.2g。抗高温热害 2 级（相对空秆率平均 1.0%）。全生育期 101 天左右，与对照品种（弘大 8 号）相当。经安徽省主要农作物品种抗病性研究与鉴定中心（安徽农业大学植物保护学院）接种抗性鉴定，2013 年中抗小斑病（病级 5 级），中抗南方锈病（病级 5 级），感纹枯病（病指 53），抗茎腐病（发病率 10%）；2014 年抗小斑病（病级 3 级），中抗南方锈病（病级 5 级），中抗纹枯病（病指 49），抗茎腐病（发病率 10%）。2015 年经农业部谷物品质监督检验测试中心（北京）检验，粗蛋白（干基）78.1%，粗脂肪（干基）3.60%，粗淀粉（干基）76.79%。

产量表现：在一般栽培条件下，2013 年区域试验亩产 506.3kg，较对照品种增产 7.99%（极显著）；2014 年区域试验亩产 601.6kg，较对照品种增产 15.12%（极显著）。2015 年生产试验亩产 538.7kg，较对照品种增产 15.23%。

栽培技术要点：（1）播期：6 月 15 日前。（2）播量（密度）：3800～4000 株/亩。（3）施肥：底肥施 20kg 复合肥，大喇叭口施 30kg 尿素。（4）灌水：播种后、追肥后、灌浆期注意浇水。（5）除草：玉米出苗前进行化学除草。（6）防治病虫害：苗期注意防治地下害虫，大喇叭期注意防治玉米螟。

适宜种植地区：安徽全省。

江玉 877

审定编号：皖玉 2016027

选育单位：宿迁中江种业有限公司

品种来源：SD7×C110-6

特征特性：子叶椭圆形，叶鞘紫色，株型偏松散，茎秆较粗壮，叶缘绿色，叶色深绿。雄穗分枝10个左右，花药紫色，颖壳紫色，花丝紫红色。籽粒黄色、半马齿型，红轴。2013年、2014年两年低密度组区域试验结果：平均株高250.5cm、穗位101cm、穗长16.5cm、穗粗4.9cm、秃尖1.2cm、穗行数16.0行、行粒数31.3粒、出籽率87.2%、千粒重313.6g。抗高温热害1级（相对空秆率平均-0.5%）。全生育期101天左右，比对照品种（弘大8号）晚熟1天。经安徽省主要农作物品种抗病性研究与鉴定中心（安徽农业大学植物保护学院）接种抗性鉴定，2013年抗小斑病（病级3级），抗南方锈病（病级3级），中抗纹枯病（病指47），抗茎腐病（发病率10%）；2014年抗小斑病（病级3级），中抗南方锈病（病级5级），中抗纹枯病（病指33），抗茎腐病（发病率10%）。2015年经农业部谷物品质监督检验测试中心（北京）检验，粗蛋白（干基）7.67%，粗脂肪（干基）3.46%，粗淀粉（干基）76.09%。

产量表现：在一般栽培条件下，2013年区域试验亩产520.4kg，较对照品种增产9.50%（极显著）；2014年区域试验亩产548.7kg，较对照品种增产5.00%（极显著）。2015年生产试验亩产532.1kg，较对照品种增产12.75%。

栽培技术要点：（1）适宜密度为3500～4000株。（2）增加穗肥用量，发挥穗大穗齐结实好优势。（3）注意防治玉米粗缩病等病虫害。

适宜种植地区：安徽全省。

中禾107

审定编号：皖玉2016028

选育单位：临泽县禾丰种业有限责任公司、北京世诚中农科技有限公司

品种来源：SZ8011×SZ8007

特征特性：株型半紧凑，幼苗叶鞘紫色，叶片宽长，苗势健壮。雄花分支数10～12个，花药淡绿色，花丝紫红色。黄色马齿粒，白轴。2013年、2014年两年低密度组区域试验结果：平均株高244cm、穗位105.5cm、穗长17.0cm、穗粗4.9cm、秃尖0.5cm、穗行数15.9行、行粒数30.0粒、出籽率84.5%、千粒重337.8g。抗高温热害2级（相对空秆率平均0.2%）。全生育期102天左右，比对照品种（弘大8号）晚熟1天。经安徽省主要农作物品种抗病性研究与鉴定中心（安徽农业大学植物保护学院）接种抗性鉴定，2013年中抗小斑病（病级5级），中抗南方锈病（病级5级），中抗纹枯病（病指42），中抗茎腐病（发病率20%）；2014年感小斑病

（病级 7 级），抗南方锈病（病级 3 级），中抗纹枯病（病指 44），抗茎腐病（发病率 10%）。2015 年经农业部谷物品质监督检验测试中心（北京）检验，粗蛋白（干基）8.40%，粗脂肪（干基）4.33%，粗淀粉（干基）74.36%。

产量表现：在一般栽培条件下，2013 年区域试验亩产 493kg，较对照品种增产 5.17%（极显著）；2014 年区域试验亩产 542.1kg，较对照品种增产 3.74%（极显著）。2015 年生产试验亩产 519.0kg，较对照品种增产 9.98%。

栽培技术要点：（1）6 月 10 日之前播种为高产期，底肥应以氮磷钾复合肥为主，每亩 10～15kg。（2）栽培密度：3800～4000 株/亩，根据地肥力情况合理密植。（3）在大喇叭口期追施化肥 20～25kg/亩，应以氮肥为主。（4）苗期应蹲苗，生殖生长期遇干旱及时浇水。苗期注意防治黏虫、地老虎，10～12 片叶时注意防治玉米螟。（5）注意防止倒伏。

适宜种植地区：安徽全省。

先玉 1263

审定编号：皖玉 2016029

选育单位：铁岭先锋种子研究有限公司

品种来源：PH1DP8×PH1W86

特征特性：幼苗第一叶叶鞘紫色，叶尖端圆形，叶缘红绿色。株形半紧凑，总叶片数 21 片左右。雄穗主轴与分枝角度中等，侧枝姿态轻度下披，一级分枝 4～10 个，花药黄色，颖壳绿色，花丝显色弱。果穗圆筒型，穗轴红色，籽粒半马齿型、黄色。2013 年、2014 年两年低密度组区域试验结果：平均株高 264cm、穗位 89.5cm、穗长 18.6cm、穗粗 4.5cm、秃尖 0.9cm、穗行数 14.3 行、行粒数 34.5 粒、出籽率 86.8%、千粒重 336.0g。抗高温热害 2 级（相对空秆率平均 0.5%）。全生育期 101 天左右，与对照品种（弘大 8 号）相当。经安徽省主要农作物品种抗病性研究与鉴定中心（安徽农业大学植物保护学院）接种抗性鉴定，2013 年中抗小斑病（病级 5 级），中抗南方锈病（病级 5 级），中抗纹枯病（病指 40），抗茎腐病（发病率 10%）；2014 年抗小斑病（病级 3 级），感南方锈病（病级 7 级），中抗纹枯病（病指 44），中抗茎腐病（发病率 25%）。2015 年经农业部谷物品质监督检验测试中心（北京）检验，粗蛋白（干基）8.86%，粗脂肪（干基）3.31%，粗淀粉（干基）74.90%。

产量表现：在一般栽培条件下，2013 年区域试验亩产 491.7kg，较对照品种增产 3.45%（极显著）；2014 年区域试验亩产 591.0kg，较对照品种增产 12.48%（极显著）。2015 年生产试验亩产 507.1kg，较对照品种增产 7.46%。

栽培技术要点：（1）6 月上旬麦后直播。亩留苗 3800 株左右。（2）亩施复合肥 50～60kg 作底肥，追施尿素 15～25kg。（3）及时防治病虫害。

适宜种植地区：安徽全省。

华玉 901

审定编号：皖玉 2016030

选育单位：安徽华韵生物科技有限公司

品种来源：HY109×HY201

特征特性：株型半紧凑，穗位较低，结实性较好，果穗筒型，穗轴红色，籽粒黄色、半马齿型。2013 年、2014 年两年高密度组区域试验结果：平均株高 245.5cm、穗位 90.0cm、穗长 16.4cm、穗粗 4.4cm、秃尖 0.5cm、穗行数 14.0 行、行粒数 32.1 粒、出籽率 87.1%、千粒重 324.3g。抗高温热害 1 级（相对空秆率平均-0.5%）。全生育期 100 天左右，与对照品种（郑单 958）相当。经安徽省主要农作物品种抗病性研究与鉴定中心（安徽农业大学植物保护学院）接种抗性鉴定，2013 年中抗小斑病（病级 5 级），中抗南方锈病（病级 5 级），感纹枯病（病指 56），高感茎腐病（发病率 50%）；2014 年中抗小斑病（病级 5 级），抗南方锈病（病级 3 级），中抗纹枯病（病指 44），中抗茎腐病（发病率 15%）。2015 年经农业部谷物品质监督检验测试中心（北京）检验，粗蛋白（干基）9.59%，粗脂肪（干基）3.57%，粗淀粉（干基）74.69%。

产量表现：在一般栽培条件下，2013 年区域试验亩产 561.8kg，较对照品种增产 9.09%（极显著）；2014 年区域试验亩产 623.9kg，较对照品种增产 8.72%（极显著）。2015 年生产试验亩产 568.5kg，较对照品种增产 8.67%。

栽培技术要点：在中等肥力以上田块栽培，每亩适宜种植密度为 4500 株，其他栽培技术同一般大田。结合当地植保部门意见，及时防治病虫害。

适宜种植地区：安徽省淮河以北地区。

德单 123

审定编号：皖玉 2016031

选育单位：北京德农种业有限公司

品种来源：CA24×BB31

特征特性：株型紧凑，叶片窄挺。果穗结实好，籽粒黄色、马齿型，穗轴白色。2013 年、2014 年两年高密度组区域试验结果：平均株高 246.5cm、穗位 91.5cm、穗长 15.6cm、穗粗 5.0cm、秃尖 0.5cm、穗行数 14.7 行、行粒数 28.8 粒、出籽率 84.7%、千粒重 370.8g。抗高温热害 1 级（相对空秆率平均-0.1%）。全生育期 101 天左右，比对照品种（郑单 958）晚熟 1 天。经安徽省主要农作物品种抗病性研究与鉴定中心（安徽农业大学植物保护学院）接种抗性鉴定，2013 年抗小斑病（病级 3 级），抗南方锈病（病级 3 级），高感纹枯病（病指 80），抗茎腐病（发病率 10%）；2014 年抗小斑病（病级 3 级），抗南方锈病（病级 3 级），高感纹枯病（病指 73），抗茎腐病（发病率 10%）。2015 年经农业部谷物品质监督检验测试中心（北京）检验，粗蛋白（干基）9.43%，粗脂肪（干基）3.76%，粗淀粉（干基）74.88%。

产量表现：在一般栽培条件下，2013 年区域试验亩产 546.3kg，较对照品种增产 8.84%（极显著）；2014 年区域试验亩产 618.5kg，较对照品种增产 7.57%（极显著）。2015 年生产试验亩产 583.5kg，较对照品种增产 11.54%。

栽培技术要点：（1）播期：6 月上中旬。（2）种植密度：在高水肥及中等肥力土壤条件下，适宜的种植密度每亩 4500～5000 株为宜；一般土壤条件下每亩适宜的种植密度是 4000～4500 株。（3）施肥：播种前施足底肥，占总量 40%，喇叭口期追肥 60%；苗期适当蹲苗。（4）灌水：喇叭口期及吐丝散粉期如遇干旱及时灌溉。（5）栽培技术要点：注意防治蚜虫等病虫害。

适宜种植地区：安徽省淮河以北地区。

迪卡 638

审定编号：皖玉 2016032

选育单位：中种国际种子有限公司

品种来源：D3584Z×D9279Z

特征特性：幼苗叶鞘紫色，花药浅紫色。株型半紧凑，成株总叶片数 17 片。苞叶长度稍短，果穗圆柱型，结实性较好。穗轴红色，籽粒黄色、马齿型。2013 年、2014 年两年高密度组区域试验结果：平均株高 265.5cm、穗位 96.5cm、穗长 15.8cm、穗粗 4.7cm、秃尖 0.8cm、穗行数 15.3 行、行粒数 32.0 粒、出籽率 88.3%、千粒重 317.0g。抗高温热害 1 级（相对空秆率平均-0.5%）。全生育期 99 天左右，比对照品种（郑单 958）早熟 1 天。经安徽省主要农作物品种抗病性研究与鉴定中心（安徽农业大学植物保护学院）接种抗性鉴定，2013 年中抗小斑病（病级 5 级），感南方锈病（病级 7 级），感纹枯病（病指 62），抗茎腐病（发病率 10%）；2014 年中抗小斑病（病级 5 级），中抗南方锈病（病级 5 级），中抗纹枯病（病指 49），高抗茎腐病（发病率 5%）。2015 年经农业部谷物品质监督检验测试中心（北京）检验，粗蛋白（干基）8.03%，粗脂肪（干基）3.74%，粗淀粉（干基）77.03%。

产量表现：在一般栽培条件下，2013 年区域试验亩产 535.7kg，较对照品种增产 6.72%（极显著）；2014 年区域试验亩产 627.7kg，较对照品种增产 9.85%（极显著）。2015 年生产试验亩产 571.7kg，较对照品种增产 9.37%。

栽培技术要点：（1）适时足墒播种，力保一播全苗。（2）每亩密度 4500 株左右。（3）施肥以氮肥为主，配合磷钾肥。追肥在拔节期和大喇叭口期两次追入，或者在小喇叭口期一次性追施 。（4）及时防治病虫害，苗期喷撒农药防治蓟马和地下害虫，大喇叭口期防治玉米螟。

适宜种植地区：安徽省淮河以北地区。

新安 20

审定编号：皖玉 2016033

选育单位：安徽省农业科学院烟草研究所

品种来源：C-50×皖 11-5

特征特性：第一叶尖端形状椭圆，幼苗叶鞘紫色，株型半紧凑，总叶片数 20 片。雄穗分枝 8～12 个，花药紫色，花丝无色，果穗筒型，穗轴红色，籽粒半马齿型、顶端黄色。2013 年、2014 年两年高密度组区域试验结果：平均株高 253.0cm、穗位 104.0cm、穗长 17.9cm、穗粗 4.5cm、秃尖 0.7cm、穗行数 13.3 行、行粒数 31.7 粒、出籽率 86.1%、千粒重 349.6g。抗高温热害 1 级（相对空秆率平均-0.8%）。全生育期 102 天左右，比对照品种（郑单 958）晚熟 2 天。经安徽省主要农作物品种抗病性研究与鉴定中心（安徽农业大学植物保护学院）接种抗性鉴定，2013 年中抗小斑病（病级 5 级），抗南方锈病（病级 3 级），中抗纹枯病（病指 40），高感茎腐病（发病率 50%）；2014 年抗小斑病（病级 3 级），抗南方锈病（病级 3 级），中抗纹枯病（病指 44），中抗茎腐病（发病率 20%）。2015 年经农业部谷物品质监督检验测试中心（北京）检验，粗蛋白（干基）8.47%，粗脂肪（干基）4.34%，粗淀粉（干基）74.89%。

产量表现：在一般栽培条件下，2013 年区域试验亩产 549.6kg，较对照品种增产 6.72%（极显著）；2014 年区域试验亩产 589.1kg，较对照品种增产 4.31%（极显著）。2015 年生产试验亩产 584.7kg，较对照品种增产 11.86%。

栽培技术要点：（1）适时播种：6 月上、中旬为宜。（2）合理密植：每亩留苗 4500～5000 株。（3）化学除草：玉米播种后出苗前每亩 50%乙草胺（100mL），加水 50kg 进行封闭式喷雾。（4）科学施肥：重施基肥，亩施氮磷钾复合肥（15-15-15）40kg 左右。早追苗肥，展 5～6 叶期亩追施尿素 8kg；重施穗肥，展 10～12 叶期亩追施尿素 20kg 左右。（5）及时排涝和灌溉。（6）及时防治虫害：苗期防地老虎等地下害虫；大喇叭口期防治玉米螟。（7）制种时,母本刚出苗时播父本。

适宜种植地区：安徽省淮河以北地区。

荃玉 10

审定编号：皖玉 2016034

选育单位：安徽荃银高科种业股份有限公司

品种来源：JW209×JW345

特征特性：株型偏松散，叶片细长分布稀疏，有轻度倒伏。花丝红色，花药黄色，果穗长筒型，穗轴白色，籽粒半马齿型、黄色。2013 年、2014 年两年高密度组区域试验结果：平均株高 284.0cm、穗位 97.0cm、穗长 17.1cm、穗粗 4.8cm、秃尖 1.0cm、穗行数 13.3 行、行粒数 29.1 粒、出籽率 84.2%、千粒重 379.0g。抗高温热害 1 级（相对空秆率平均-0.4%）。全生育期 101 天左右，比对照品种（郑单 958）晚熟 1 天。经安徽省主要农作物品种抗病性研究与鉴定中心（安徽农业大学植物保护学院）接种抗性鉴定，2013 年抗小斑病（病级 3 级），感南方锈病（病级 7 级），高感纹枯病（病指 73），中抗茎腐病（发病率 15%）；2014 年感小斑病（病级 7 级），中抗南方锈病（病级 5 级），感纹枯病（病指 58），高抗茎腐病（发病率 5%）；2015 年中抗小斑病（病级 5 级）。2015 年经农业部谷物品质监督检验测试中心（北京）检验，粗蛋白（干基）10.03%，粗脂肪（干基）3.13%，粗淀粉（干基）75.38%。

产量表现：在一般栽培条件下，2013 年区域试验亩产 532.8kg，较对照品种增产 4.16%（极显著）；2014 年区域试验亩产 598.4kg，较对照品种增产 6.89%（极显著）。2015 年生产试验亩产 572.8kg，较对照品种增产 9.57%。

栽培技术要点：夏直播，适宜密度 4500 株/亩，授粉后注意追肥。

适宜种植地区：安徽省淮河以北地区。

金秋 119

审定编号：皖玉 2016035

选育单位：河南沃丰农业开发有限公司

品种来源：Z635×ZH79

特征特性：幼苗叶鞘紫色，苗期长势较强，株型松散，叶片宽长，抗倒伏能力一般。花药黄色，花丝红色。果穗筒型，籽粒马齿型，黄色，红轴。2013 年、2014 年两年高密度组区域试验结果：平均株高 278.5cm、穗位 110.5cm、穗长 16.0cm、穗粗 4.9cm、秃尖 0.9cm、穗行数 15.5 行、行粒数 32.0 粒、出籽率 87.0%、千粒重 317.0g。抗高温热害 1 级（相对空秆率平均-0.2%）。全生育期 101 天左右，比对照品种（郑单 958）晚熟 1 天。经安徽省主要农作物品种抗病性研究与鉴定中心（安徽农业大学植物保护学院）接种抗性鉴定，2013 年中抗小斑病（病级 5 级），高感南方锈病（病级 9 级），中抗纹枯病（病指 40），中抗茎腐病（发病率 20%）；2014 年抗小斑病（病级 3 级），中抗南方锈病（病级 5 级），中抗纹枯病（病指 40），中抗茎腐病（发病率 15%）；2015 年中抗南方锈病（病级 5 级）。2015 年经农业部谷物品质监督检验测试中心（北京）检验，粗蛋白（干基）9.13%，粗脂肪（干基）3.55%，粗淀粉（干基）76.79%。

产量表现：在一般栽培条件下，2013 年区域试验亩产 566.3kg，较对照品种增产 12.82%（极显著）；2014 年区域试验亩产 608.8kg，较对照品种增产 6.55%（极显著）。2015 年生产试验亩产 581.8kg，较对照品种增产 10.39%。

栽培技术要点：夏播区大田种植密度以每亩 4000～4500 株为宜，前期注意控制肥水，其他管理措施同一般大田。

适宜种植地区：安徽省淮河以北地区。

中杂 598

审定编号：皖玉 2016036

选育单位：中棉种业科技股份有限公司、固镇县淮河农业科学研究所

品种来源：5878×BM

特征特性：第一片叶叶尖椭圆形，幼苗叶鞘紫色，株型较紧凑，叶片上冲，总叶片数 19 片。雄穗分支较少，花药黄色，花丝粉红色。果穗筒型，白轴，籽粒半马齿型、黄色。2013 年、2014 年两年高密度组区域试验结果：平均株高 248.5cm、穗位 105.5cm、穗长 17.8cm、穗粗 4.6cm、秃尖 1.2cm、穗行数 13.7 行、行粒数 29.1 粒、出籽率 84.7%、千粒重 344.0g。抗高温热害 1 级（相对空秆率平均-0.6%）。全生育期 99 天左右，比对照品种（郑单 958）早熟 1 天。经安徽省主要农作物品种抗病性研究与鉴定中心（安徽农业大学植物保护学院）接种抗性鉴定，2013 年中抗小斑病（病级 5 级），抗南方锈病（病级 3 级），感纹枯病（病指 60），高抗茎腐病（发病率 5%）；2014 年抗小斑病（病级 3 级），抗南方锈病（病级 3 级），中抗纹枯病（病指 38），高抗茎腐病（发病率 5%）。2015 年经农业部谷物品质监督检验测试中心（北京）检验，粗蛋白（干基）7.68%，粗脂肪（干基）4.11%，粗淀粉（干基）76.42%。

产量表现：在一般栽培条件下，2013 年区域试验亩产 547.4kg，较对照品种增产 7.01%（极显著）；2014 年区域试验亩产 559.3kg，较对照品种减产 2.12%（不显著）。2015 年生产试验亩产 579.3kg，较对照品种增产 9.92%。

栽培技术要点：（1）选地：在中等及一般肥力土壤条件下种植。（2）适期播种：夏播 6 月 15 日前播种。（3）种植密度：一般肥水条件适宜密度 4000～4500 株/亩。（4）合理施肥：播种前施足底肥，复合肥 30kg/亩，中期追施尿素 25kg/亩。（5）防治病虫害：注意防治蚜虫等病虫害。

适宜种植地区：安徽省淮河以北地区。

界单 3 号

审定编号：皖玉 2016037

选育单位：安徽丰絮农业科技有限公司

品种来源：G718×G622

特征特性：株型偏松散，总叶片数 22 片，叶片淡黄。雄穗分支 7～8 个，果穗筒型，穗轴白色，籽粒硬粒型、黄色。2013 年、2014 年两年高密度组区域试验结果：平均株高 290.0cm、穗位 114.5cm、穗长 17.7cm、穗粗 4.4cm、秃尖 1.1cm、穗行数 14.2 行、行粒数 29.8 粒、出籽率 85.5%、千粒重 330.9g。抗高温热害 1 级（相对空秆率平均-0.1%）。全生育期 102 天左右，比对照品种（郑单 958）晚熟 2 天。经安徽省主要农作物品种抗病性研究与鉴定中心（安徽农业大学植物保护学院）接种抗性鉴定，2013 年中抗小斑病（病级 5 级），抗南方锈病（病级 3 级），感纹枯病（病指 58），中抗茎腐病（发病率 15%）；2014 年中抗小斑病（病级 5 级），抗南方锈病（病级 3 级），中抗纹枯病（病指 47），中抗茎腐病（发病率 15%）。2015 年经农业部谷物品质监督检验测试中心（北京）检验，粗蛋白（干基）8.14%，粗脂肪（干基）4.31%，粗淀粉（干基）76.52%。

产量表现：在一般栽培条件下，2013 年区域试验亩产 538.7kg，较对照品种增产 5.30%（极显著）；2014 年区域试验亩产 623.8kg，较对照品种增产 10.46%（极显著）。2015 年生产试验亩产 591.0kg，较对照品种增产 12.13%。

栽培技术要点：适宜种植密度一般每亩 4500 株，重施基肥和大喇叭口期追肥，及时防治病虫害，后期注意防旱排涝。

适宜种植地区：安徽省淮河以北地区。

SY1102

审定编号：皖玉 2016038

选育单位：宿州市农业科学院

品种来源：N182×Z09201

特征特性：幼苗叶鞘紫色，成株株型半紧凑，总叶片数 19～20 片，叶色淡绿色，叶片分布稀疏。雄穗分支中，花药黄色，花丝淡紫色。籽粒半马齿型、黄色，穗轴白色。2013 年、2014 年两年高密度组区域试验结果：平均株高 287.5cm、穗位 105.5cm、穗长 17.6cm、穗粗 4.7cm、秃尖 0.9cm、穗行数 14.9 行、行粒数 32.1 粒、出籽率 82.1%、千粒重 326.5g。抗高温热害 1 级（相对空秆率平均-0.4%）。全生育期 100 天左右，与对照品种（郑单 958）相当。经安徽省主要农作物品种抗病性研究与鉴定中心（安徽农业大学植物保护学院）接种抗性鉴定，2013 年抗小斑病（病级 3 级），抗南方锈病（病级 3 级），高感纹枯病（病指 78），感茎腐病（发病率 40%）；2014 年感小斑病（病级 7 级），中抗南方锈病（病级 5 级），中抗纹枯病（病指 49），高抗茎腐病

（发病率 5%）；2015 年中抗纹枯病（病指 44）。2015 年经农业部谷物品质监督检验测试中心（北京）检验，粗蛋白（干基）8.04%，粗脂肪（干基）4.00%，粗淀粉（干基）76.52%。

产量表现：在一般栽培条件下，2013 年区域试验亩产 542.8kg，较对照品种增产 6.11%（极显著）；2014 年区域试验亩产 618.2kg，较对照品种增产 9.47%（极显著）。2015 年生产试验亩产 589.7kg，较对照品种增产 12.70%。

栽培技术要点：（1）适合 6 月上旬麦后直播，适宜种植密度 4500 株/亩。（2）高产田要增施磷肥、钾肥和锌肥，心叶期注意防治玉米螟，其他栽培措施同一般品种。

适宜种植地区：安徽省淮河以北地区。

安农 105

审定编号：皖玉 2016039

选育单位：安徽农业大学

品种来源：CM39×HA4107

特征特性：幼苗叶鞘紫色，成株株型半紧凑，总叶片数 19～20 片，叶色深绿，叶片分布稀疏。雄穗分支中等，花药黄色，花丝淡红色。籽粒马齿型、纯黄色，穗轴白色。2013 年、2014 年两年高密度组区域试验结果：平均株高 257.5cm、穗位 108.5cm、穗长 16.2cm、穗粗 4.9cm、秃尖 1.4cm、穗行数 14.9 行、行粒数 29.9 粒、出籽率 84.7%、千粒重 328.9g。抗高温热害 1 级（相对空秆率平均-0.8%）。全生育期 100 天左右，与对照品种（郑单 958）相当。经安徽省主要农作物品种抗病性研究与鉴定中心（安徽农业大学植物保护学院）接种抗性鉴定，2013 年抗小斑病（病级 3 级），抗南方锈病（病级 3 级），中抗纹枯病（病指 38），抗茎腐病（发病率 10%）；2014 年抗小斑病（病级 3 级），中抗南方锈病（病级 5 级），中抗纹枯病（病指 40），抗茎腐病（发病率 10%）。2015 年经农业部谷物品质监督检验测试中心（北京）检验，粗蛋白（干基）8.50%，粗脂肪（干基）4.06%，粗淀粉（干基）74.63%。

产量表现：在一般栽培条件下，2013 年区域试验亩产 521.3kg，较对照品种增产 3.85%（极显著）；2014 年区域试验亩产 604.8kg，较对照品种增产 5.40%（极显著）。2015 年生产试验亩产 565.7kg，较对照品种增产 8.11%。

栽培技术要点：（1）4 月上旬至 6 月底均可播种，播种密度 4500 株左右。（2）合理施肥，一般亩施复合肥 50kg 左右、尿素 30kg 左右，分两次施肥，夏季栽培遇涝及时追施氮肥。（3）苗期喷施有机磷农药防治地老虎，在玉米大喇叭口期用药防治玉米螟，其余栽培措施同常规大田生产。

适宜种植地区：安徽省淮河以北地区。

绿玉 6 号

审定编号：皖玉 2016040

选育单位：合肥恒盛品种权代理有限公司

品种来源：m04-13×m05-5

特征特性：第一叶尖端椭圆形，幼苗叶鞘红色，总叶片数 20～21 片，花药浅红色，花丝微红色。株型紧凑，叶片宽大着生密集，植株与穗位较低，穗轴白色，籽粒半硬粒型、黄色。2012 年、2013 年两年低密度组区域试验结果：平均株高 229cm、穗位 91.6cm、穗长 17.2cm、穗粗 4.9cm、秃尖 0.6cm、穗行数 15.6 行、行粒数 31.5 粒、出籽率 85.9%、千粒重 342.5g。抗高温热害 1 级（相对空秆率平均-0.3%）。全生育期 102 天左右，比对照品种（弘大 8 号）晚熟 1 天。经安徽省主要农作物品种抗病性研究与鉴定中心（安徽农业大学植物保护学院）接种抗性鉴定，2012 年抗小斑病（病级 3 级），中抗南方锈病（病级 5 级），中抗纹枯病（病指 40），抗茎腐病（发病率 10%）；2013 年中抗小斑病（病级 5 级），感南方锈病（病级 7 级），中抗纹枯病（病指 47），抗茎腐病（发病率 10%）。2014 年经农业部谷物品质监督检验测试中心（北京）检验，粗蛋白（干基）9.52%，粗脂肪（干基）4.88%，粗淀粉（干基）73.32%。

产量表现：在一般栽培条件下，2012 年区域试验亩产 621.5kg，较对照品种增产 8.23%（极显著）；2013 年区域试验亩产 493.4kg，较对照品种增产 6.21%（极显著）。2014 年生产试验亩产 557.5kg，较对照品种增产 5.84%。

栽培技术要点：（1）4 月上旬至 6 月底均可播种，播种密度 4000 株左右/亩。（2）合理施肥，一般亩施复合肥 50kg 左右、尿素 30kg 左右，分两次施肥，夏季栽培遇涝及时追施氮肥，重施基肥，在玉米大喇叭口期追肥。（3）苗期喷药防治地老虎，大喇叭口期用药防治玉米螟，其余栽培措施同常规大田生产。

适宜种植地区：安徽全省。

永珍七号

审定编号：皖玉 2016041

选育单位：福建超大现代种业有限公司

品种来源：CDYM1105×CDYM0894

特征特性：株型平展，花丝绿色，果穗筒型，籽粒黄色，穗轴白色。2013 年、2014 年两年区域试验结果：平均株高 254.7cm、穗位 124.6cm、穗长 22.3cm、穗粗 4.6cm、秃尖 1cm、穗行数 15.6 行、行粒数 39.9 粒、百粒重 34g。平均出苗至采收 87 天左右，比对照品种（粤甜 16）晚熟 3 天。两年区域试验平均倒伏率 2.5%、倒折率为 0.1%，抗高温热害 1 级（相对空秆率平均-0.82%）。田间发病级别平均分别为：小斑病 0.8 级，锈病 0.9%，茎腐病 0.5%，纹枯病 1.1 级。2013 年专家品质品尝综合评分为 86.5 分；2014 年经扬州大学农学院理化测定：皮渣率 11.5%，水溶性糖 30.2%，还原糖 13.2%，专家品质品尝综合评分为 85.2 分。

产量表现：在一般栽培条件下，2013 年鲜食组区域试验鲜穗亩产 887.6kg，较对照品种增产 5.6%；2014 年区域试验亩产 924.5kg，较对照品种增产 2.9%。2015 年生产试验亩产 890.7kg，较对照品种增产 5.6%。

栽培技术要点：（1）播期：春播 3 月下旬至 5 月上旬，秋播 6 月下旬至 8 月上旬。（2）播量（密度）：2800～3200 株/亩。（3）施肥：缓苗肥每亩尿素 5～7kg；发棵肥每亩尿素 10kg 加复合肥 15kg；孕穗肥每亩复合肥 25～30kg 加尿素 10kg；攻穗肥每亩硫酸钾 8～10kg 加尿素 3～5kg。（4）灌水：整个生育期内防治田间积水，大水漫灌后及时排干。（5）除草：中耕除草。（6）防治病虫害：甜玉米主要病害有大斑病、小斑病、纹枯病、锈病等，主要虫害有玉米螟、小菜蛾、蚜虫等，应及时防治。（7）栽培技术要点：防串粉，影响品质，隔离区 300m 以上；宜稀植，需大肥水。

适宜种植地区：安徽全省。

晶甜 9 号

审定编号：皖玉 2016042

申请人：南京市蔬菜科学研究所

选育单位：江苏润扬种业有限公司、南京市蔬菜科学研究所

品种来源：ST-08×ST-06

特征特性：株型平展，雄穗分枝较多，穗轴白色。总叶片数19～20片，果穗筒型，粒色纯黄，轴白色。2013年、2014年两年区域试验结果：平均株高238.0cm、穗位92.0cm、穗长20cm、穗粗4.8cm、秃尖1.4cm、穗行数16.5行、行粒数38.3粒、百粒重33.2g。平均出苗至采收83天左右，比对照品种（粤甜16）早熟1天。两年区域试验平均倒伏率5.6%、倒折率为0.75%，抗高温热害1级（相对空秆率平均-1.07%）。田间发病级别平均分别为：小斑病1.1级，锈病0.9%，茎腐病0.6%，纹枯病1.5级。2013年专家品质品尝综合评分为85分；2014年经扬州大学农学院理化测定：皮渣率7.6%，水溶性糖26.0%，还原糖9.6%，专家品质品尝综合评分为84.2分。

产量表现：在一般栽培条件下，2013年鲜食组区域试验鲜穗亩产878.5kg，较对照品种增产4.5%；2014年区域试验亩产916.3kg，较对照品种增产2.0%。2015年生产试验亩产845.0kg，较对照品种增产0.2%。

栽培技术要点：（1）适宜播期：一般在3月中下旬至4月初播种，育苗移栽可提前7天左右在大棚内育苗，三叶一心时移入大田。秋播时间为7月15日至8月初。（2）栽培密度：适宜密度为3500株/亩。（3）肥水管理：施足基肥，最好以有机肥为主，适当加入氮磷钾复合肥。5～6叶时定苗，亩施10～15kg尿素，12～13叶时亩施20kg穗肥。（4）病虫草害防治：由于甜玉米苗势较弱，应及时清除杂草，结合中耕培土，促进气生根生长，增强抗倒能力。甜玉米病害一般较轻，要及时防治地老虎、玉米螟等害虫。（5）栽培技术要点：甜玉米采收期较短，在授粉后20天左右为适采期。

适宜种植地区：安徽全省。

皖甜糯6号

审定编号：皖玉2016043

选育单位：安徽农业大学

品种来源：LC59×HA09sh-2

特征特性：植株半紧凑，基部紫红色，气生根发达。总叶数18～19片。果穗糯甜籽粒比例约为3∶1，粒色纯白，轴白色。2013年、2014年两年区域试验结果：平均株高216.3cm、穗位88.9cm、穗长17.9cm、穗粗5.3cm、秃尖1.1cm、穗行数16.7行、行粒数32.1粒、百粒重34.3g。平均出苗至采收82天左右，比对照品种（凤糯2146）晚熟1天。两年区域试验平均倒伏率1%、倒折率为0.4%，抗高温热害1级（相对空秆率平均-0.95%）。田间发病级别平均分别为：小斑病1.0级，锈病1.0%，茎腐病0.8%，纹枯病1.4级。2013年专家品质品尝综合评分为 86 分；2014 年经扬州大学农学院理化测定：皮渣率 6.7%，支链淀粉/总淀粉 97.1%，专家品质品尝综合评分为 84 分。

产量表现：在一般栽培条件下，2013 年鲜食组区域试验鲜穗亩产 920.2kg，较对照品种增产 15.0%；2014 年区域试验亩产 920.3kg，较对照品种增产 8.1%。2015 年生产试验亩产 910.9kg，较对照品种（凤糯 2146）增产 10.0%。

栽培技术要点：3 月下旬至 5 月下旬、7 月上旬至 8 月上旬均可播种（早春当 5cm 地温稳定在 12℃时即可播种）。播种密度 4000 株/亩左右，合理施肥，一般亩施复合肥 50kg 左右、尿素 30kg 左右，分两次施肥，夏季栽培遇涝及时追施氮肥，苗期喷药防治地老虎，在玉米大喇叭口期用药防治玉米螟，其余栽培措施可参照常规糯玉米栽培。

适宜种植地区：安徽全省。

甜糯 2 号

审定编号：皖玉 2016044

选育单位：安徽华安种业有限责任公司

品种来源：HA220×HA1121

特征特性：幼苗第一叶尖端圆形至匙形，幼苗叶鞘浅紫色，株型半紧凑，叶色深绿。雄穗主轴长度中，一级侧枝数目中等，花药黄色，花丝紫色。果穗圆筒型，籽粒偏硬型、黄色，穗轴白色。2013 年、2014 年两年区域试验结果：平均株高 210.9cm、穗位 76.6cm、穗长 20.2cm、穗粗 4.8cm、秃尖 3.6cm、穗行数 13.9 行、行粒数 30.7 粒、百粒重 39.7g。平均出苗至采收 80 天左右，比对照品种（凤糯 2146）早熟 1 天。两年区域试验平均倒伏率 0.6%、倒折率为 0.3%，抗高温热害 1 级（相对空秆率平均-0.85%）。田间发病级别平均分别为:小斑病 1.2 级，锈病 1.0%，茎腐病 0.6%，纹枯病 1.3 级。2013 年专家品质品尝综合评分为 85.2 分；2014 年经扬州大学农学院理化测定：皮渣率 8.1%，支链淀粉/总淀粉 98.2%，专家品质品尝综合评分为 85.4 分。

产量表现：在一般栽培条件下，2013 年鲜食组区域试验鲜穗亩产 857.2kg，较对照品种增产 7.1%；2014 年区域试验亩产 833.9kg，较对照品种减产 1.67%。2015 年生产试验亩产 846.3kg，较对照品种增产 2.2%。

栽培技术要点：（1）播期：4 月 5 日至 7 月 25 日。（2）播量（密度）：3500～4500 株/亩。（3）施肥：基肥复合肥 30～50kg，追肥尿素 20kg 左右。（4）灌水：遇旱要及时灌水。（5）除草：播种后出苗前用药进行封闭式喷雾，苗期也可用药防除杂草。（6）防治病虫害：及时防治地下害虫、玉米螟、黏虫、二点委夜蛾等茎叶害虫以及大斑病、小斑病、纹枯病等病虫害。（7）栽培技术要点：不同季节收获期不同，要注意及时收获。

适宜种植地区：安徽全省。

徽甜糯 810

审定编号：皖玉 2016045

选育单位：安徽荃银高科瓜菜种子有限公司、安徽荃银种业科技有限公司

品种来源：1018×1003

特征特性：幼苗叶鞘紫色，株型紧凑，总叶片数 21 片，果穗筒锥型，籽粒白色，穗轴白色，雄穗分支 9～15 个，护颖紫色，花药黄色，花丝绿色。2014 年、2015 年两年区域试验结果：平均株高 255.9cm、穗位 99.6cm、穗长 19.1cm、穗粗 5cm、秃尖 0.7cm、穗行数 16 行、行粒数 38.0 粒、百粒重 31.8g。平均出苗至采收 82 天左右，比对照品种（凤糯 2146）晚熟 1 天。两年区域试验平均倒伏率 1.1%、倒折率为 0.9%，抗高温热害 1 级（相对空秆率平均-0.49%）。田间发病级别平均分别为：小斑病 1.0 级，锈病 0.6%，茎腐病 0.8%，纹枯病 1.3 级。经扬州大学农学院理化测定：2014 年皮渣率 9.0%，支链淀粉/总淀粉 97.1%，专家品质品尝综合评分为 86.2 分；2015 年皮渣率 14.8%，支链淀粉/总淀粉 99.5%，专家品质品尝综合评分为 89.8 分。

产量表现：在一般栽培条件下，2014 年鲜食组区域试验鲜穗亩产 922.5kg，较对照品种增产 8.36%；2015 年区域试验亩产 898.3kg，较对照品种增产 10.65%。

栽培技术要点：（1）适时播种：春播 4 月初、夏播 6 月上中旬为宜。（2）播深适宜：播种深度为 4～5cm，保证一播全苗。（3）合理密植：春播亩留苗 3500 株左右，夏播亩留苗 4000 株左右。（4）科学管理：3～4 叶间苗，5～6 叶期定苗；定苗后及时中耕培土，适度蹲苗促根，防除杂草。（5）合理施肥：增施有机肥，重施大喇叭口肥，是充分发挥该品种高产潜力的关键；为确保品质与风味，应多施农家肥及有机肥、少施化肥。早追苗肥，5～6 叶期亩追尿素 10kg 左右；补施穗肥，10～12 叶期亩追施尿素 20kg 左右。（6）及时排涝和灌溉。（7）及时防治病虫害。

适宜种植地区：安徽全省。

农科玉 368

审定编号：皖玉 2016046

选育单位：北京市农林科学院玉米研究中心

品种来源：京糯 6×D6644

特征特性：株型半紧凑，芽鞘浅紫到紫色，花药紫色，花丝浅紫色，籽粒白色，穗轴白色，果穗锥型。2014 年、2015 年两年区域试验结果：平均株高 221.3cm、穗位 89.8cm、穗长 17.8cm、穗粗 5cm、秃尖 0.6cm、穗行数 14.1 行、行粒数 36.2 粒、百粒重 34.5g。平均出苗至采收 82 天左右，比对照品种（凤糯 2146）晚熟 1 天。两年区域试验平均倒伏率 0.3%、倒折率为 0.3%，抗高温热害 2 级（相对空秆率平均 0.67%）。田间发病级别平均分别为：小斑病 1.0 级，锈病 0.7%，茎腐病 0.9%，纹枯病 1.8 级。经扬州大学农学院理化测定：2014 年皮渣率 6.2%，支链淀粉/总淀粉 97.0%，专家品质品尝综合评分为 87.4 分；2015 年皮渣率 8.5%，支链淀粉/总淀粉 97.2%，专家品质品尝综合评分为 87.8 分。

产量表现：在一般栽培条件下，2014 年鲜食组区域试验鲜穗亩产 821.5kg，较对照品种减产 3.13%；2015 年区域试验亩产 857.9kg，较对照品种增产 5.68%。

栽培技术要点：（1）一般春播 4 月初至月底左右，夏播 6 月中旬至 7 月初，与其他玉米采取空间或时间隔离，防止串粉。（2）每亩适宜密度 3000～3500 株。（3）施足基肥，重施穗肥，增加钾肥量。（4）注意预防纹枯病和防治地下害虫、玉米螟等。（5）适时采收：由于果穗甜糯分离，甜粒与糯粒脱水速度不一致，因此注意及时采收上市，防止玉米籽粒脱水影响果穗外观。

适宜种植地区：安徽全省。

金玉糯 9 号

审定编号：皖玉 2016047

选育单位：阜阳金种子玉米研究所

品种来源：CN878×BN23

特征特性：株型半紧凑，雄花分支 8～16 枝，雄花护颖浅紫色，花药黄色，花丝浅红色。果穗长锥型，籽粒白色，轴白色。2014 年、2015 年两年区域试验结果：平均株高 230.8cm、穗位 90.9cm、穗长 20.6cm、穗粗 5cm、秃尖 1.9cm、穗行数 15.3 行、行粒数 33.8 粒、百粒重 33.8g。平均出苗至采收 83 天左右，比对照品种（凤糯 2146）晚熟 2 天。两年区域试验平均倒伏率 1.1%、倒折率为 0.2%，抗高温热害 2 级（相对空秆率平均 0.07%）。田间发病级别平均分别为：小斑病 0.9 级，锈病 0.6%，茎腐病 0.6%，纹枯病 1.7 级。经扬州大学农学院理化测定：2014 年皮渣率 9.4%，支链淀粉/总淀粉 97.5%，专家品质品尝综合评分为 87.4 分；2015 年皮渣率 8.7%，支链淀粉/总淀粉 91.9%，专家品质品尝综合评分为 85 分。

产量表现：在一般栽培条件下，2014 年鲜食组区域试验鲜穗亩产 874.1kg，较对照品种增产 3.08%；2015 年区域试验亩产 834.5kg，较对照品种增产 2.80%。

栽培技术要点：（1）播期：4 月初至 6 月中旬。（2）播量：密度为每亩 3500-4000 株。（3）施肥：施足底肥，以氮磷钾三元复合肥为底肥，每亩 50kg，追肥宜在出苗 25 天后进行，每亩追施尿素 15～20kg。（4）灌水：拔节后及大喇叭口期、抽穗期如田间干旱要及时灌水。（5）除草：播种后 5 天内出苗前进行化除，芽前除草。（6）防治病虫害：大喇叭口期注意用药防治玉米螟，严格掌握除草剂的使用时间及剂量和防治玉米螟的最佳时间。

适宜种植地区：安徽全省。

第三部分 附 录

附录一　40对核心引物名单及序列表

编号	引物名称	染色体位置	引物序列
P01	bnlg439w1	1. 03	上游：AGTTGACATCGCCATCTTGGTGAC 下游：GAACAAGCCCTTAGCGGGTTGTC
P02	umc1335y5	1. 06	上游：CCTCGTTACGGTTACGCTGCTG 下游：GATGACCCCGCTTACTTCGTTTATG
P03	umc2007y4	2. 04	上游：TTACACAACGCAACACGAGGC 下游：GCTATAGGCCGTAGCTTGGTAGACAC
P04	bnlg1940k7	2. 08	上游：CGTTTAAGAACGGTTGATTGCATTCC 下游：GCCTTTATTTCTCCCTTGCTTGCC
P05	umc2105k3	3. 00	上游：GAAGGGCAATGAATAGAGCCATGAG 下游：ATGGACTCTGTGCGACTTGTACCG
P06	phi053k2	3. 05	上游：CCCTGCCTCTCAGATTCAGAGATTG 下游：TAGGCTGGCTGGAAGTTTGTTGC
P07	phi072k4	4. 01	上游：GCTCGTCTCCTCCAGGTCAGG 下游：CGTTGCCCATACATCATGCCTC
P08	bnlg2291k4	4. 06	上游：GCACACCCGTAGTAGCTGAGACTTG 下游：CATAACCTTGCCTCCCAAACCC
P09	umc1705w1	5. 03	上游：GGAGGTCGTCAGATGGAGTTCG 下游：CACGTACGGCAATGCAGACAAG
P10	bnlg2305k4	5. 07	上游：CCCCTCTTCCTCAGCACCTTG 下游：CGTCTTGTCTCCGTCCGTGTG
P11	bnlg161k8	6. 00	上游：TCTCAGCTCCTGCTTATTGCTTTCG 下游：GATGGATGGAGCATGAGCTTGC
P12	bnlg1702k1	6. 05	上游：GATCCGCATTGTCAAATGACCAC 下游：AGGACACGCCATCGTCATCA
P13	umc1545y2	7. 00	上游：AATGCCGTTATCATGCGATGC 下游：GCTTGCTGCTTCTTGAATTGCGT
P14	umc1125y3	7. 04	上游：GGATGATGGCGAGGATGATGTC 下游：CCACCAACCCATACCCATACCAG
P15	bnlg240k1	8. 06	上游：GCAGGTGTCGGGGATTTTCTC 下游：GGAACTGAAGAACAGAAGGCATTGATAC
P16	phi080k15	8. 08	上游：TGAACCACCCGATGCAACTTG 下游：TTGATGGGCACGATCTCGTAGTC
P17	phi065k9	9. 03	上游：CGCCTTCAAGAATATCCTTGTGCC 下游：GGACCCAGACCAGGTTCCACC
P18	umc1492y13	9. 04	上游：GCGGAAGAGTAGTCGTAGGGCTAGTGTAG 下游：AACCAAGTTCTTCAGACGCTTCAGG
P19	umc1432y6	10. 02	上游：GAGAAATCAAGAGGTGCGAGCATC 下游：GGCCATGATACAGCAAGAAATGATAAGC
P20	umc1506k12	10. 05	上游：GAGGAATGATGTCCGCGAAGAAG 下游：TTCAGTCGAGCGCCCAACAC

（续表）

编号	引物名称	染色体位置	引物序列
P21	umc1147y4	1.07	上游：AAGAACAGGACTACATGAGGTGCGATAC 下游：GTTTCCTATGGTACAGTTCTCCCTCGC
P22	bnlg1671y17	1.10	上游：CCCGACACCTGAGTTGACCTG 下游：CTGGAGGGTGAAACAAGAGCAATG
P23	phi96100y1	2.00	上游：TTTTGCACGAGCCATCGTATAACG 下游：CCATCTGCTGATCCGAATACCC
P24	umc1536k9	2.07	上游：TGATAGGTAGTTAGCATATCCCTGGTATCG 下游：GAGCATAGAAAAAGTTGAGGTTAATATGGAGC
P25	bnlg1520K1	2.09	上游：CACTCTCCCTCTAAAATATCAGACAACACC 下游：GCTTCTGCTGCTGTTTTGTTCTTG
P26	umc1489y3	3.07	上游：GCTACCCGCAACCAAGAACTCTTC 下游：GCCTACTCTTGCCGTTTTACTCCTGT
P27	bnlg490y4	4.04	上游：GGTGTTGGAGTCGCTGGGAAAG 下游：TTCTCAGCCAGTGCCAGCTCTTATTA
P28	umc1999y3	4.09	上游：GGCCACGTTATTGCTCATTTGC 下游：GCAACAACAAATGGGATCTCCG
P29	umc2115k3	5.02	上游：GCACTGGCAACTGTACCCATCG 下游：GGGTTTCACCAACGGGGATAGG
P30	umc1429y7	5.03	上游：CTTCTCCTCGGCATCATCCAAAC 下游：GGTGGCCCTGTTAATCCTCATCTG
P31	bnlg249k2	6.01	上游：GGCAACGGCAATAATCCACAAG 下游：CATCGGCGTTGATTTCGTCAG
P32	phi299852y2	6.07	上游：AGCAAGCAGTAGGTGGAGGAAGG 下游：AGCTGTTGTGGCTCTTTGCCTGT
P33	umc2160k3	7.01	上游：TCATTCCCAGAGTGCCTTAACACTG 下游：CTGTGCTCGTGCTTCTCTCTGAGTATT
P34	umc1936k4	7.03	上游：GCTTGAGGCGGTTGAGGTATGAG 下游：TGCACAGAATAAACATAGGTAGGTCAGGTC
P35	bnlg2235y5	8.02	上游：CGCACGGCACGATAGAGGTG 下游：AACTGCTTGCCACTGGTACGGTCT
P36	phi233376y1	8.09	上游：CCGGCAGTCGATTACTCCACG 下游：CAGTAGCCCCTCAAGCAAAACATTC
P37	umc2084w2	9.01	上游：ACTGATCGCGACGAGTTAATTCAAAC 下游：TACCGAAGAACAACGTCATTTCAGC
P38	umc1231k4	9.05	上游：ACAGAGGAACGACGGGACCAAT 下游：GGCACTCAGCAAAGAGCCAAATTC
P39	phi041y6	10.00	上游：CAGCGCCGCAAACTTGGTT 下游：TGGACGCGAACCAGAAACAGAC
P40	umc2163w3	10.04	上游：CAAGCGGGAATCTGAATCTTTGTTC 下游：CTTCGTACCATCTTCCCTACTTCATTGC

附录二　Panel 组合信息表

Panel 编号	荧光类型	引物编号（等位变异范围，bp）		
		1	2	3
Q1	FAM	P20（166~196）	P03（238~298）	
	VIC	P11（144~220）	P09（266~335）	P08（364~420）
	NED	P13（190~248）	P01（319~382）	P17（391~415）
	PET	P16（200~233）	P05（287~354）	
Q2	FAM	P25（157~211）	P23（244~278）	
	VIC	P33（198~254）	P12（263~327）	P07（409~434）
	NED	P10（243~314）	P06（332~367）	
	PET	P34（153~186）	P19（216~264）	P04（334~388）
Q3	FAM	P22（173~255）		
	VIC	P30（119~155）	P35（168~194）	P31（260~314）
	NED	P21（152~172）	P24（212~242）	P27（265~332）
	PET	P36（202~223）	P02（232~257）	P39（294~333）
Q4	FAM	P28（175~201）	P38（227~293）	
	VIC	P14（144~174）	P32（209~256）	P29（270~302）
	NED	P37（176~216）	P26（230~271）	P40（278~361）
	PET	P15（220~246）	P18（272~302）	

注：以上为本书图谱采纳的 40 个玉米 SSR 引物的十重电泳 Panel 组合。

附录三　品种名称索引表

（续表）

序号	品种名称	图谱页码	公告页码	序号	品种名称	图谱页码	公告页码
71	联创 799	79	188	106	皖糯 3 号	51	168
72	联创 800	96	204	107	皖糯 5 号	73	184
73	隆平 206	26	144	108	皖甜 2 号	45	162
74	隆平 211	48	164	109	皖甜 210	72	183
75	隆平 292	101	210	110	皖甜糯 6 号		230
76	庐玉 9104	90	199	111	皖玉 10 号		127
77	庐玉 9105	97	205	112	皖玉 11 号	8	130
78	鲁单 661	36	154	113	皖玉 12 号	10	131
79	鲁单 6075	98	206	114	皖玉 13 号	14	134
80	鲁单 9027		145	115	皖玉 14 号		134
81	鲁单 9088		182	116	皖玉 15 号	15	135
82	鲁宁 202	20	139	117	皖玉 16		137
83	绿玉 6 号	120	228	118	皖玉 17 号	23	141
84	美玉 8 号	43	160	119	皖玉 18 号	24	142
85	农科玉 368	121	233	120	皖玉 19 号		142
86	齐玉 58	76	186	121	皖玉 708	58	172
87	齐玉 8 号		195	122	皖玉 9 号		126
88	齐玉 98	85	193	123	伟科 118	107	216
89	秦龙 14	56	171	124	伟科 631	87	196
90	全玉 1233		197	125	西星黄糯 8 号	17	137
91	荃玉 10	115	223	126	西由 50	59	173
92	荃玉 6584		215	127	先玉 048	81	190
93	荃玉 9 号	53	169	128	先玉 1148	92	201
94	宿单 9 号	32	149	129	先玉 1263	111	219
95	宿糯 2 号		152	130	新安 15 号	91	200
96	宿糯 3 号		167	131	新安 20	114	222
97	濉黑糯 2 号	34	152	132	新安 5 号	57	172
98	濉黑糯 3 号		160	133	许糯 88		194
99	天禾 3 号		125	134	益丰 29	28	146
100	天禾 5 号		125	135	永珍七号		229
101	天益青 7096	94	203	136	裕农 6 号	102	211
102	甜糯 2 号		231	137	豫龙凤 108	83	192
103	铁研 358	104	213	138	豫龙凤 1 号	65	178
104	皖垦玉 1 号	89	199	139	豫玉 32	3	126
105	皖糯 2 号	33	151	140	豫玉 34	6	129

（续表）

序号	品种名称	图谱页码	公告页码	序号	品种名称	图谱页码	公告页码
141	源申 213	29	147	151	郑 035	18	138
142	源育 15	100	209	152	郑单 1102	88	198
143	源育 18	86	196	153	中禾 107	110	218
144	源育 66	80	189	154	中科 1 号		128
145	正大 12 号	7	129	155	中科 4 号	12	132
146	正大 188		136	156	中科 982	69	181
147	正糯 10 号		149	157	中农大 311		154
148	正糯 11 号	38	156	158	中甜 9 号		143
149	正糯 8 号		136	159	中杂 598	117	225
150	正糯 12 号		162